中等职业学校规划教材
中等职业教育规划教材审定委员会审定

# 土木工程力学基础

## （多学时）

主　编　王渊辉

副主编　刘俊华　刘凤利
　　　　黄伟平

编　者　李　军　李花歌
　　　　赵书锋　楚振华

北京出版集团公司
北京出版社

**图书在版编目（CIP）数据**

土木工程力学基础/王渊辉主编. 一北京：北京
出版社，2010.11
ISBN 978-7-200-08458-0

Ⅰ.①土⋯　Ⅱ.①王⋯　Ⅲ.①木土工程—工程力学—
专业学校—教材　Ⅳ.①TU311

中国版本图书馆 CIP 数据核字（2010）第 220027 号

土木工程力学基础
TUMU GONGCHENG LIXUE JICHU
主编　王渊辉

＊

北京出版集团公司
北京出版社　出版

（北京北三环中路 6 号）
邮政编码:100120
网址：www.bph.com.cn
北京出版集团公司总发行
北京市通县华龙印刷厂印刷

＊

787×1092　16 开本　14.75 印张　341 千字
2011 年 1 月第 1 版　2011 年 1 月第 1 次印刷

ISBN 973-7-200-08458-0
TU·29　定价：26.00 元

质量监督电话：010-58572393　010-82684553

# 前　言

本书是按 2008 年重新修订后、2009 年颁布的《中等职业学校土木工程力学基础教学大纲》的要求，根据中等职业学校学生的心理特征和认知规律，结合编者长期教学实践工作经验编写而成的。

全书涵盖了《中等职业学校土木工程力学基础教学大纲》（基础模块+选学模块）的全部内容。主要内容包括力和受力图、平面力系的平衡条件、静定轴向拉伸与压缩、直梁弯曲、受压构件的稳定性以及工程中常见结构简介等。

本书立足于中等职业学校土木、水利施工类各专业土木工程力学课程基本教学要求，注重基本概念、基本理论和基本方法，同时考虑学生基础的不同和适应不同专业、地域、学校和学制的差异，编者把有较高要求和供选学的内容标注"*"，以供选学。

本书的主要特点如下：

1．突出职业特点，紧扣教学大纲，紧贴专业课程。

本教材在内容选择上，突出课程内容的职业指向性，淡化课程内容的学科性；突出课程内容的实践性，淡化课程内容的理论性；突出课程内容的实用性，淡化课程内容的形式性；突出课程内容的时代性，淡化课程内容的陈旧性。以《中等职业学校土木工程力学基础教学大纲》为依据，涵盖了教学大纲中的基础模块和选学模块中的全部内容，并且教学内容安排与大纲要求学时一致，便于教师组织教学。

2．通俗实用。

教材内容的编排符合中等职业学校学生的心理特征、认知规律、思维习惯和接受能力的需求，教材文字通俗易懂，教材内容尽量选取土木工程施工等后续课程中的力学案例，以体现中职教育特点，满足职业发展的要求，着重体现学以致用。

3．培养学生发现问题、分析问题和解决问题的能力。

土木工程力学基础是一门专业基础课程，培养学生应用力学知识解决实际工程结构问题是本课程的核心目标。发现问题、分析问题和解决问题以及从单个构件到整体结构的力学分析能力，从结构的静力学到动力学分析能力的培养这一主线贯穿本课程始终。

4．明确教学目的，奠定持续发展基础。

通过本教材的学习，使学生掌握土木工程、水利施工类专业必备的力学基础知识和基本技能，初步具备分析和解决土木工程简单结构、基本构件受力问题的能力，为学习后续专业课程打下基础；对学生进行职业意识和职业道德教育，使其形成严谨、敬业的工作态度，为今后解决生产实际问题和职业生涯的发展奠定基础。

本书着重于土木工程力学的基本知识和基本技能的培养，可作为中等职业学校土木、水利施工类各专业土木工程力学基础课程的教材和参考书，也适合作为土木、水利施工类培训班的培训用书，还可供希望快速提高土木工程力学基本技能的人员参考使用。

本书主编为王渊辉，副主编为刘俊华、刘凤利、黄伟平，参加编写的有李军、李花歌、赵书锋、楚振华。

由于编者水平有限，书中不足之处敬请读者批评指正。

编　者

# 目　　录

## 基础模块

# 选学模块

# 第 0 章 绪 论

早在 1 000 多年以前，我们的祖先就会合理利用木、石、砖等材料来建造复杂的建筑物。山西应县佛光寺的木塔，建于 1056 年，塔身为八角形，共 9 层，总高 66 米多，900 多年来，经过几十次大地震，木塔安然无恙；西安大雁塔建于唐代，塔身全部采用砖石材料，1 000 多年来，历经多次大地震依然完好无损；河北赵县的赵州桥，由隋代桥梁工匠李春建造，至今已有 1 000 多年的历史，桥的净跨为 37.37 m，为单孔空腹式石拱桥，拱的半径为 27 m，据考证，这是当时世界上跨度最大的一座空腹式石拱桥。随着生产力的不断发展，新材料、新结构和新技术的不断出现，目前我国城市的高楼大厦已比比皆是。随着近几年我国国民经济的进一步发展，在辽阔的乡、镇也开始建起了高楼大厦。这些建筑物中，梁、柱等的设计和施工都离不开土木工程力学的基础知识。

## 0.1 土木工程力学基础的研究对象

在土建、水利、交通等各类建筑工程和工程设施中，承受和传递荷载且起骨架作用的部分称为工程结构，简称为结构。公路和铁路上的桥梁和隧道、房屋中的梁柱体系、水工建筑中的闸门和水坝等，都是工程结构的典型例子。结构是建筑物的骨架，它的质量好坏，对建筑物的安全和使用寿命起着决定性的作用。例如，如图 0-1（a）所示的中央电视台和如图 0-1（b）所示的过山车均为空间钢桁架结构；如图 0-2（a）所示的几栋高层建筑和如图 0-2（b）所示的大跨度公路桥及如图 0-3（a）、（b）所示的海上钻井石油平台和长江三峡水利枢纽工程等这些大型工程均为实际工程结构的典型代表。

(a)

(b)

图 0-1

结构是由工程构件（梁、柱、桁架、拱等）所组成的，而构件是土木工程力学基础研究的对象，按其几何特征可分为杆系结构、板壳结构和实体结构三大类。

杆系结构是由若干杆件组成的，杆件的长度 $l$ 远大于其截面的宽度 $b$ 和厚度 $h$，如图 0-4

所示，梁和柱是杆件的典型例子。在各种结构类型中，杆系结构最多，它是土木工程力学基础研究的主要对象。

（a）

（b）

图 0-2

（a）

（b）

图 0-3

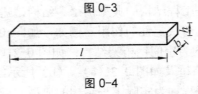

图 0-4

    构件长度 $l$ 与宽度 $b$ 均远大于其厚度 $h$ 的结构为板壳结构。其形状呈平面状的为板，如图 0-5（a）所示；由几块薄板可拼合为折板结构，如图 0-5（b）所示；曲面状的则为壳，如图 0-5（c）所示。水工结构中的拱坝，房屋中的楼板和壳体屋盖都是板壳结构。

    构件的长度 $l$、宽度 $b$、厚度 $h$ 为同级尺寸的结构为实体结构，也称为块体结构，如图 0-6 所示的水工结构中的重力坝和一些重力挡土墙都属于实体结构。板壳结构和实体结构是弹塑性力学的主要研究对象。

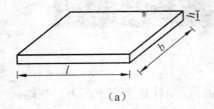
（a）

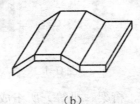
（b）

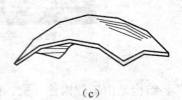
（c）

图 0-5

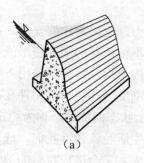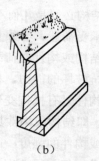

图 0-6

## 0.2　土木工程力学基础的研究任务和内容

　　建筑物从开始建造其结构就承受各种力的作用。例如，楼面在施工中除承受自身的重量外，还承受工人和施工机具的重量以及机具的振动产生的力；墙柱除承受自身重量外，还承受梁板传来的压力和风压力；基础则承受墙柱传来的压力和地基对它的反作用力。这些主动作用在建筑物上的力称为荷载。

　　如图 0-7 所示的单层厂房结构是由竖向柱、纵向梁和横向屋架组成的。屋面板上承受了雨雪及其自重的荷载，屋面板把荷载传递给屋架，屋架又把荷载传递到两端的柱，柱最后把荷载传递到基础上。建筑的结构或构件，通常同时承受多个荷载的作用，首先必须分析清楚每一个构件或结构承受了哪些力以及这些力的方向和大小。

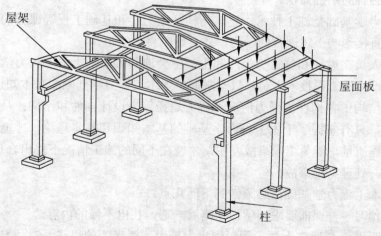

图 0-7

　　建筑物正常情况下是静止的，我们称建筑物处于平衡状态。建筑物处于平衡状态是有条件的，例如，如图 0-7 所示单层厂房结构的屋架，如果承受不了屋面传递来的荷载——压力，整个楼面就会坍塌，即房屋失去了平衡。可见，对于结构或构件必须搞清楚，它受到了哪些力的作用，它能承受多大的力。

能承受荷载的结构必须是几何不变体系。

结构或构件能承受荷载，必须具有足够的承载力，建筑物才能安全、正常地使用。承载力主要是指：①结构或构件在荷载作用下不发生不可恢复的塑性变形或不发生断裂，即结构或构件具有抵抗破坏的能力，称为强度。②结构或构件在荷载作用下不产生过量的弹性变形，即结构或构件具有抵抗变形的能力，称为刚度。③结构或构件在荷载作用下其平衡形式不发生改变，即结构或构件具有维持原有平衡状态的能力，称为稳定性。

为了满足结构或构件的强度、刚度和稳定性，生活经验告诉我们，选用的构件横截面尺寸较大能满足要求。但如果选用的横截面尺寸过大，又会造成材料的浪费而增加成本。通过研究发现，构件的强度、刚度和稳定性主要与横截面的面积大小和截面形式有关。因此，构件需要一个合理的横截面尺寸和截面形式，才能使建筑结构以最经济的代价获得最大的承载能力。

因此，土木工程力学基础的任务是：研究结构在荷载作用下的受力、平衡条件和承载力。其目的是为保证结构的安全可靠和经济合理提供基础理论。所以从事设计和施工的工程技术人员必须掌握土木工程力学基础的基本知识和基本理论。

# 0.3　学习土木工程力学基础的重要性和方法

土木工程力学基础课程是中等职业学校建筑、市政、道路桥梁、铁道、水利等土木工程类相关专业的一门基础课程。学习土木工程力学基础不仅是专业和后续课的需要，也是工程技术人员必备的基础知识。

土木工程力学基础是施工技术、建筑结构、土力学和基础工程等课程的基础课。这门课学不好，会直接影响上述课程的学习，还会影响将来的工作。

工程技术人员在设计和施工等生产和生活中会遇到大量的土木工程力学基础问题。例如，从事建筑设计的工程技术人员，只有掌握了土木工程力学基础的基本知识和基本理论，才能通过分析结构中各构件的受力情况、传力途径等来设计构件和结构；从事建筑施工的工程技术人员，只有掌握了土木工程力学基础的基本知识和基本理论，才能正确理解设计意图，确保工程质量，避免工程事故发生，才能在不同的施工情况下提出合理的施工方法，才能正确分析、处理工程事故。

要学好土木工程力学基础，必须做到下面几点：

（1）课前预习——课前要求同学们粗略看一遍，找出不懂的内容。

（2）认真听课——课堂上要求同学们集中精力注意老师的思路，对预习时不懂的内容要特别注意听老师讲解。对老师所讲与教材不同处，要简明扼要地做笔记。

（3）课后读书——课后要认真读书，最好是当天读，要弄懂教材中的每一个细节。

（4）独立作业——在课后读完书后，要独立完成一定数量的作业。作业是加深对知识点的理解和巩固所学知识的手段，也是培养同学们分析问题和解决问题能力的途径。所以，一定要自己独立完成作业，养成认真对待工作的好习惯。

# 0.4 荷载的分类

力可分为体积力和表面力。体积力指的是结构的自重或惯性力等；表面力是由其他物体通过接触面传递给结构的作用力，如土压力、起重机的轮压力等。由于杆系结构中常把杆件简化为轴线，因此不管是体积力还是表面力，都认为这些力作用在杆件轴线上。

（1）按作用的范围，荷载可分为集中荷载和分布荷载。集中荷载是指作用在结构上某一点处的荷载，当实际结构上所作用的分布荷载其作用尺寸远小于结构尺寸时，为了计算方便，可将此分布荷载的总和视为作用在某一点上的集中荷载。分布荷载是指连续分布在结构某一部分体积、面积或线段上的荷载。结构自重，风、雪、水压力和土压力等荷载都为分布荷载，它又可分为均布荷载和非均布荷载。当分布荷载的集度处处相同时，称为均布荷载，均布荷载又分为均布线荷载和均布面荷载。等截面直杆的自重可简化为沿杆长作用在轴线上的均布线荷载，雪对楼盖的压力则可简化为均布面荷载。当分布荷载集度不相同时，称为非均布荷载，非均布荷载又分为非均布线荷载、非均布面荷载和非均布体积荷载。如变截面梁的自重可简化为沿杆长作用在轴线上的非均布线荷载，作用在池壁上的水压力和挡土墙上的土压力，则是非均布面荷载，不规则物体的自重在不简化的情况下是非均布体积荷载。

（2）按作用的性质，荷载可分为静荷载和动荷载。缓慢地加到结构上的荷载称为静荷载，静荷载作用下，结构不产生明显的加速度。大小、方向随时间而变的荷载称为动荷载，地震力、冲击力、惯性力等都为动荷载，动荷载作用下，结构上各点产生明显的加速度，结构的内力和变形都随时间而发生变化。

（3）按作用时间的长短，荷载可分为恒荷载和活荷载。永久作用在结构上，大小、方向和位置不变的荷载称为恒荷载，固定设备、结构的自重等都为恒荷载。暂时作用在结构上的荷载称为活荷载，风、雪荷载等都为活荷载。

# 基础模块

# 第1章 力和受力图

 **引言**

力和受力图以及平面力系的平衡条件为静力学部分。静力学是研究物体平衡规律的科学，它主要讨论作用在物体上的力系的简化和平衡两大问题。所谓平衡，在工程上是指物体相对于地球保持静止或匀速直线运动状态，它是物体机械运动的一种特殊形式。

静力学的基本概念、公理和物体的受力分析，是研究构件或结构的平衡、强度、刚度和稳定性等的基础。本章将介绍刚体与力的概念及静力学公理，并对工程中常见的约束和约束反力进行分析，最后介绍物体的受力分析及受力图，它们是解决力学问题的重要环节。

 **教学目标**

理解力的概念、力的两种作用效应；了解力的三要素；了解力的平衡概念；学会二力平衡公理、作用与反作用定律，能对两个公理进行比较；了解加减平衡力系公理、平行四边形法则；了解约束与约束反力的概念，能对工程中常用基本构件的约束进行简化，能分析常见约束的约束性质、约束反力方向；了解分离体、受力图的概念；能画出单个物体的受力图；能画出物体系统的受力图。

## 1.1 力的基本知识

### 1.1.1 力

力是人们从长期生产实践中经抽象而得到的一个科学概念。例如，当人们用手推、举、抓、掷物体时，由于肌肉伸缩逐渐产生了对力的感性认识；随着生产的发展，人们逐渐认识到，物体运动状态及形状的改变，都是由于其他物体施加作用的结果。这样，由感性认识到理性认识建立了力的概念：力是物体间相互的机械作用，其作用结果是使物体运动状态或形状发生改变。

实践表明，力对物体的作用效应有两种：一种是使物体运动状态发生改变，称为力对物体的外效应，又称运动效应；另一种是使物体形状发生改变，称为力对物体的内效应，又称变形效应。在分析物体所受的约束力时，将物体视为刚体，只考虑力的外效应；而在分析物体的强度、刚度和稳定性时，则将物体视为变形体，必须考虑力的内效应。

力是物体间的相互作用，力不能脱离物体而独立存在。在分析物体受力时，必须注意物体间的相互作用关系，分清施力体与受力体。否则，就不能正确地分析物体的受力情况。

由经验可知，力对物体的作用效果取决于三个要素：大小、方向、作用点。此即称为力的三要素，所以力是矢量。

常用一个带箭头的线段来表示力，线段的长度表示力的大小，线段的方位和箭头的方向表示力的方向，线段的起点或终点表示力的作用点。

在国际单位制（SI）中以牛顿（N）作为力的计量单位，有时也用千牛顿（kN）作为力的计量单位，1 kN=1 000 N。

## 1.1.2　力系

同时作用在一个物体上的若干个力或力偶，称为一个力系。若这些力或力偶都来自于研究对象的外部，则称为外力系或外力。外力系中一般可能有：集中力、分布力、集中力偶、分布力偶。

物体相对于惯性参考系保持静止状态或匀速直线运动状态，称为处于平衡状态。在研究结构和构件时，通常选定与地球相固联的坐标系为惯性参考系。

若物体在某个力系的作用下处于平衡状态，则这个力系称为平衡力系。

对同一物体作用效应完全相同的两个力系，彼此称为等效力系。

若一个力和一个力系等效，则称这个力为这个力系的合力，而这个力系中的各个力称为这个力的分力。由多个力求合力的过程称为力的合成，由一个力求分力的过程称为力的分解。力的合成和分解都称为力系的静力等效简化。

若一个力系中的各个力的作用线在空间任意分布，则称为空间力系。若各个力的作用线在同一平面内，则称为平面力系。

## 1.1.3　刚体与质点

工程实际中的许多物体，在力的作用下，它们的变形一般很微小，对研究的问题影响很小时，为了简化分析，我们把物体视为刚体。所谓刚体，是指在任何外力的作用下，物体的大小和形状始终保持不变的物体。静力学的研究对象仅限于刚体，所以又称为刚体静力学。

如果物体本身的大小和形状对研究它的运动不产生影响或影响很小，我们就可以用一个有质量的点来代替整个物体，这个用来代替整个物体并与物体具有相同质量的点，叫做质点。研究问题时用质点代替物体，可以不考虑物体上各点之间运动状态的差别。质点是力学中经过科学抽象得到的概念，是一个理想模型。

**思考题**

1.1-1　力对物体有哪些作用效应？静力学研究力对物体的什么效应？

1.1-2　力的三要素是什么？

1.1-3　如何区分刚体与质点？

**练习题**

1.1-1　将身体吊悬在单杠上，两手臂用什么姿势握住单杠最省力？在吊环运动中，为什么十字支承是高难度动作？

1.1-2　在日常生活中，我们通常应用力对物体的何种效应来测量力的大小？请举两三例。

# 1.2　静力学公理

在生产实践中，人们对物体的受力进行了长期观察和试验，对力的性质进行了概括与总结，得出了一些经过实践检验是正确的、大家都承认的、无须证明的正确理论，这就是静力学公理。

## 1.2.1　二力平衡公理

公理 1（二力平衡公理）　作用在刚体上的两个力，使刚体保持平衡的充要条件是：这两个力大小相等、方向相反、作用在同一直线上；或者说二力等值、反向、共线。

此公理阐明了由两个力组成的最简单力系的平衡条件，它是一切力系平衡的基础。此公理只适用于刚体，对于变形体来说，它只给出了必要条件，而非充分条件。

工程中经常遇到不计自重，且只在两点处各受一个集中力作用而处于平衡状态的刚体，这种只在两个力作用下处于平衡状态的刚体，称为二力构件（又称二力杆）。二力构件的形状可以是直线形的，也可以是其他任何形状的。作用于二力构件上的两个力必然等值、反向、共线。在结构上找出二力构件，对整个结构系统的受力分析是至关重要的。

## 1.2.2　加减平衡力系公理

公理 2（加减平衡力系公理）　在已知力系上，加上或减去任意平衡力系，不改变原力系对刚体的作用效果。

也就是说，如果两个力系只相差一个或几个平衡力系，它们对刚体的作用效果相同。此公理是力系简化的基础。

推论 1（力的可传性定理）　作用于刚体某点上的力，其作用点可以沿其作用线移动到刚体内任意一点，不改变原力对刚体的作用效果。

证明：设一力 $F$ 作用于刚体上的 $A$ 点，如图 1-1（a）所示。根据加减平衡力系公理，可在力的作用线上任取一点 $B$，加上两个相互平衡的力 $F_1$ 和 $F_2$，使 $F = F_1 = F_2$，如图 1-1（b）所示。由于 $F_1$ 和 $F$ 构成一个新的平衡力系，故可减去该力系，这样只剩下一个力 $F_2$，如图 1-1（c）所示。于是原来的力 $F$ 与力系（$F$，$F_1$，$F_2$）以及力 $F_2$ 互为等效力系。这样，$F_2$ 可看成是原力 $F$ 的作用点沿其作用线由 $A$ 移到了 $B$。

由此可见，对于刚体来说，力的作用点已不是决定力作用效果的要素，它已被作用线所替代。因此，作用于刚体上的力的三要素是：大小、方向、作用线。

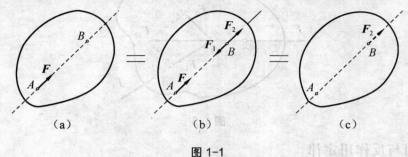

图 1-1

公理 2 及其推论只适用于刚体，而不适用于变形体。对于变形体来说，作用力将产生内效应，当力沿其作用线移动时，内效应将发生改变。

### 1.2.3 力的平行四边形法则

公理 3（力的平行四边形法则） 作用在物体上同一点的两个力，可以合成为一个合力。合力作用点也在该点，合力的大小和方向由这两个力为邻边构成的平行四边形的对角线所决定，如图 1-2（a）所示。或者说，合力矢等于两个分力矢的矢量和，即

$$F_R = F_1 + F_2 \qquad (1-1)$$

应用此公理求两个汇交力的合力时，可由任意一点 $O$ 起，另作一力三角形，如图 1-2（b）、（c）所示。三角形的两个边分别表示两个分力，第三边表示合力，合力的作用点仍在汇交点 $A$。此即为两个汇交力合成的力三角形法则。

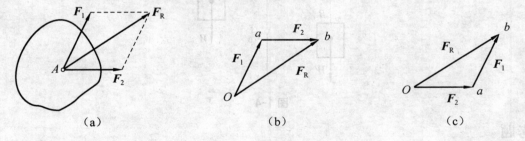

图 1-2

如果一个力与一个力系等效，则该力称为力系的合力，力系中的各个力称为合力的分力。将分力替换为合力的过程称为力的合成；将合力替换为分力的过程称为力的分解。

推论 2（三力平衡汇交定理） 作用于刚体上三个相互平衡的力，若其中两个力的作用线汇交于一点，则此三力必在同一平面内，且第三个力的作用线通过汇交点。

该推论的证明请读者参考图 1-3 自行推出。

注意：三力平衡汇交定理的逆定理不成立。也就是说，即使三力共面且汇交于一点，此三力也未必平衡，请读者自行举例说明。

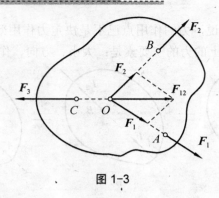

图 1-3

### 1.2.4　作用与反作用定律

公理 4（作用与反作用定律）　两物体之间的相互作用力总是等值、反向、共线的，且分别作用在两个相互作用的物体上。

这个定律揭示了物体之间相互作用的定量关系，它是对物系进行受力分析的基础。

注意：作用与反作用定律中的两个力分别作用于两个相互作用的物体上，而二力平衡公理中的两个力作用于同一个物体上。

如图 1-4 所示，重物给绳索一个向下的拉力 $F_B$，此时绳索给重物一个向上的拉力 $F_B'$，$F_B$ 与 $F_B'$ 互为作用力与反作用力，而 $F_B$ 与 $F_A$、$F_B'$ 与 $W$ 分别互为两对平衡力系。

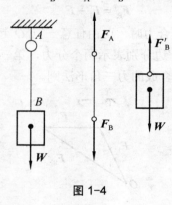

图 1-4

**思考题**

1.2-1　作用与反作用定律、二力平衡公理讲的都是"等值、反向、共线"，两者有何不同？

1.2-2　下列式子有无区别？试指出两者的区别。
$$\overrightarrow{P_1} = \overrightarrow{P_2}, \quad P_1 = P_2$$

1.2-3　"合力一定比分力大"这句话对否？为什么？

**练习题**

1.2-1　如图 1-5 所示物体上有等值且互成 60° 夹角的三力作用,试问此物体是否平衡？

1.2-2　指出图 1-6 所示结构中哪些是二力杆（各杆自重均不计）。

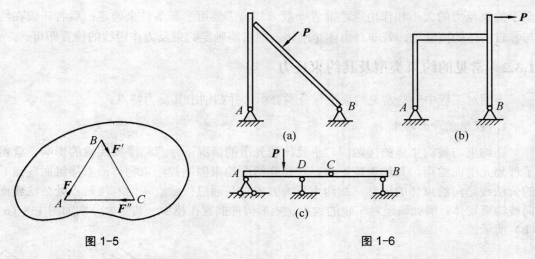

图 1-5　　　　　　　　　　　　　　图 1-6

**1.2-3**　试在图 1-7 所示构件上的 *A*、*B* 两点上各加一个力，使构件处于平衡。

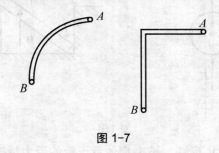

图 1-7

# 1.3　约束与约束反力

在机械和工程结构中，每一构件都根据工作需要，以一定的方式与周围其他构件联系，其运动也受到一定的限制。例如，梁由于墙的支撑而不致下落，列车只能沿轨道行驶，门、窗由于合叶的限制而只能绕轴线转动等。这种联系限制了构件间的相对位置和相对运动。

## 1.3.1　约束与约束反力的概念

工程中所遇到的物体通常可分为两类。有些物体在空间的位移不受任何限制，如飞行的飞机、气球、炮弹和火箭等，这种位移不受任何限制的物体称为自由体。而有些物体在空间的位移却受到一定的限制，如机车受到铁轨的限制只能沿轨道运动、电机转子受轴承的限制只能绕轴线转动、重物被钢索吊住而不能下落等，这种位移受到限制的物体称为非自由体。对非自由体的某些位移起限制作用的周围物体称为约束，如铁轨对于机车、轴承对于电机转子、钢索对于重物等。

约束限制非自由体的运动，能够起到改变物体运动状态的作用。从力学角度来看，约束对非自由体有作用力。约束作用在非自由体上的力称为约束反力，简称为约束力或反力。约束反力的方向必与该约束所限制位移的方向相反，这是确定约束反力方向的基本原则。

至于约束反力的大小和作用点，前者一般未知，需要用平衡条件来确定；后者一般在约束与非自由体的接触处。若非自由体是刚体，则只需确定约束反力作用线的位置即可。

### 1.3.2 常见的约束类型及其约束反力

下面对工程中一些常见约束进行分类分析，并归纳出其反力特点。

1. 理想光滑面约束

在约束与被约束体的接触面较小且比较光滑的情况下，忽略摩擦因素的影响，就得到了理想光滑面约束。其约束特征为：理想光滑面约束限制被约束物体沿着接触面（点）处的公法线趋向约束体的运动，故约束反力方向总是通过接触点，沿着接触点处公法线而指向被约束物体。例如轨道对车轮的约束、矩形构件搁置在槽中，其受力分别如图 1-8（a）、（b）所示。

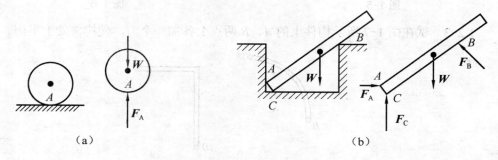

图 1-8

图 1-9 为机械夹具中的 V 形铁、被夹物体及压板的受力情况，假定各接触点处均为光滑接触。

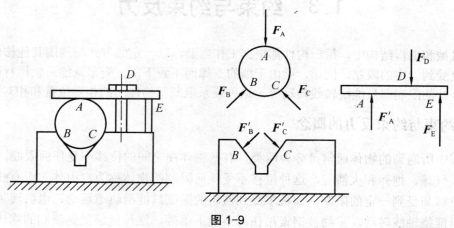

图 1-9

2. 柔性约束

绳索、链条、皮带、胶带等柔性物体所形成的约束称为柔性约束，这种柔性体只能承受拉力。其约束特征是只能限制被约束物体沿其中心线伸长方向的运动，而无法阻止物体沿其他方向的运动。因此柔性约束产生的约束反力总是通过接触点，沿着柔性体中心线而背离被约束的物体（即使被约束物体承受拉力作用）。

绳索悬挂一个重物，绳索只能承受拉力，对重物的约束反力 $F_A'$ 如图 1-10 所示。链条或胶带绕在轮子上时，对轮子的约束反力沿轮缘接触点切线方向，如图 1-11 所示。

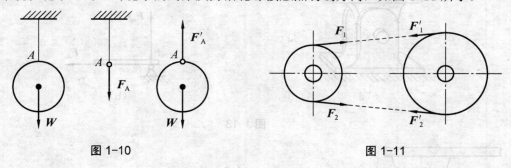

图 1-10　　　　　　　　　　　　　　　　　图 1-11

### 3. 光滑圆柱铰链约束

圆柱形铰链约束简称铰链约束或铰，是将两个物体各钻圆孔，中间用圆柱形销钉连接起来所形成的结构。销钉与圆孔的接触面一般情况下可认为是光滑的，物体可以绕销钉的轴线任意转动，如图 1-12（a）所示。门、窗用的合叶，起重机悬臂与机座之间的连接等，都是铰链约束的实例。

铰链连接简图如图 1-12（b）所示，销钉阻止被约束物体沿垂直于销钉轴线方向的相对横向移动，而不限制连接件绕轴线的相对转动。因此，根据光滑面约束特征可知，销钉产生的约束反力 $F_R$ 应沿接触点处公法线，必过铰链中心（销钉轴线），例如杆 2 的约束反力 $F_R$，如图 1-12（c）所示。但接触点位置与被约束构件所受外力有关，一般不能预先确定。因此，$F_R$ 的方向未定，通常用过销钉中心，且相互正交的两个分力 $F_{Rx}$、$F_{Ry}$ 来表示，如图 1-12（d）所示。

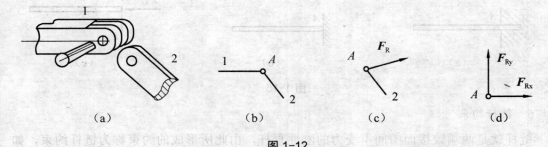

（a）　　　　　　　　（b）　　　　　　　　（c）　　　　　　　　（d）

图 1-12

### 4. 铰支座约束

（1）固定铰支座　铰链结构中有两个构件，若其中一个固定于基础或静止的支承面上，此时称铰链约束为固定铰支座，如图 1-13（a）所示。固定铰支座的结构简图及其约束反力如图 1-13（b）所示。此外，工程中的轴承也可视为固定铰支座。

（2）可动铰支座　又称为辊轴约束，如图 1-14（a）所示。这是一种特殊的平面铰链，通常与固定铰支座配对使用，分别装在构件的两端。与固定铰支座不同的是，它不限制被约束端沿水平方向（支承面）的位移。这样当构件由于温度变化而产生伸缩变形时，构件端可以自由移动，不会在构件内引起温度应力。由于这种约束只限制了竖直方向（垂直支承面）的运动，所以其约束反力沿滚轮与支承接触处的公法线方向，指向被约束构件。其

结构与受力简图如图 1-14（b）、（c）所示。

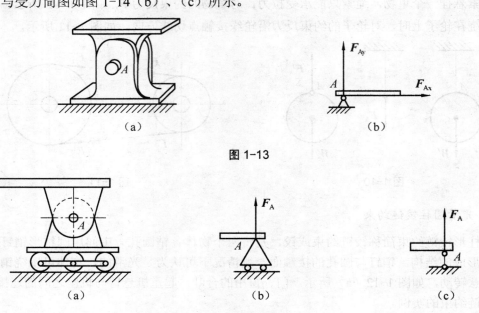

图 1-13

图 1-14

### 5. 固定端约束

固定端约束结构如图 1-15（a）所示，该约束既限制构件沿任何方向的移动，又限制构件转动。如对于嵌在墙体内的悬臂梁来说，墙体即为固定端约束。其结构简图如图 1-15（b）所示，其约束反力如图 1-15（c）所示。

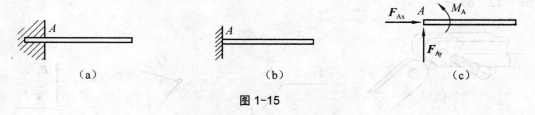

图 1-15

### 6. 链杆约束

链杆就是两端铰接而中间不受力的刚性直杆，由此所形成的约束称为链杆约束，如图 1-16 所示。这种约束只能限制物体沿链杆轴线方向上的移动。链杆可以受拉或受压，但不能限制物体沿其他方向的运动和转动。所以，链杆约束的约束反力沿着链杆的轴线，其指向假设。

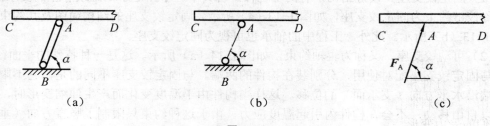

图 1-16

以上只介绍了几种常见约束，在工程中约束的类型远不止这些，有的约束比较复杂，分析时需加以抽象、简化。

**思考题**

1.3-1 在常见约束类型中，哪些约束反力的方向已知？哪些约束反力的作用线方位已知，指向待定？哪些约束反力的方向未知？哪些约束除了有约束反力，还有约束反力偶矩？

1.3-2 试举例说明铰支座在建筑结构中的应用。

**练习题**

1.3 什么叫约束？工程中常见的约束类型有哪些？各类约束力的方向如何确定？

# 1.4 受 力 图

## 1.4.1 力学计算模型

工程实际结构是较复杂的，完全按照结构的实际情况进行力学分析是不可能的，也是不必要的。因此，为了便于计算，在对实际结构进行力学计算之前，必须作某些简化和假定。略去一些次要因素的影响，反映其主要特征，用一个简化了的图形来代替实际结构，这种图形叫做结构的计算简图或计算模型。

**1. 确定计算简图的原则**

计算简图的确定是力学计算的基础，极为重要。确定计算简图要遵循下列原则：
（1）略去次要因素，便于分析和计算。
（2）尽可能反映实际结构的主要受力特征。

**2. 平面杆系结构的简化**

一般结构实际上都是空间结构，各部分相互联结成一个空间整体，以承受各个方向可能出现的荷载。但在多数情况下，常可以忽略一些次要的空间约束，而将实际结构简化为平面结构。平面杆系结构是指结构各杆的轴线与作用荷载均位于同一平面内，或简称为平面结构。平面杆系结构的简化主要包括杆件、结点的简化。
（1）杆件的简化。

杆系结构中的杆件，在计算简图中可用其轴线来表示，杆件的长度则按轴线交点间的距离计取。杆件的自重或作用于杆件上的荷载，一般可近似地按作用在杆件的轴线上去处理。轴线为直线的梁、柱等构件可用直线表示；曲杆、拱等构件的轴线为曲线的则可用相应的曲线表示。
（2）结点的简化。

对于由杆件相互联结而成的结构，杆件之间的联结区用位于各杆轴线交点处的结点表示。由不同材料制作的平面杆系结构，在杆件的联结方式上各有不同做法，形式很多。根据它们的受力变形特点，在计算简图中常归纳为以下三种：

① 铰结点。

铰结点的特征是被联结的杆件在联结处不能相对移动，但可绕结点中心相对转动，即可以传递力，但不能传递力矩。

在实际工程中，这种理想铰是很难实现的，只是当结构的构造符合一定条件时，可以近似地简化为铰结点，如图 1-17 所示木屋架结点。在计算简图中，铰结点用一个小圆圈表示。

② 刚结点。

刚结点的特征是被联结的杆件在联结处既不能相对移动，又不能相对转动；既可以传递力，也可以传递力矩。如现浇钢筋混凝土刚架中的结点通常属于这类情形，如图 1-18 所示。

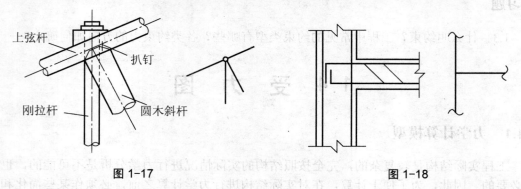

图 1-17                                   图 1-18

③ 组合结点。

若干杆件汇交于同一结点，当其中某些杆件联结视为刚结点，而另一些杆件联结视为铰结点时，便形成组合结点。例如，在图 1-19 所示的结构计算简图中，D 结点即为组合结点。

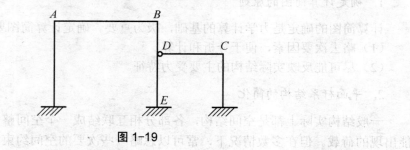

图 1-19

## 1.4.2  单个物体的受力图

在工程中，可用平衡条件求出未知的约束反力。为此，需要确定构件受哪些力的作用，每个力的作用位置和方向，这个过程称为物体的受力分析。

为了分析某个构件的受力，必须将所研究的物体从周围物体中分离出来，而将周围物体对它的作用以相应的约束力来代替，这一过程称为取分离体，也称为取脱离体或取隔离体，取分离体是显示周围物体对研究对象作用力的一种重要方法。

作用在物体上的力可分为两类：一类是主动力，即主动地作用于物体上的力，例如作用于物体上的重力、风力、气体压力、工作荷载等，这类力一般是已知的或可以测得的；另一类是被动力，在主动力作用下物体有运动趋势，而约束限制了这种运动，这种限制作用是以约束反力形式表现出来的，称为被动力。

受力分析的主要任务是画受力图。一般来说，约束反力的大小是未知的，需要利用平衡条件来求出，但其方向一般是已知的，或可通过某种方式分析出来。用受力图清楚、准确地表达物体的受力情况，是静力学不可缺少的基本功训练之一。

作受力图的一般步骤如下：

（1）取分离体，确定研究对象并画出简图。

（2）画主动力。

（3）逐个分析约束，并画出约束反力。

下面举例说明受力图的作法及其注意事项。

**例1-1** 用力 $F$ 拉动碾子以压平路面，已知碾子重 $W$，运动过程中受到一石块的阻碍，如图1-20（a）所示，试分析此时碾子的受力情况。

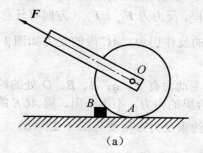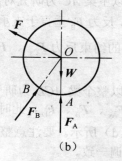

图 1-20

**解：**（1）取分离体。以碾子为研究对象，并单独画出其简图（图1-20（b）所示）。

（2）画主动力。作用在碾子上的主动力有地球的吸引力 $W$，杆对碾子中心的拉力 $F$。

（3）画约束反力。因为碾子在 $A$、$B$ 两处分别与石块和地面接触而受到石块和地面的约束，如不计摩擦，则可视为理想光滑面约束，故在 $A$ 处受光滑地面的法向反力 $F_A$ 作用，在 $B$ 处受到石块的法向反力 $F_B$ 作用。它们都沿着碾子光滑接触面处的公法线而指向碾子中心。碾子受力如图1-20（b）所示。

**例1-2** 如图1-21（a）所示，梁 $A$ 端为固定铰支座约束，$B$ 端为可动铰支座约束，在 $D$ 处作用有一水平力 $F$，梁的自重为 $W$，试作出梁 $AB$ 的受力图。

**解：**（1）取分离体。以梁为研究对象，解除约束，画出分离体，如图1-21（b）所示。

（2）画出全部主动力。作用在梁上的主动力有梁的重力 $W$ 及已知力 $F$。

（3）画出全部约束反力。固定铰链 $A$ 处的正交约束反力 $F_{Ax}$、$F_{Ay}$，可动铰支座 $B$ 处的约束反力 $F_B$ 垂直于支承面，梁 $AB$ 受力如图1-21（b）所示。

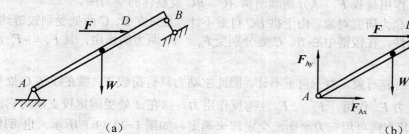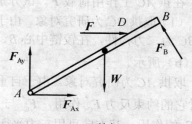

图 1-21

## *1.4.3　物体系统的受力图

几个物体通过一定约束组成的系统称为物体系统，简称为物系。下面举例说明物系受力图的画法。

**例1-3**　某组合梁如图1-22（a）所示。$AC$ 与 $CE$ 在 $C$ 处铰接，并支承在 $A$、$B$、$D$ 三个支座上，试画出梁 $AC$、$CE$ 及全梁 $ACE$ 的受力图，梁的自重忽略不计。

**解：**（1）以辅梁 $CE$ 为研究对象。取分离体，作用于梁上的主动力有集中力 $F$；$D$ 处为可动铰支座，反力 $F_D$ 垂直于支承面；$C$ 处为中间铰链约束，约束反力可用两个相互正交的分力 $F_{Cx}$、$F_{Cy}$ 表示（方向可任意假设）。$CE$ 段的受力如图1-22（b）所示。

（2）以主梁 $AC$ 为研究对象。取分离体，作用于梁上的主动力有均布荷载 $q$；$B$ 处为可动铰支座，反力 $F_B$ 垂直于支承面；$A$ 处为固定铰支座，反力为 $F_{Ax}$、$F_{Ay}$（方向可任意假设）；铰链 $C$ 处的约束反力 $F'_{Cx}$、$F'_{Cy}$ 分别是 $F_{Cx}$、$F_{Cy}$ 的反作用力。$AC$ 段的受力如图1-22（c）所示。

（3）以整个梁 $ACE$ 为研究对象。取分离体，主动力有 $F$、$q$；$A$、$B$、$D$ 处的约束反力为 $F_{Ax}$、$F_{Ay}$、$F_B$、$F_D$，此时 $C$ 处约束反力为组合梁的内力，不再画出。梁 $ACE$ 的受力如图1-22（d）所示。要注意整个梁在 $A$、$B$、$D$ 处约束反力方向要与图1-22（b）、（c）中的方向协调一致。

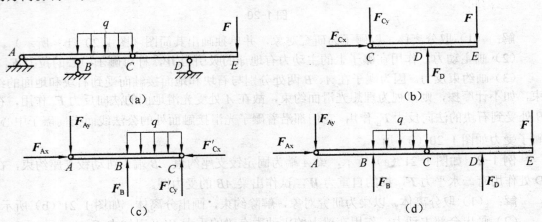

图1-22

**例1-4**　如图1-23（a）所示的三铰拱，由左右两个半拱通过铰接连接而成。各构件自重不计，在拱 $AC$ 上作用荷载 $F$。试分别画出拱 $AC$、$BC$ 及整体的受力图。

**解：**（1）取拱 $BC$ 为研究对象。由于拱 $BC$ 自重不计，且只在 $B$、$C$ 两处受到铰链约束，因此拱 $BC$ 为二力构件，在铰链中心 $B$、$C$ 处分别受 $F_B$、$F_C$ 两力的作用，且 $F_B = -F_C$，如图1-23（b）所示。

（2）取拱 $AC$ 为研究对象。由于自重不计，因此主动力只有荷载 $F$，拱在铰链 $C$ 处受有拱 $BC$ 对它的约束反力 $F'_C$ 作用，$F'_C$ 与 $F_C$ 互为反作用力。拱在 $A$ 处受固定铰支座对它的约束反力 $F_A$ 的作用，其方向可用三力平衡汇交定理来确定，如图1-23（b）所示。也可以根据固定铰链的约束特征，用两个大小未知、相互正交的分力 $F_{Ax}$、$F_{Ay}$ 表示 $A$ 处的约束反力。

（3）取整体为研究对象。由于铰链 $C$ 处所受的力 $F_C'$、$F_C$ 为作用与反作用关系，这些力成对地出现在整个系统内，称为系统的内力。内力对系统的作用相互抵消，因此不必画出，也不能画出。在受力图上只需画出系统以外的物体对系统的作用力，这种力称为外力。整个系统的受力如图 1-23（c）所示。

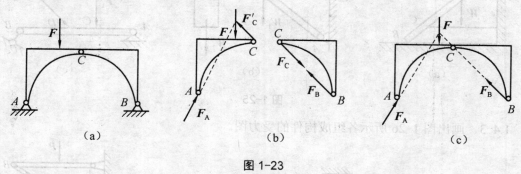

（a）　　　　　　　　（b）　　　　　　　　（c）

图 1-23

画受力图时应注意的问题归纳如下：

（1）明确研究对象。正确地选取研究对象，解除与之有联系的所有约束，画出分离体。分离体的形状和方位必须与原物体保持一致。

（2）在分离体上画出作用在研究对象上的所有主动力，与研究对象无关的主动力不能画出。

（3）根据约束类型，画出相应的约束反力，不能多画，也不能漏画。

（4）分析物系受力时，应先找出系统中的二力杆，这样有助于一些未知力方位的判断。

（5）画物系中各个物体的受力时，必须注意到作用与反作用关系，作用力的方向一经确定，反作用力的方向必须与之相反，同时必须注意作用力与反作用力符号的协调一致。

（6）以物系为研究对象时，物系内各物体之间的相互作用力不必画出，也不能画出。

**思考题**

1.4　物体分析的步骤是什么？如何对物体系统进行受力分析？

**练习题**

1.4-1　画出图 1-24 所示球体的受力图。

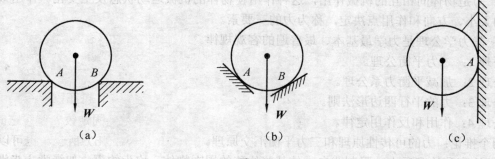

（a）　　　　　　　　（b）　　　　　　　　（c）

图 1-24

1.4-2 画出图 1-25 中各个物体的受力图。

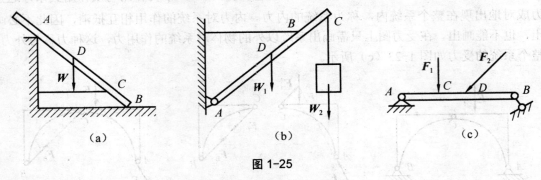

（a）　　　　　　　　　　（b）　　　　　　　　　　（c）

图 1-25

1.4-3 画出图 1-26 所示各组成构件的受力图。

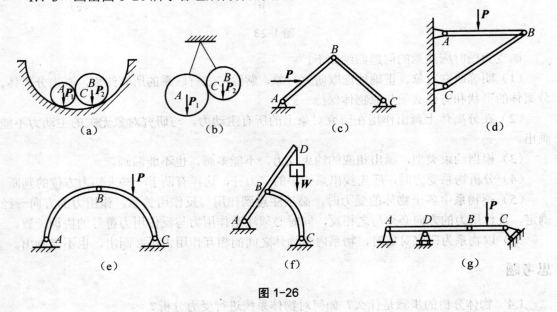

（a）　　　（b）　　　（c）　　　（d）

（e）　　　　　　　（f）　　　　　　　（g）

图 1-26

# 小　　结

1．力是物体间相互的机械作用，这种作用使物体的机械运动状态发生变化。作用效应由力的大小、方向和作用点决定，称为力的三要素。

2．静力学公理是力学最基本、最普遍的客观规律。

公理 1：二力平衡公理。

公理 2：加减平衡力系公理。

公理 3：力的平行四边形法则。

公理 4：作用和反作用定律。

两个推论：力的可传性原理和三力平衡汇交原理。

3．约束和约束反力。限制非自由体某些位移的周围物体，称为约束，如绳索、光滑铰链、滚动支座、链杆等。约束对非自由体施加的力称为约束反力。约束反力的方向与该约束所能阻碍的位移方向相反。画约束反力时，应分别根据每个约束本身的特性确定其约束反力的方向。

4. 物体的受力分析和受力图是研究物体平衡和运动的前提，画物体受力图时，首先要明确研究对象（即取分离体）。物体所受的力分为主动力和约束反力。当分析多个物体组成的系统受力时，要注意分清内力与外力，内力成对不能画；还要注意作用力与反作用力之间的相互关系。

5. 受力分析的次序：先局部、后整体；先简单、后复杂；先主动、后约束。

# 第2章 平面力系的平衡条件

## 引 言

力系有各种不同的形式，它们的合成结果和平衡条件也不相同。按照力系中各力的作用线是否在同一平面来分，可将力系分为平面力系和空间力系两类。平面力系是工程中最常见的力系，很多工程实际问题都可以简化为平面力系来处理。本章主要对作用在构件上的平面力系进行简化，通过力系简化，讨论平面力系对刚体的移动效应和转动效应，建立平面力系的平衡方程，从而达到确定作用在构件上的所有未知力的目的，进而为后续章节的工程构件进行强度、刚度和稳定性分析奠定基础。

理解力多边形法则，求解平面汇交力系的合力与平衡问题；掌握合力投影定理，能熟练掌握用解析法求解平面汇交力系的合力与平衡问题；理解力矩的定义，掌握合力矩定理；理解力偶的定义及力偶矩的概念；理解力偶的性质及推论；了解平面力偶系的合成及平衡条件的应用；掌握力的平移定理及平面一般力系的简化方法；掌握主矢和主矩的概念及计算；熟练掌握平面一般力系的平衡条件及平衡方程式的应用；理解平面一般力系的合力矩定理；掌握物体系统平衡问题的解题方法；了解静定问题和超静定问题的概念。

# 2.1 力 的 投 影

## 2.1.1 力在坐标轴上的投影

若已知力 $F$ 的大小为 $F$，它与 $x$、$y$ 轴的夹角分别为 $\alpha$、$\beta$（图 2-1），则 $F$ 在 $x$、$y$ 轴上的投影分别为

$$\begin{cases} F_x = F\cos\alpha \\ F_y = F\sin\alpha \end{cases} \tag{2-1}$$

由上式可以看出，力在坐标轴上的投影是代数量。当力 $F$ 与坐标轴平行（或重合）时，力在坐标轴上投影的绝对值等于力的大小，力的指向与坐标轴正向一致时，投影为正，反之为负；当力与坐标轴垂直时，力在坐标轴上的投影为零。力在坐标轴上的投影与力的大小和方向有关，而与力作用点或作用线的位置无关。

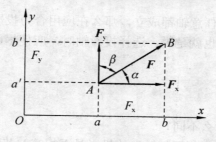

图 2-1

若已知力 $F$ 在直角坐标轴上的投影 $F_x$、$F_y$，可以求出力 $F$ 的大小和方向为

$$\begin{cases} F = \sqrt{F_x^2 + F_y^2} \\ \tan\alpha = \dfrac{F_y}{F_x} \end{cases} \quad (2\text{-}2)$$

式中 $\alpha$ 为力 $F$ 与 $x$ 轴的夹角。

必须指出，投影和分力是两个不同的概念。分力是矢量，投影是代数量；分力与力的作用点的位置有关，而投影与力的作用点的位置无关；它们与原力的关系分别遵循不同的规则，只有在直角坐标系中，分力的大小才与在同一坐标轴上投影的绝对值相等。

## 2.1.2　合力投影定理

设刚体受 $F_1$、$F_2$ 两个汇交力的作用，用力的平行四边形法则可求出其合力 $F_R$，如图 2-2 所示。在其作用面内任取直角坐标系 $xOy$，并将力 $F_1$、$F_2$ 及 $F_R$ 分别向 $x$、$y$ 轴投影为 $F_{1x}$、$F_{2x}$、$F_{Rx}$、$F_{1y}$、$F_{2y}$ 和 $F_{Ry}$，即

$$\begin{cases} F_{Rx} = F_{1x} + F_{2x} \\ F_{Ry} = F_{1y} + F_{2y} \end{cases} \quad (2\text{-}3)$$

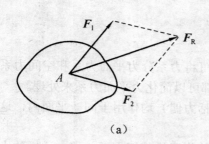
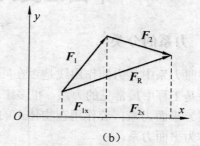

(a) 　　　　　　　　　　　　　(b)

图 2-2

若刚体受 $F_1$, $F_2$, …, $F_n$ 构成的力系的作用，将各力分别向两个坐标轴上投影，可得

$$\begin{cases} F_{Rx} = F_{1x} + F_{2x} + F_{3x} + \cdots + F_{nx} = \sum F_{ix} \\ F_{Ry} = F_{1y} + F_{2y} + F_{3y} + \cdots + F_{ny} = \sum F_{iy} \end{cases} \quad (2\text{-}4)$$

上式说明，合力在任意轴上的投影等于各分力在同一轴上投影的代数和，此即合力投影定理。

　　既然合力投影定理对于任意轴都成立，那么在应用合力投影定理时，应注意坐标轴的选择，尽可能使运算简便。也就是说，选择投影轴时，应使尽可能多的力与投影轴垂直或平行。

**思考题**

　　2.1-1　分力与投影有什么不同？

　　2.1-2　同一个力在两个互相平行轴上的投影是否相等？若两个力在同一坐标轴上的投影相等，这两个力是否相等？

**练习题**

　　2.1　已知 $F_1 = 100\,\text{N}$、$F_2 = 50\,\text{N}$、$F_3 = 60\,\text{N}$、$F_4 = 80\,\text{N}$，各力方向如图 2-3 所示，试分别求各个力在 $x$ 轴和 $y$ 轴上的投影。

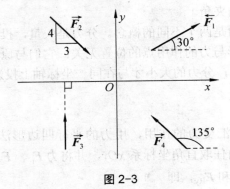

图 2-3

# 2.2　平面汇交力系的合成及其平衡条件

## 2.2.1　力系的分类

　　按照力系中各力的作用线是否在同一平面内，可将力系分为平面力系和空间力系。平面力系是工程中最常见的力系，很多工程实际问题都可以简化为平面力系来处理。

　　（1）平面力系：若作用在物体上的所有力（包括力偶）均作用于同一平面内，这样的力系称为平面力系。

　　（2）平面汇交力系：在平面力系中，若所有力的作用线都汇交于一点，这样的力系称为平面汇交力系。

　　（3）平面平行力系：在平面力系中，若所有力的作用线均相互平行，这样的力系称为平面平行力系。

　　（4）平面一般力系：在平面力系中，若力系中的力既不完全平行，又不汇交于一点，这样的力系称为平面一般力系。

　　（5）平面力偶系：平面力系仅由力偶组成，这样的力系称为平面力偶系。

## 2.2.2　平面汇交力系合成的几何法及其平衡条件

### 1. 力多边形法则及平面汇交力系合成的几何法

设一刚体受到平面汇交力系 $F_1$、$F_2$、$F_3$、$F_4$ 的作用，各力作用线汇交于点 $A$。根据刚体内部力的可传递性，可将各力沿其作用线移至汇交点 $A$，如图 2-4（a）所示。

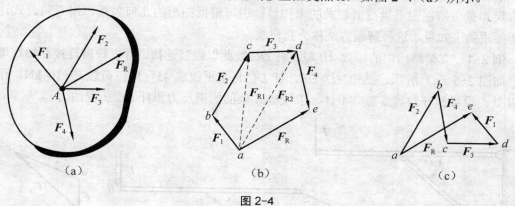

图 2-4

为合成此力系，可根据力的平行四边形规则，逐步两两合成各力，最后求得一个通过汇交点 $A$ 的合力 $F_R$，还可以用更简便的方法求此合力 $F_R$ 的大小与方向。任取一点 $a$，先作力三角形求出 $F_1$ 与 $F_2$ 的合力大小与方向 $F_{R1}$，再作合力 $F_{R1}$ 与 $F_3$ 得 $F_{R2}$，最后合力 $F_{R2}$ 与 $F_4$ 得 $F_R$，如图 2-4（b）所示。多边形 $abcde$ 称为此平面汇交力系的力多边形，矢量 $ae$ 称为此力多边形的封闭边。封闭边矢量 $ae$ 即表示此平面汇交力系合力 $F_R$ 的大小与方向（即合力矢），而合力的作用线仍应通过原汇交点 $A$，如图 2-4（b）所示的 $F_R$。以上求汇交力系合力的方法，称为力多边形法则。

必须注意，此力多边形的矢序规则为：各分力的矢量沿着环绕力多边形边界的同一方向首尾相接。由此组成的力多边形 $abcde$ 有一缺口，故称为不封闭的力多边形，而合力矢则应沿相反方向连接此缺口，构成力多边形的封闭边。力多边形规则是一般矢量相加（几何和）的几何解释。根据矢量相加的交换律，任意变换各分力矢的作图次序，可得形状不同的力多边形，但其合力矢仍然不变，如图 2-4（c）所示。

结论：平面汇交力系可合成为一合力，其合力的大小与方向等于各分力的矢量和（几何和），合力的作用线通过汇交点。设平面汇交力系包含 $n$ 个力，以 $F_R$ 表示它们的合力矢，则有

$$F_R = F_1 + F_2 + \cdots + F_n = \sum_{i=1}^{n} F_i = \sum F_i = \sum F \tag{2-5}$$

合力 $F_R$ 对刚体的作用与原汇交力系对该刚体的作用等效。如果一力与某一力系等效，则此力称为该力系的合力。

### 2. 平面汇交力系平衡的几何条件

由于平面汇交力系可用其合力来代替，显然，平面汇交力系平衡的充要条件是：该力系的合力等于零。如用矢量等式表示，即

$$\sum F = 0 \qquad (2-6)$$

在平衡情形下，力多边形中最后一力的终点与第一力的起点重合，此时的力多边形为封闭的。所以，平面汇交力系平衡的充要条件是：该力系的力多边形自行封闭，这就是平面汇交力系平衡的几何条件。

求解平面汇交力系平衡问题时可用图解法，即按比例先画出封闭的力多边形。然后，用直尺和量角器在图上量得所要求的未知量；也可根据图形的几何关系，用三角公式计算出所要求的未知量，这种解题方法称为几何法。

**例 2-1** 支架结构中的横梁 $AB$ 与斜杆 $DC$ 彼此以铰链连接，并以铰链连接在铅直墙壁上，如图 2-5（a）所示。已知 $AD=DB$，杆 $DC$ 与水平线成 45° 角，荷载 $F = 10$ kN，作用于 $B$ 处。设梁和杆的自重忽略不计，求铰链 $A$ 处的约束反力和杆 $DC$ 所受的力。

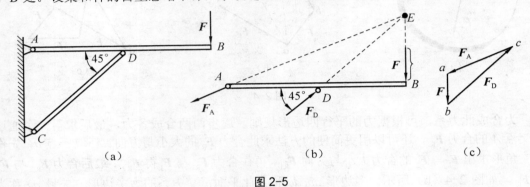

图 2-5

**解：**选取横梁 $AB$ 为研究对象。横梁在 $B$ 处受荷载 $F$ 作用。结构中 $DC$ 为二力杆，它对横梁 $D$ 处的约束反力为 $F_D$，其作用线平行于 $DC$。铰链 $A$ 处的约束反力为 $F_A$，其作用线可根据三力平衡汇交定理确定，即通过另两个力的作用线交点 $E$，如图 2-5（b）所示。

杆 $AB$ 处于平衡状态，根据平面汇交力系平衡的几何条件，作用在 $AB$ 上的三个力应构成一个自行封闭的力三角形。先按照一定比例画出力矢 $ab$ 代表 $F$，再由点 $b$ 作直线平行于 $F_D$，由点 $a$ 作直线平行于 $F_A$，这两直线相交于点 $c$，如图 2-5（c）所示。由力三角形 $abc$ 即可确定出 $F_D$ 和 $F_A$。

在力三角形中，线段 $ac$ 和 $bc$ 的长度分别表示力 $F_A$ 和 $F_D$ 的大小，量出它们的长度，按比例换算可得：$F_A = 22.4$ kN；$F_D = 28.3$ kN。或者通过三角函数关系求得 $F_A$、$F_D$ 的大小。

根据作用与反作用关系，作用于杆 $DC$ 上的力 $F_D'$ 与 $F_D$ 互为反作用力。由此可知，杆 $DC$ 受压力作用，压力大小为 $F_D' = 28.3$ kN。

由上例可以看出，用几何法求解平面汇交力系的合成与平衡问题简单明了，对于三力平衡问题还可用三角函数关系求出其精确解。而对于多力平衡问题，用几何法难以求出其精确解，累积误差较大；对空间问题，更是难以作出力多边形。所以，在实际应用中多用解析法求解平面汇交力系的合成与平衡问题。

### 2.2.3　平面汇交力系合成的解析法及其平衡条件

**1. 平面汇交力系合成的解析法**

根据合力投影定理，分别求出合力 $\boldsymbol{F}$ 在 $x$、$y$ 轴的投影 $F_{Rx}$ 和 $F_{Ry}$，由投影与分力的关系可确定出，合力沿 $x$、$y$ 轴方向的分力 $\boldsymbol{F}_{Rx}$ 和 $\boldsymbol{F}_{Ry}$ 的大小分别等于 $F_{Rx}$ 和 $F_{Ry}$，由图 2-6 可知，合力 $\boldsymbol{F}_R$ 的大小为

$$F_R = \sqrt{F_{Rx}{}^2 + F_{Ry}{}^2} = \sqrt{\left(\sum F_{ix}\right)^2 + \left(\sum F_{iy}\right)^2} \tag{2-7}$$

合力的方向可由合力矢与 $x$ 轴的夹角 $\alpha$ 决定

$$\tan\alpha = \frac{F_{Ry}}{F_{Rx}} = \frac{\sum F_{iy}}{\sum F_{ix}} \tag{2-8}$$

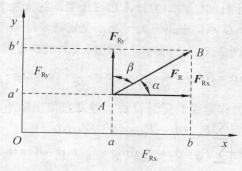

图 2-6

**2. 平面汇交力系的平衡方程**

由上一节可知，平面汇交力系平衡的充要条件是：汇交力系的合力为零。由式（2-7）可得

$$\sqrt{\left(\sum F_{ix}\right)^2 + \left(\sum F_{iy}\right)^2} = 0$$

欲使上式成立，必须同时满足

$$\begin{cases} \sum F_{ix} = 0 \\ \sum F_{iy} = 0 \end{cases} \tag{2-9}$$

即刚体在平面汇交力系作用下处于平衡状态时，各力在两个坐标轴上投影的代数和分别为零。这就是平面汇交力系平衡的解析条件，式（2-9）称为平面汇交力系的平衡方程。

平面汇交力系有两个独立的平衡方程，能求解而且只能求解两个未知量，它们可以是力的大小，也可以是力的方位，但一般不以力的指向作为未知量。在力的指向不能预先确定时，可先任意假定，根据平衡方程进行计算，若求出的力为正值，则表示所假定的指向与实际指向一致；若求出的力为负值，则表示力的假定指向与实际指向相反。

**例 2-2**　水平托架支承重量为 $\boldsymbol{W}$ 的小型化工容器，如图 2-7（a）所示。已知托架 $AD$ 长为 $l$，角度 $\alpha = 45°$，又 $D$、$B$、$C$ 各处均为光滑铰链连接，试求托架 $D$、$B$ 处的约束反力。

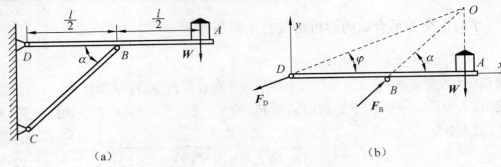

图 2-7

**解：**（1）取研究对象。为了求托架 $D$、$B$ 两处的约束反力，将容器与托架一起取作研究对象，如图 2-7（b）所示。

（2）画出受力图。由于杆 $BC$ 为二力杆，它对托架的约束反力 $F_B$ 沿 $C$、$B$ 两点的连线方向，与 $W$ 的作用线交于 $O$ 点，根据三力平衡汇交定理，$D$ 处的约束反力 $F_D$ 作用线必通过 $O$ 点。作出受力图，如图 2-7（b）所示。由几何关系很容易得到

$$\sin\alpha = \cos\alpha = \frac{1}{\sqrt{2}}; \quad \sin\varphi = \frac{1}{\sqrt{5}}; \quad \cos\varphi = \frac{2}{\sqrt{5}}$$

（3）列平衡方程。三力作用线汇交于 $O$ 点，建立直角坐标系 $xDy$。根据平衡条件有

$$\begin{cases} \sum F_{ix} = 0, & -F_D\cos\varphi + F_B\cos\alpha = 0 \\ \sum F_{iy} = 0, & -F_D\sin\varphi + F_B\sin\alpha - W = 0 \end{cases}$$

（4）解方程组。求解以上方程组，并考虑到几何关系可得

$$\begin{cases} F_3 = 2\sqrt{2}W \\ F_D = \sqrt{5}W \end{cases}$$

**例 2-3** 如图 2-8（a）所示，重 $W=20$ kN 的物体用钢丝绳挂在支架上，钢丝绳的另一端缠绕在绞车 $D$ 上。杆 $AB$ 与 $BC$ 铰接，并用铰链 $A$、$C$ 与墙连接。假设两杆和滑轮的自重不计，并忽略摩擦与滑轮的体积，试求平衡时杆 $AB$ 和 $BC$ 所受的力。

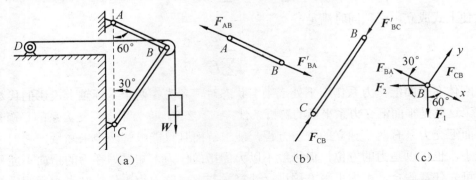

图 2-8

**解：**（1）取研究对象。由于忽略各杆的自重，$AB$、$BC$ 两杆均为二力杆。假设杆 $AB$ 承受拉力，杆 $BC$ 承受压力，如图 2-8（b）所示。两杆所受的力可通过求两杆对滑轮的约束反力来求解。因此，选择滑轮 $B$ 为研究对象。

（2）画受力图。滑轮受到钢丝绳的拉力 $F_1$ 和 $F_2$（$F_1 = F_2 = W$）。此外杆 $AB$ 和 $BC$ 对滑轮的约束反力为 $F_{BA}$ 和 $F_{CB}$。由于滑轮的大小可以忽略不计，作用于滑轮上的力构成平面汇交力系，如图 2-8（c）所示。

（3）列平衡方程。选取坐标系 $xBy$，如图 2-8（c）所示。为避免解联立方程组，坐标轴应尽量取在与未知力作用线相垂直的方向，这样，一个平衡方程中只有一个未知量，即

$$\begin{cases} F_{ix} = 0, & -F_{BA} + F_1 \cos 60° - F_2 \cos 30° = 0 \\ F_{iy} = 0, & F_{CB} - F_1 \sin 60° - F_2 \sin 30° = 0 \end{cases}$$

（4）解方程得

$$\begin{cases} F_{BA} = -0.366W = -7.32\,\text{kN} \\ F_{CB} = 1.366W = 27.32\,\text{kN} \end{cases}$$

所求结果中，$F_{CB}$ 为正值，表示力的实际方向与假设方向相同，即杆 $BC$ 受压。$F_{BA}$ 为负值，表示该力的实际方向与假设方向相反，即杆 $AB$ 也受压力作用。

## 思考题

2.2-1　平面汇交力系的特点是什么？

2.2-2　平面汇交力系的平衡方程是什么？为什么是两个方程？

## 练习题

2.2-1　如图 2-9 所示，拖动汽车沿汽车前进方向需要用力 $F=5$ kN，若现在改用两个力 $F_1$ 和 $F_2$，已知 $F_1$ 与汽车前进方向的夹角 $\alpha=20°$，分别用几何法和解析法求解：

（1）若已知另外一个作用力 $F_2$ 与汽车前进方向的夹角 $\beta=30°$，试确定 $F_1$ 和 $F_2$ 的大小。

（2）欲使 $F_2$ 为最小，试确定夹角 $\beta$ 及力 $F_1$ 和 $F_2$ 的大小。

2.2-2　支架由杆 $AB$、$AC$ 构成，$A$、$B$、$C$ 三处都是铰链约束。在 $A$ 点作用有铅垂力 $W$，用解析法求在如图 2-10 所示两种情况下杆 $AB$、$AC$ 所受的力，并说明所受的力是拉力还是压力。

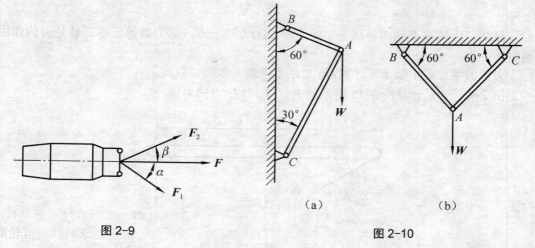

图 2-9　　　　　　　　　　　　（a）　　　　　　　（b）　　　　图 2-10

# 2.3 力　矩

### 2.3.1　力矩的概念

力对点的矩是很早以前人们在使用杠杆、滑轮、绞盘等机械搬运或提升重物时所形成的一个概念。现以扳手拧螺母为例来说明。如图 2-11 所示，在扳手的 $A$ 点施加一力 $F$，扳手和螺母一起绕螺钉中心 $O$ 转动，这就是说，力有使物体（扳手）产生转动的效应。实践经验表明，扳手的转动效果不仅与力 $F$ 的大小有关，而且还与 $O$ 点到力 $F$ 作用线的垂直距离 $d$ 有关。当 $d$ 保持不变时，力 $F$ 越大，转动越快。当力 $F$ 不变时，$d$ 值越大，转动越快。若改变力的作用方向，则扳手的转动方向就会发生改变。因此，我们用 $F$ 与 $d$ 的乘积再冠以正负号来表示力 $F$ 使物体绕 $O$ 点转动的效应，并称为力 $F$ 对 $O$ 点之矩，简称力矩，以符号 $M_O(F)$ 表示，即

$$M_O(F) = \pm Fd \tag{2-10}$$

$O$ 点称为转动中心，简称矩心。矩心 $O$ 到力作用线的垂直距离 $d$ 称为力臂。

式中的正负号表示力矩的转向。通常规定：力使物体绕矩心产生逆时针方向转动时，力矩为正；反之为负。在平面力系中，力矩或为正值，或为负值。因此，力矩可视为代数量。

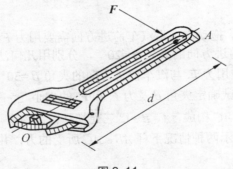

图 2-11

显然，力矩在下列两种情况下等于零：①力等于零；②力臂等于零，就是力的作用线通过矩心。

力矩的单位是牛顿·米（N·m）或千牛顿·米（kN·m）。

**例 2-4**　分别计算图 2-12 所示的 $F_1$、$F_2$ 对 $O$ 点的力矩。

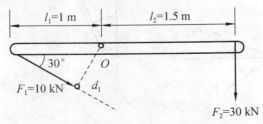

图 2-12

**解**：由式（2-10），有

$$M_O(F_1) = F_1 d_1$$
$$= 10 \times 1 \times \sin 30°$$
$$= 5 \text{ kN} \cdot \text{m}$$
$$M_O(F_2) = -F_2 d_2$$
$$= -30 \times 1.5$$
$$= -45 \text{ kN} \cdot \text{m}$$

### 2.3.2　合力矩定理

我们知道平面汇交力系对物体的作用效应可以用它的合力来代替，这里的作用效应包括物体绕某点转动的效应，而力使物体绕某点的转动效应由力对该点之力矩来度量。因此，平面汇交力系的合力对平面内任一点之矩等于该力系中的各分力对同一点之矩的代数和。用式子可表示为

$$M_O(F) = M_O(F_1) + M_O(F_2) + \cdots + M_O(F_n) = \sum M_O(F_i) \tag{2-11}$$

这就是合力矩定理，此定理是力学中应用十分广泛的一个重要定理。

**例 2-5**　图 2-13 所示每 1m 长挡土墙所受土压力的合力为 $F_R$，其大小 $F_R = 200\text{kN}$，求土压力 $F_R$ 使墙倾覆的力矩。

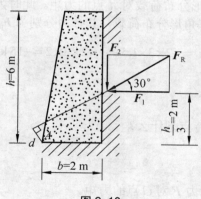

图 2-13

**解**：土压力 $F_R$ 可使挡土墙绕 $A$ 点倾覆，求 $F_R$ 使墙倾覆的力矩，就是求它对 $A$ 点的力矩。由于 $F_R$ 的力臂求解较麻烦，但如果将 $F_R$ 分解为两个分力 $F_1$ 和 $F_2$，而两分力的力臂是已知的。因此，根据合力矩定理，合力 $F_R$ 对 $A$ 点之矩等于 $F_1$、$F_2$ 对 $A$ 点之矩的代数和。则

$$M_A(F_R) = M_A(F_1) + M_A(F_2)$$

$$= F_1 \times \frac{h}{3} - F_2 \times b$$

$$= 200 \cos 30° \times 2 - 200 \sin 30° \times 2$$

$$= 146.4 \text{ kN} \cdot \text{m}$$

**例 2-6** 如图 2-14 所示，求各分布荷载对 $A$ 点的矩。

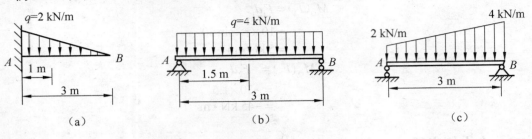

图 2-14

**解：** 沿直线平行分布的线荷载可以合成为一个合力。合力的方向与分布荷载的方向相同，合力作用线通过荷载图的重心，其合力的大小等于荷载图的面积。

根据合力矩定理可知，分布荷载对某点之矩就等于其合力对该点之矩。

（1）计算图 2-14（a）三角形分布荷载对 $A$ 点的力矩。

$$M_A(q) = -\frac{1}{2} \times 2 \times 3 \times 1 = -3 \text{ kN·m}$$

（2）计算图 2-14（b）均布荷载对 $A$ 点的力矩。

$$M_A(q) = -4 \times 3 \times 1.5 = -18 \text{ kN·m}$$

（3）计算图 2-14（c）梯形分布荷载对 $A$ 点的力矩。此时为避免求梯形形心，可将梯形分布荷载分解为均布荷载和三角形分布荷载，其合力分别为 $F_{R1}$ 和 $F_{R2}$，则有

$$M_A(q) = -2 \times 3 \times 1.5 - \frac{1}{2} \times 2 \times 3 \times 2 = -15 \text{ kN·m}$$

## 思考题

2.3 何谓力矩？力矩的特点是什么？

## 练习题

2.3 试求如图 2-15 所示力 $F$ 对 $O$ 点的力矩。

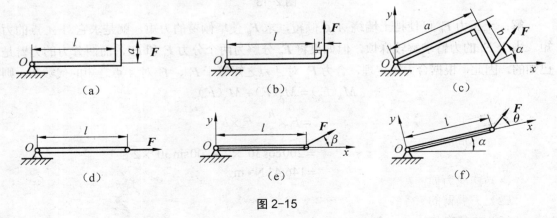

图 2-15

# *2.4　力　偶

## 2.4.1　力偶的概念

　　在日常生活中，我们常常见到汽车司机用双手转动方向盘驾驶汽车（如图 2-16（a）所示），电动机的定子磁场对转子作用电磁力使之旋转（如图 2-16（b）所示），钳工用双手转动丝锥攻螺纹（如图 2-16（c）所示），人们用两个手指拧动水龙头、旋转钥匙开门等，在方向盘、电机转子、丝锥、水龙头、钥匙等物体上都作用了两个大小相等、方向相反、作用线平行的力。这两个等值、反向的平行力不能合成为一个力，也不能平衡。这样的两个力只能使物体产生转动效应，而不能使物体产生移动效应。这种由大小相等、方向相反、作用线平行的两个力组成的力系，称为力偶，如图 2-17 所示，用符号（$F$，$F'$）表示。力偶中两力作用线之间的垂直距离 $d$ 称为力偶臂，力偶所在的平面称为力偶作用面，即为力偶的两个力所构成的平面。

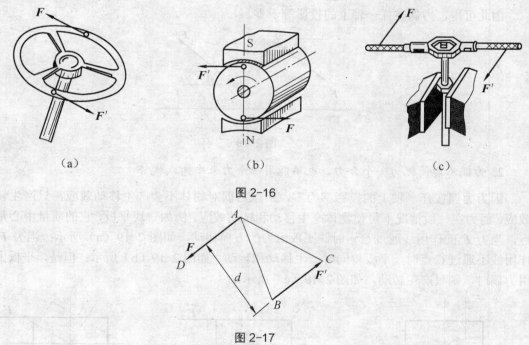

（a）　　　　　　　　　　　（b）　　　　　　　　　　　（c）

图 2-16

图 2-17

　　由实践经验可知：力偶使物体转动的效应既与组成力偶的力 $F$ 的大小成正比，也与力偶臂 $d$ 的大小成正比，即力偶对物体转动效应的强弱与力偶中力的大小和力偶臂长度的乘积成正比。此外，与力对点之矩相同，力偶使物体转动的转向也有逆时针和顺时针之分，而且转向不同时，力偶的转动效应也不同。因此，力偶对物体的转动效应，由以下三个因素来决定：

　　（1）构成力偶的力的大小。

　　（2）力偶臂的大小。

　　（3）力偶在作用面内的转向。

因此，可以用力偶中力的大小与力偶臂长度的乘积，并冠以适当的正负号后得到的代数量来表示力偶对物体的转动效应，称之为力偶矩，用符号 $M（F，F'）$ 或 $M$ 表示，即

$$M = \pm Fd = 2A_{\triangle ABC} \tag{2-12}$$

于是可得结论：力偶矩是一个代数量，其绝对值等于力的大小与力偶臂的乘积。实质上，力偶矩的大小为力偶中的两个力对其作用面内某点的矩的代数和。正负号表示力偶的转向，规定以逆时针转向为正，反之为负。力偶矩的单位与力矩相同，也是 N·m 或 kN·m。

### 2.4.2 力偶的性质

力偶具有一些特殊的性质，现分述如下。

**1. 力偶在任一轴上的投影等于零**

由于力偶中的两个力大小相等、方向相反、作用线互相平行，求它们在任一轴 $x$ 上的投影，如图 2-18 所示。设力与 $x$ 轴的夹角为 $\alpha$，由图可得

$$\sum F_x = F\cos\alpha - F'\cos\alpha = 0$$

由此可得，力偶在任一轴上的投影等于零。

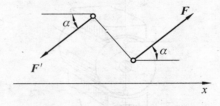

图 2-18

**2. 力偶不能简化为一个合力，也不能用一个力来平衡或代替**

因为力偶在任一轴上的投影都为零，所以力偶对物体不会产生移动效应，只产生转动效应。而力在一般情况下可使物体产生移动和转动效应。例如一块平板，它的质量中心是 $C$ 点，当力 $F$ 的作用线通过 $C$ 点时，平板沿力的方向移动，如图 2-19（a）所示；当力 $F$ 的作用线不通过 $C$ 点时，平板将同时产生移动和转动，如图 2-19（b）所示；但是，平板上作用力偶时，则只产生转动，如图 2-19（c）所示。

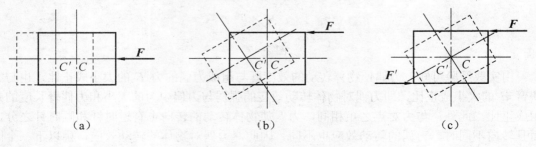

（a）　　　　　　　（b）　　　　　　　（c）

图 2-19

由此可见，力偶和力对物体的作用效应不同，说明力偶不能用一个力来代替，即力偶不能简化为一个力，因而力偶也不能和一个力平衡，力偶只能与力偶平衡。

**3. 力偶对其作用面内任一点之矩都等于其本身的力偶矩，而与矩心位置无关**

由于力偶的作用使物体产生转动效应，所以力偶对物体的转动效应可以用力偶的两个力对其作用面内某一点的力矩的代数和来度量。

设在物体上作用一力偶 $M(F, F')$，其力偶臂为 $d$，逆时针转向，则力偶矩为 $M = F \cdot d$，如图 2-20 所示。在力偶作用面内任取一点 $O$ 为矩心，设矩心与 $F'$ 的垂直距离为 $x$，以 $M_O(F, F')$ 表示力偶对 $O$ 点的矩，则

$$M_O(F, F') = M_O(F) + M_O(F') = F \cdot (x + d) - F' \cdot x = F \cdot d = M$$

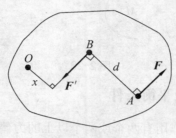

图 2-20

这说明力偶对其作用面内任一点的矩恒等于其本身的力偶矩，而与矩心的位置无关。

**4. 在同一平面内的两个力偶，如果它们的力偶矩大小相等，力偶的转向相同，则这两个力偶是等效的，称为力偶的等效定理**

该等效性可以由试验证实。例如，汽车转弯时，司机用双手转动方向盘，如图 2-21 所示，不管双手用力（$F_1$, $F_1'$）或是（$F_2$, $F_2'$），只要力的大小不变，它们的力偶矩就相等，因而转动方向盘的效应就是一样的。又如攻螺纹时，施加在扳手上的力不论是（$F$, $F'$）（如图 2-22（a）所示），还是（$2F$, $2F'$）（如图 2-22（b）所示），虽然所加力的大小和力偶臂不同，但它们的力偶矩相等，因此，它们对扳手的转动效应也是一样的。

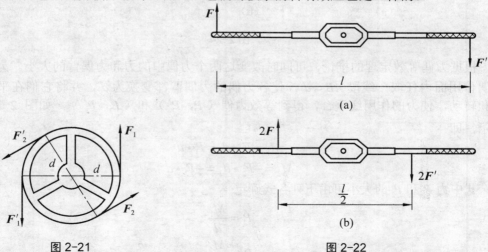

图 2-21　　　　　　　　　　　图 2-22

由此定理可得如下推论：

（1）在保持力偶矩的大小和转向不变的情况下，力偶可以在其作用面内任意移动和转

动，而不改变它对物体的转动效应，因此力偶对物体的转动效应与其在作用面内的位置无关。

（2）在保持力偶矩的大小和转向不变的情况下，可以任意改变力偶中力的大小和力偶臂的长短，而不改变力偶对物体的转动效应。

因此，对力偶而言，无须知道力偶中力的大小和力偶臂的长度，只需知道力偶矩就可以了。力偶矩是平面力偶作用的唯一度量。常用图 2-23 所示的符号表示力偶，$M$ 为力偶矩。

图 2-23

### 2.4.3 平面力偶系的合成及平衡条件

在物体的某一平面内同时作用有两个或两个以上的力偶时，这些力偶构成的力系就称为平面力偶系。

1. 平面力偶系的合成

设在物体的同一平面内作用有两个力偶（$F_1$，$F_1'$）和（$F_2$，$F_2'$），它们的力臂分别为 $d_1$ 和 $d_2$，如图 2-24（a）所示。这两个力偶的力偶矩分别为 $M_1 = F_1 \cdot d_1$ 和 $M_2 = -F_2 \cdot d_2$，现在来求它们的合成结果。

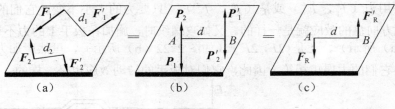

图 2-24

根据力偶等效定理的推论，可同时改变这两个力偶中的力和力偶臂的大小。为此，在力偶作用面内任取一线段 $AB = d$，使各力偶的力偶臂都变换为 $d$，并将它们在平面内移动和转动，使力的作用线重合，得到等效力偶（$P_1$，$P_1'$）和（$P_2$，$P_2'$），如图 2-24（b）所示，即

$$M_1 = F_1 \cdot d_1 = P_1 \cdot d$$
$$M_2 = -F_2 \cdot d_2 = -P_2 \cdot d$$

式中力 $P_1$ 和 $P_2$ 的大小可由下列各式确定

$$P_1 = \frac{M_1}{d}$$

$$P_2 = \frac{M_2}{d}$$

因作用在 $A$ 点的两个力 $P_1$ 和 $P_2$ 共线，故可将其合成为一个力 $F_R$。设 $P_1 > P_2$，则 $F_R$ 的大小为

$$F_R = P_1 - P_2$$

其方向与 $P_1$ 相同。同样，作用在 $B$ 点的两个力也可以合成为一个合力 $F'_R = P'_1 - P'_2$。显然两合力 $F_R$ 与 $F'_R$ 大小相等、方向相反、作用线平行但不重合，如图 2-24（c）所示。可见它们也组成了一个力偶（$F_R$，$F'_R$），这个力偶与原来的两个力偶等效，称为原来两个力偶的合力偶，若用 $M$ 表示该合力偶的力偶矩，得

$$M = F_R d = (P_1 - P_2) d = P_1 d - P_2 d = M_1 + M_2$$

如果有两个以上的平面力偶组成的力偶系也可以按照上述方法进行合成，则有

$$M = M_1 + M_2 + \cdots + M_n = \sum_{i=1}^{n} M_i \tag{2-13}$$

于是可得到如下结论：平面力偶系合成的结果是一个合力偶，合力偶矩等于力偶系中各分力偶矩的代数和。

**例 2-7**　一物体在某平面内受三个力偶的作用，如图 2-25 所示。已知 $P_1 = P'_1 = 200\,\text{N}$，$P_2 = P'_2 = 600\,\text{N}$，$P_3 = P'_3 = 400\,\text{N}$，试求其合力偶。

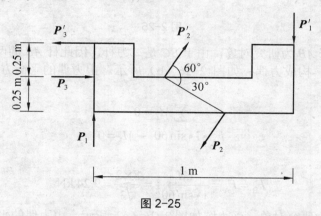

图 2-25

**解**：用 $M_1$、$M_2$、$M_3$ 分别表示力偶（$P_1$，$P'_1$）、（$P_2$，$P'_2$）、（$P_3$，$P'_3$）的力偶矩，则

$$M_1 = -P_1 \times 1 = -200 \times 1 = -200\,\text{N·m}$$

$$M_2 = -P_2 \times \frac{0.25}{\sin 30°} = -600 \times \frac{0.25}{0.5} = -300\,\text{N·m}$$

$$M_3 = P_3 \times 0.25 = 400 \times 0.25 = 100\,\text{N·m}$$

由式（2-13）得合力偶矩为

$$M = M_1 + M_2 + M_3 = -200 - 300 + 100 = -400\,\text{N·m}$$

即合力偶矩的大小等于 $400\,\text{N·m}$，合力偶的转向为顺时针方向，其作用面与原力偶系共面。

**2. 平面力偶系的平衡条件**

平面力偶系的合成结果是一个合力偶，当合力偶矩等于零时，则力偶系中各力偶对物体的转动效应相互抵消，物体处于平衡状态；反之，当合力偶矩不等于零时，则物体必有转动效应。所以，平面力偶系平衡的充要条件是：力偶系中各力偶矩的代数和等于零，即

$$\sum_{i=1}^{n} M_i = 0 \qquad\qquad (2-14)$$

上式称为平面力偶系的平衡方程，应用该方程可以求解一个未知量。

**例 2-8**　如图 2-26（a）所示，杆 $AB$ 长为 1m，作用力偶矩 $M_1 = 8\,kN \cdot m$，杆 $CD$ 长为 0.8m，试求为使机构保持平衡，作用在杆 $CD$ 上的力偶矩 $M_2$。

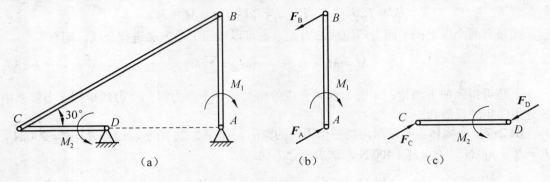

图 2-26

**解：**（1）选杆 $AB$ 为研究对象，由于 $EC$ 是二力杆，因此杆 $AB$ 的两端受有沿 $BC$ 方向的约束力 $F_A$ 和 $F_B$，构成力偶，如图 2-26（b）所示。由力偶的平衡方程知，合力偶矩为零，即

$$\sum M_i = 0$$

$$F_A \cdot 1 \cdot \sin 60^\circ - M_1 = 0$$

得

$$F_B = F_A = \frac{M_1}{1 \cdot \sin 60^\circ} = \frac{8 \times 2}{\sqrt{3}} = 9.24\,kN$$

（2）选杆 $CD$ 为研究对象，受力图如图 2-26（c）所示，由力偶的平衡方程得

$$\sum M_i = 0$$

$$M_2 - F_C \cdot 0.8 \cdot \sin 30^\circ = 0$$

由于 $F_A = F_B = F_C = F_D$，所以

$$M_2 = F_C \cdot 0.8 \cdot \sin 30^\circ = 9.24 \times 0.8 \times \sin 30^\circ = 3.7\,kN \cdot m$$

**例 2-9**　如图 2-27（a）所示简支梁 $AB$ 上，受作用线相距为 $d = 20\,mm$ 的两反向平行力 $F$ 与 $F'$ 组成的力偶和力偶矩为 $M$ 的力偶作用。若 $F = F' = 100\,N$，$M = 40\,N \cdot m$，$\alpha = 60^\circ$，$l = 1.6\,m$，求支座 $A$ 和 $B$ 的约束反力。

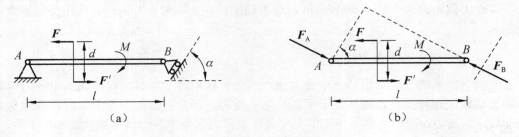

图 2-27

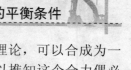

**解：**取梁为研究对象，在梁上作用有两个力偶，根据力偶的合成理论，可以合成为一个合力偶。因为在梁上再无其他作用，根据力偶只能和力偶平衡，可以推知这个合力偶必定与 $A$ 和 $B$ 两点的反力所组成的力偶平衡。这使得本不易判定的 $A$ 点的受力方向变成已知，受力情况见图 2-27（b）。根据力偶的平衡条件有

$$\sum M_i = 0$$
$$Fd - M + F_B l\cos 60^\circ = 0$$

解得

$$F_B = \frac{M - Fd}{l\cos 60^\circ} = \frac{40 - 100\times 0.02}{1.6\times 0.5} = 47.5\ \text{N}$$

而 $F_A = F_B = 47.5\ \text{N}$，方向如图 2-27（b）所示。

## 思考题

2.4-1　如图 2-28 所示，力偶不能和一个力平衡，为什么图中的轮子又能平衡呢？

2.4-2　如图 2-29 所示，四个力作用在一个物体的 $A$、$B$、$C$、$D$ 四点上，设 $P_1$ 和 $P_3$、$P_2$ 和 $P_4$ 大小相等、方向相反，且作用线互相平行，这四个力构成的力多边形闭合。试问物体是否平衡？为什么？

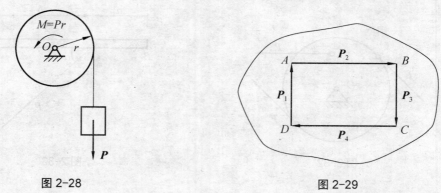

图 2-28　　　　　　　　　　　图 2-29

2.4-3　如图 2-30 所示，图（a）与图（b）中两个小轮的半径都是 $r$，在这两种情况下力对小轮的作用效果是否相同？

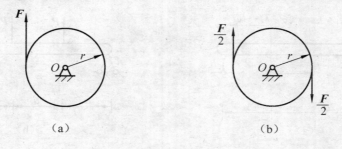

图 2-30

2.4-4　如图 2-31 所示，力偶（$F_1$，$F_1'$）作用在平面 $xOy$ 内，力偶（$F_2$，$F_2'$）作用在平面 $yOz$ 内，它们的力偶矩的大小相等，问这两个力偶是否等效？

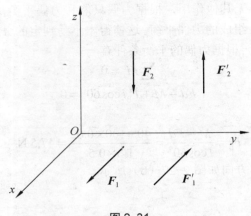

图 2-31

2.4-5　图 2-32 中轮子在力偶（$F$，$F'$）和力 $P$ 的作用下处于平衡。能否说力偶（$F$，$F'$）被力 $P$ 所平衡？为什么？

2.4-6　如图 2-33 所示，一力 $P$ 作用在 $A$ 点，试求作用在 $B$ 点与力 $P$ 等效的力和力偶。

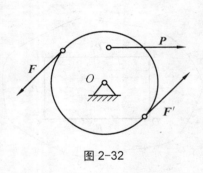

图 2-32

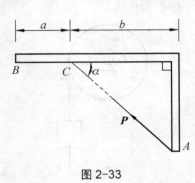

图 2-33

## 练习题

2.4-1　求图 2-34 所示各梁的支座反力。

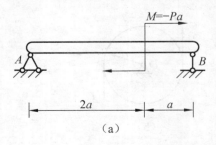

（a）

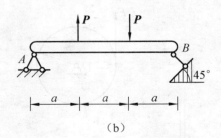

（b）

图 2-34

2.4-2　如图 2-35 所示，工人启闭闸门时，为了省力，常将一根杆子穿入手轮中，并在杆的一端 $C$ 加力，以转动手轮。设杆长 $L$=1.2 m，手轮直径 $D$=0.6 m。在 $C$ 端加力 $P$=100 N

能将闸门开启，如不用杆子而直接在手轮的 *A*、*B* 处施加力偶（*F*，*F*′），问 *F* 至少多大才能开启闸门？

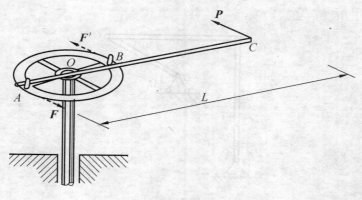

图 2-35

2.4-3　图 2-36 所示结构中，不计构件自重，在 *AB* 上作用一力偶矩为 *M* 的力偶，求支座 *A* 和 *C* 的约束反力。

2.4-4　不计自重的杆 *AC* 与 *BD* 在 *C* 处为光滑接触，它们分别受力偶矩为 $M_1$ 与 $M_2$ 的力偶作用，转向如图 2-37 所示。问 $M_1$ 与 $M_2$ 的比值为多大，结构才能平衡？

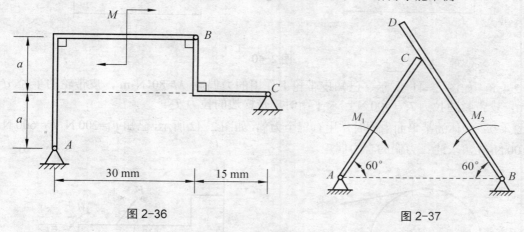

图 2-36　　　　　　　　　　　　　图 2-37

2.4-5　折杆 *AB* 的两种支承方式如图 2-38 所示，设有一力偶矩数值为 *M* 的力偶作用在曲杆 *AB* 上，试求支承处的约束力。

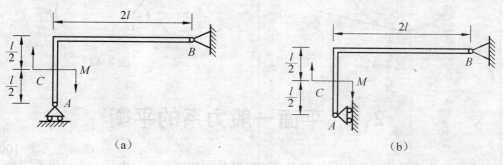

（a）　　　　　　　　　　　　　（b）

图 2-38

2.4-6  图 2-39 所示四联杆机构 *ABCD*，杆 *AB* 和 *CD* 上各作用一力偶，使机构处于平衡状态。已知：$M_1 = 1\text{N·m}$，$CD=400\ \text{mm}$，$AB=600\ \text{mm}$，各杆自重不计。求作用在杆 *AB* 的力偶矩 $M_2$ 及杆 *BC* 所受的力 **F**。

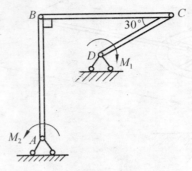

图 2-39

2.4-7  求图 2-40 所示各梁的支座反力。

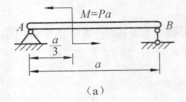

（a）

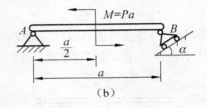

（b）

图 2-40

2.4-8  如图 2-41 所示，已知皮带轮上作用的力偶矩 $M=80\ \text{N·m}$，皮带轮的半径 $d=0.2\ \text{m}$，皮带紧边拉力 $T_1 = 500\ \text{N}$。求平衡时皮带松边的拉力 $T_2$。

2.4-9  物体的某平面内同时作用有三个力偶，如图 2-42 所示，已知 $F_1=200\ \text{N}$，$F_2=600\ \text{N}$，$M=100\ \text{N·m}$，求此三力偶的合力偶矩。

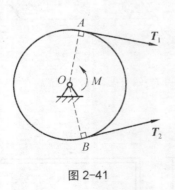

图 2-41

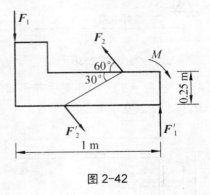

图 2-42

# 2.5  平面一般力系的平衡

平面一般力系是作用在物体上的多个力，其作用线既不汇交于同一点，也不完全平行，但是分布在同一平面内的力系。许多工程问题都可简化为平面一般力系问题来处理。本节将在前两节的基础上，重点研究平面一般力系的简化与平衡问题。所谓力系的简化，是用一个最简单的力系等效替换原来的复杂力系，由此导出力系的平衡条件。力系简化的理论依据是力的平移定理。此外，本节还将讨论物体系统的平衡以及考虑摩擦时物体系统的平衡问题。

### 2.5.1　力的平移定理

之前我们已经研究了平面汇交力系和平面力偶系的合成与平衡问题。如果平面一般力系能够简化为这两种简单力系，那么平面一般力系的合成与平衡问题将得到解决。要使平面一般力系中各力的作用线汇交于一点，就需要将力的作用线平移。根据力的可传性原理，将作用于物体上某点的力 $F$ 沿其作用线移动，不会改变力对物体的作用效应。如果将力 $F$ 在物体内由某点平行移动到另外一点，则会改变力对物体的作用效应，下面举例说明。

设一个力 $F$ 作用在轮子边缘上的 $A$ 点，如图 2-43（a）所示，此力可以使轮子转动，如果将其平移到轮子的中心 $O$ 点，如图 2-43（b）所示，则它就不能使轮子转动，可见力的作用线是不能随意平移的。但是当我们将力 $F$ 平行移到 $O$ 点时，再在轮子上附加一个适当的力偶，如图 2-43（c）所示，就可以使轮子转动的效应和力 $F$ 没有平移时（如图 2-43（a）所示）一样。可见，要想平行移动力时不改变原力的作用效应，必须附加一定的条件。

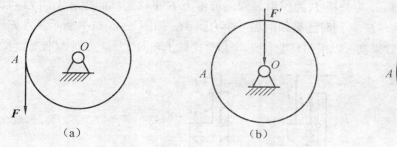
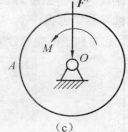

（a）　　　　　　　　　　（b）　　　　　　　　　　（c）

图 2-43

如图 2-44（a）所示，力 $F$ 作用于物体上的 $A$ 点，现将其平行移动到另外一点 $O$。为此，先在 $O$ 点施加一对作用线平行于力 $F$ 的平衡力（$F'$，$F''$），且令 $F'=-F''=F$，根据加减平衡力系公理，所加的一对力并不改变原来的力 $F$ 对物体的作用效应，即力 $F$ 与力系（$F'$，$F''$，$F$）等效，如图 2-44（b）所示。其中力 $F$ 与力 $F''$ 是一对等值、反向、作用线平行的力，它们组成一个力偶（$F$，$F''$）其力偶矩为

$$M = M_O(F) = F \cdot d$$

而作用在 $O$ 点的力 $F'$，其大小和方向与原力 $F$ 相同，即相当于把原力 $F$ 从点 $A$ 平移到了点 $O$，如图 2-44（c）所示。

由此可得，力的平移定理：作用在物体上某点 $A$ 的力 $F$ 可以平行移动到该物体内的任意一点 $O$，但是必须同时附加一个力偶，附加力偶的力偶矩等于原力 $F$ 对新作用点 $O$ 的矩。

该定理表明，可以将一个力 $F$ 分解为一个力 $F'$ 和一个矩为 $M$ 的力偶；反之，也可以将平面内的一个力 $F'$ 和一个力偶矩 $M$ 合成为一个合力 $F$，合成的过程就是图 2-44 的逆过程。这个合力 $F$ 与 $F'$ 大小相等、方向相同、作用线平行，且作用线间的垂直距离为

$$d = \frac{|M|}{F'}$$

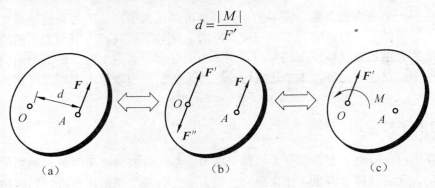

图 2-44

应用力的平移定理时必须注意：

（1）力平移时，所附加的力偶矩的大小、转向与平移点的位置有关。

（2）力的平移定理只适用于刚体，对变形体不适用，并且力的作用线只能在同一物体内平移，不能平移到另一物体。

（3）力的平移定理的逆定理也成立。

力的平移定理不仅是力系简化的依据，而且也是分析力对物体作用效应的一个重要方法。例如，图 2-45（a）所示的厂房柱子受到吊车梁传来的荷载 $F$ 的作用，力 $F$ 作用线与柱子轴线之间的距离为 $e$。为分析 $F$ 的作用效应，可将力 $F$ 平移到柱的轴线上的 $O$ 点，根据力的平移定理得一个力 $F'$，同时还必须附加一个力偶 $M$，如图 2-45（b）所示。力 $F$ 经平移后，它对柱子的变形效果就可以很明显地看出，力 $F'$ 使柱子轴向受压，力偶 $M$ 使柱子受弯。

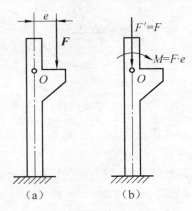

图 2-45

### 2.5.2 平面力系向一点的简化

平面一般力系中各力在物体上的作用点都有所不同，这对于研究物体的平衡问题非常不方便。因此，我们可以利用力的平移定理将各力的作用点都移到同一个点，这就是平面一般力系向作用面内任一点的简化，下面将举例说明。

设平面一般力系 $F_1$，$F_2$，$\cdots$，$F_n$ 作用在物体上，如图 2-46（a）所示，在力系作用面内任取一点 $O$，该点称为简化中心。根据力的平移定理，将力系中的每一个力都向 $O$ 点平移，得到一个汇交于 $O$ 点的平面汇交力系 $F_1'$，$F_2'$，$\cdots$，$F_n'$ 和一组相应的附加力偶，如图 2-46（b）所示。这些附加力偶的力偶矩分别为

$$M_i = M_O(F_i) \quad (i=1, 2, 3, \cdots, n)$$

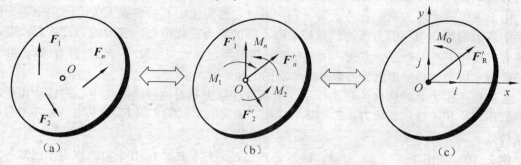

图 2-46

这样，原来的平面一般力系经过平移，等效于一个平面汇交力系和一个平面力偶系。对平面汇交力系进行合成，得到一个作用在简化中心 $O$ 点的力 $F_R'$，称为原平面一般力系的主矢，如图 2-46（c）所示。由平面汇交力系合成原理可知，主矢 $F_R'$ 为

$$F_R' = F_1' + F_2' + \cdots + F_n'$$

由于 $F_i' = F_i$（$i=1, 2, \cdots, n$），所以

$$F_R' = F_1 + F_2 + \cdots + F_n = \sum_{i=1}^{n} F_i \tag{2-15}$$

即力系的主矢等于原力系中各力的矢量和。

主矢 $F_R'$ 的作用点在简化中心 $O$，其大小、方向可用解析法确定。通过 $O$ 点建立直角坐标系 $xOy$，如图 2-46（c）所示，主矢 $F_R'$ 在 $x$ 轴和 $y$ 轴上的投影为

$$F_{Rx}' = F_{1x}' + F_{2x}' + \cdots + F_{nx}' = F_{1x} + F_{2x} + \cdots + F_{nx} = \sum F_x$$

$$F_{Ry}' = F_{1y}' + F_{2y}' + \cdots + F_{ny}' = F_{1y} + F_{2y} + \cdots + F_{ny} = \sum F_y$$

$$F_R' = \sqrt{F_{Rx}'^2 + F_{Ry}'^2} = \sqrt{\left(\sum F_x\right)^2 + \left(\sum F_y\right)^2} \tag{2-16（a）}$$

$$\tan \alpha = \left| \frac{F_{Ry}'}{F_{Rx}'} \right| = \left| \frac{\sum F_y}{\sum F_x} \right| \tag{2-16（b）}$$

式中　$\alpha$ —— $F_R'$ 与 $x$ 轴所夹锐角。

$F_R'$ 的指向可由 $\sum F_x$、$\sum F_y$ 的正负确定。显然，主矢的大小与简化中心位置无关。

对得到的附加平面力偶系进行合成，得到一个力偶，该力偶的力偶矩称为原平面一般力系对简化中心 $O$ 点的主矩。由平面力偶系合成的理论可知，主矩 $M_O$ 为

$$M_O = M_1 + M_2 + \cdots + M_n$$

由于 $M_i = M_O(F_i)$（$i=1, 2, \cdots, n$），所以

$$M_O = M_O(F_1) + M_O(F_2) + \cdots + M_O(F_n) = \sum_{i=1}^{n} M_O(F_i) \tag{2-17}$$

即主矩的大小等于原力系中各力对简化中心 $O$ 点之矩的代数和。

显然，主矩的大小与简化中心位置有关。

综上所述：平面一般力系向作用面内任一点 $O$ 简化后，得到一个力和一个力偶。这个力作用在简化中心，它的矢量称为原力系的主矢，且等于原力系中各力的矢量和；这个力偶的力偶矩称为原力系对简化中心的主矩，它等于原力系中各力对简化中心之矩的代数和。

由于主矢等于原力系中各力的矢量和，所以它与简化中心的位置无关。而主矩等于原力系中各力对简化中心的力矩的代数和，取不同的点为简化中心，各力的力臂将会改变，则各力对简化中心的矩也会改变。所以在一般情况下，主矩与简化中心的选择有关。因此，凡是提到主矩，就必须指出是力系对哪一点的主矩。

主矢描述原力系对物体的移动作用，主矩描述原力系对物体绕简化中心的转动作用，二者的作用总和才能代表原力系对物体的作用。因此，单独的主矢 $F_R'$ 或主矩 $M_O$ 并不与原力系等效。

**例 2-10**　如图 2-47（a）所示，物体受 $F_1$、$F_2$、$F_3$、$F_4$、$F_5$ 五个力的作用，已知各力的大小均为 10 N，试将该力系分别向 $A$ 点和 $D$ 点简化。

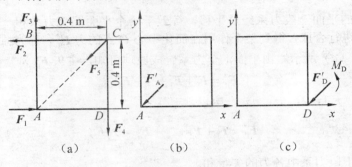

图 2-47

**解：** 建立直角坐标系 $xAy$，如图 2-47（b）、（c）所示。

（1）向 $A$ 点简化，得

$$F_{Ax}' = \sum F_x = F_1 - F_2 - F_5 \cos 45° = 10 - 10 - 10 \times \frac{\sqrt{2}}{2} = -5\sqrt{2}\ \text{N}$$

$$F_{Ay}' = \sum F_y = F_3 - F_4 - F_5 \sin 45° = 10 - 10 - 10 \times \frac{\sqrt{2}}{2} = -5\sqrt{2}\ \text{N}$$

$$F_A' = \sqrt{F_{Ax}'^2 + F_{Ay}'^2}$$

$$= \sqrt{(-5\sqrt{2})^2 + (-5\sqrt{2})^2} = 10\ \text{N}$$

$$\tan \alpha = \left| \frac{\sum F_y}{\sum F_x} \right| = 1$$

$$\alpha = 45°$$

$$M_A = \sum M_A(F_i) = 0.4F_2 - 0.4F_4 = 0$$

向 $A$ 点简化的结果如图 2-47（b）所示。

（2）向 $D$ 点简化，得

$$F_{Dx}' = \sum F_x = F_1 - F_2 - F_5 \cos 45° = 10 - 10 - 10 \times \frac{\sqrt{2}}{2} = -5\sqrt{2}\ \text{N}$$

$$F'_{Dy} = \sum F_y = F_3 - F_4 - F_5 \sin 45° = 10 - 10 - 10 \times \frac{\sqrt{2}}{2} = -5\sqrt{2} \text{ N}$$

$$F'_D = \sqrt{F'^2_{Dx} + F'^2_{Dy}} = \sqrt{(-5\sqrt{2})^2 + (-5\sqrt{2})^2} = 10 \text{ N}$$

$$\tan\alpha = \left| \frac{\sum F_y}{\sum F_x} \right| = 1$$

$$\alpha = 45°$$

$$M_D = \sum M_D(F_i) = 0.4F_2 - 0.4F_3 + 0.4F_5 \sin 45°$$

$$= 0.4 \times 10 - 0.4 \times 10 + 0.4 \times 10 \times \frac{\sqrt{2}}{2} = 2\sqrt{2} \text{ N·m}$$

向 $D$ 点简化的结果如图 2-47（c）所示。

**例 2-11**　一折杆受平面任意力系 $F_1$、$F_2$、$F_3$、$F_4$ 的作用，如图 2-48（a）所示。已知 $F_1 = 50$ N、$F_2 = 100$ N、$F_3 = 25$ N、$F_4 = 150$ N。若将该力系分别向 $A$ 点和 $B$ 点简化，试求其主矢和主矩。

**解：**（1）以 $A$ 点为简化中心，取直角坐标系，如图 2-48（a）所示。主矢 $F'_A$ 在 $x$、$y$ 轴上的投影为

$$F'_{Ax} = \sum F_x = -F_1 + F_4 = -50 + 150 = 100 \text{ N}$$

$$F'_{Ay} = \sum F_y = -F_2 + F_3 = -100 + 25 = -75 \text{ N}$$

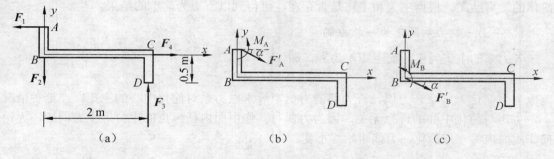

图 2-48

由式（2-16（a））和式（2-16（b））得，主矢 $F'_A$ 的大小为

$$F'_A = \sqrt{F'^2_{Ax} + F'^2_{Ay}} = \sqrt{(100)^2 + (-75)^2} = 125 \text{ N}$$

主矢 $F'_A$ 的方向为

$$\tan\alpha = \left| \frac{F'_{Ay}}{F'_{Ax}} \right| = \frac{75}{100} = 0.75$$

$$\alpha = 36.9°$$

因 $F'_{Ax}$ 为正、$F'_{Ay}$ 为负，故 $F'_A$ 指向右下方，如图 2-48（b）所示。

再由式（2-17）可求得主矩为

$$M_A = \sum M_A(F_i) = F_3 \times 2 + F_4 \times 0.5 = 25 \times 2 + 150 \times 0.5 = 125 \text{ N·m}$$

因 $M_A$ 为正，故主矩转向是逆时针的，如图 2-48（b）所示。

（2）以 $B$ 点为简化中心，仍取如图 2-48（a）所示的坐标系。

$$F'_{Bx} = \sum F_x = -F_1 + F_4 = -50 + 150 = 100 \text{ N}$$

$$F'_{By} = \sum F_y = -F_2 + F_3 = -100 + 25 = -75 \text{ N}$$

由式（2-16（a））和式（2-16（b））得，主矢 $F'_B$ 的大小为

$$F'_B = \sqrt{F'^2_{Bx} + F'^2_{By}} = \sqrt{(100)^2 + (-75)^2} = 125 \text{ N}$$

主矢 $F'_B$ 的方向为

$$\tan\alpha = \left|\frac{F'_{By}}{F'_{Bx}}\right| = \left|\frac{-75}{100}\right| = 0.75$$

$$\alpha = 36.9°$$

因 $F'_{Bx}$ 为正、$F'_{By}$ 为负，故 $F'_B$ 指向右下方，如图 2-48（c）所示。

再由式（2-17）可求得主矩为

$$M_B = \sum M_B(F_i) = F_1 \times 0.5 + F_3 \times 2 = 50 \times 0.5 + 25 \times 2 = 75 \text{ N·m}$$

因 $M_B$ 为正，故主矩转向是逆时针的，如图 2-48（c）所示。

由以上两个例子都可以看出，简化中心的位置改变时，主矢的大小和方向都不变，而主矩的大小改变了。

### 2.5.3　简化结果的讨论

平面一般力系向作用面内任一点 $O$ 简化后，一般得到一个主矢和一个主矩，但这不是简化的最后结果。根据主矢和主矩是否存在，可得到以下更为简单的结果。

1. 平面一般力系简化为一个力偶

若力系的主矢为零，而主矩不为零，即

$$F'_R = 0, \quad M_O \neq 0$$

则原力系简化为一个合力偶，合力偶的力偶矩等于原力系对简化中心的主矩。在这种情况下，主矩与简化中心的选择无关，因为力偶对其作用面内任一点的矩恒等于力偶矩，无论向作用面内哪一点简化，力偶矩始终不变。

2. 平面一般力系简化为一个合力

（1）若力系的主矢不为零，而主矩为零，即

$$F'_R \neq 0, \quad M_O = 0$$

则原力系简化为一个合力，合力的作用线通过简化中心，这个合力就是原力系的主矢。

（2）若力系的主矢和主矩均不为零，即

$$F'_R \neq 0, \quad M_O \neq 0$$

则原力系仍可简化为一个合力，但合力的作用线不通过简化中心。

简化的过程可根据力的平移定理的逆过程，将这个力 $F'_R$ 和矩为 $M_O$ 的力偶进一步合成为一个力 $F_R$，合成的过程如图 2-49 所示。即将力偶矩为 $M_O$ 的力偶（图 2-49（a））用两个等值、反向、作用线平行的力 $F''_R$ 与 $F_R$ 来代替，并且使力的大小 $F'_R = F_R = F''_R$，如图 2-49（b）所示。此时 $F''_R$ 与 $F'_R$ 相互平衡，根据加减平衡力系公理，可将该力系去掉，于是只剩下一个力 $F_R$ 与原力系等效（图 2-49（c）），即原力系合成为一个合力 $F_R$。合力 $F_R$ 的大小和方向与原力系的主矢 $F'_R$ 相同，合力 $F_R$ 的作用线到原简化中心 $O$ 点的距离为

$$d = \frac{|M_O|}{F_R'} = \frac{|M_O|}{F_R}$$

合力 $F_R$ 在 $O$ 点的哪一侧，可由 $F_R$ 对 $O$ 点的矩的转向应与主矩 $M_O$ 的转向相一致来确定。

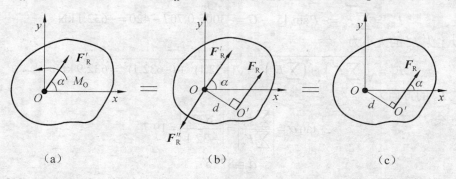

（a）　　　　　　　　（b）　　　　　　　　（c）

图 2-49

下面讨论平面一般力系的合力矩定理。通过以上的研究，可以很方便地将本章第三节所述的平面汇交力系的合力矩定理推广到平面一般力系。由图 2-49（c）可见，平面一般力系的合力 $F_R$ 对简化中心 $O$ 点之矩为

$$M_O(F_R) = F_R d = M_O$$

但 $M_O$ 又等于原力系中各力对 $O$ 点力矩的代数和，即

$$M_O = \sum_{i=1}^{n} M_O(F_i)$$

于是得

$$M_O(F_R) = \sum_{i=1}^{n} M_O(F_i) \tag{2-18}$$

由于简化中心 $O$ 是任意选取的，故上式具有普遍意义，因此可得平面一般力系的合力矩定理：平面一般力系的合力对作用面内任一点之矩，等于力系中各力对同一点之矩的代数和。

例 2-12　挡土墙受力情况如图 2-50 所示。已知自重 $G=420$ kN，土压力 $P=300$ kN，水压力 $Q=180$ kN。试将这三个力向底面中心 $O$ 点简化，并求最后的简化结果。

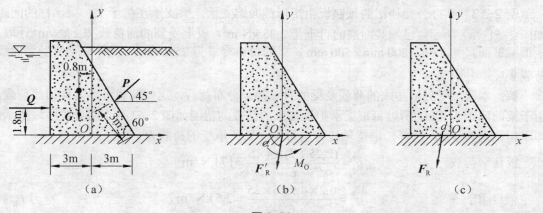

（a）　　　　　　　　（b）　　　　　　　　（c）

图 2-50

**解：** 以底面中心 $O$ 点为简化中心，取坐标系如图 2-50（a）所示。由式（2-16（a））和式（2-16（b））计算可得主矢 $F_R'$ 的大小和方向。由于

$$F_{Rx}' = \sum F_x = Q - P\cos 45° = 180 - 300 \times 0.707 = -32.1 \text{ kN}$$

$$F_{Ry}' = \sum F_y = -P\sin 45° - G = -300 \times 0.707 - 420 = -632.1 \text{ kN}$$

所以主矢 $F_R'$ 的大小为

$$F_R' = \sqrt{\left(\sum F_x\right)^2 + \left(\sum F_y\right)^2} = \sqrt{(-32.1)^2 + (-632.1)^2} = 632.9 \text{ kN}$$

主矢 $F_R'$ 的方向为

$$\tan\alpha = \left|\frac{\sum F_y}{\sum F_x}\right| = \left|\frac{-632.1}{-32.1}\right| = 19.7$$

$$\alpha = 87° 5'$$

因为 $\sum F_x$ 和 $\sum F_y$ 都是负值，故 $F_R'$ 指向第三象限，与 $x$ 轴的夹角为 $\alpha$，如图 2-50（b）所示。

再由式（2-17）可得主矩为

$$M_O = \sum_{i=1}^{n} M_O(F_i)$$

$$= -Q \times 1.8 + P\cos 45° \times 3 \times \sin 60° - P\sin 45° \times (3 - 3\cos 60°) + G \times 0.8$$

$$= -180 \times 1.8 + 300 \times 0.707 \times 3 \times 0.866 - 300 \times 0.707 \times (3 - 3 \times 0.5) + 420 \times 0.8$$

$$= 244.9 \text{ kN} \cdot \text{m}$$

计算结果为正，说明主矩 $M_O$ 是逆时针转向。

因为主矢 $F_R' \neq 0$，主矩 $M_O \neq 0$，如图 2-50（b）所示，所以还可以进一步简化为一个合力 $F_R$。$F_R$ 的大小和方向与 $F_R'$ 相同，它的作用线与 $O$ 点的距离为

$$d = \frac{|M_O|}{F_R'} = \frac{244.9}{632.9} = 0.387 \text{ m}$$

因为 $M_O$ 为正，所以 $M_O(F_R)$ 也应为正，即合力 $F_R$ 应在 $O$ 点的左侧，如图 2-50（c）所示。

**例 2-13** 某办公楼楼层的预制板由矩形截面梁支承，梁支承在柱子上，梁、柱的间距如图 2-51（a）所示。已知其面层的自重是 $2.25 \text{ kN/m}^2$，板上受到的活荷载按 $2 \text{ kN/m}^2$ 计取，矩形梁截面尺寸 $b \times h = 200 \text{ mm} \times 500 \text{ mm}$，梁的材料容重为 $25 \text{ kN/m}^3$。试计算梁所受到的线荷载集度，并求其合力。

**解：** 本题梁受到板传来的荷载及梁的自重都是分布荷载，这些荷载可以简化为线荷载。由于梁的间距为 4 m，所以每根梁承担板传来的荷载的范围如图 2-51（a）阴影线区域所示，即承担范围为 4 m，这样，沿梁轴线方向每 1 m 长所承受的荷载为

板传来荷载 $\qquad q' = \frac{(2.25+2) \times 4 \times 6}{6} = 17 \text{ kN/m}$

梁自重 $\qquad q'' = \frac{0.2 \times 0.5 \times 6 \times 25}{6} = 2.5 \text{ kN/m}$

总计线荷载集度　　　　　　　$q = 17 + 2.5 = 19.5 \, \text{kN/m}$

梁所受到的线荷载如图 2-51（b）所示。在工程计算中，通常用梁轴表示一根梁，故梁受到的线荷载可用图 2-51（c）表示。

线荷载 $q$ 的合力 $Q$ 为

$$Q = 6q = 6 \times 19.5 = 117 \, \text{kN}$$

作用在梁的中点。

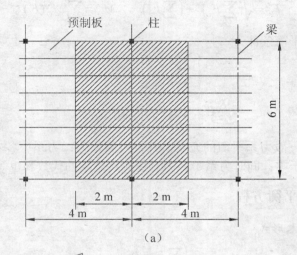

(a)

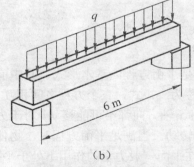

(b)

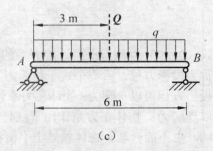

(c)

图 2-51

3. 面一般力系的平衡

即　　　　　　　　　　　　　　　　$\boldsymbol{F}_R' = 0, \quad M_O = 0$

此时的力系为平衡力系，此种情况将在下面部分讨论。

## 2.5.4　平面力系的平衡条件

若平面一般力系向平面内任一点 $O$ 简化后的主矢 $\boldsymbol{F}_R'$ 和主矩 $M_O$ 同时等于零，则原力系平衡。这是因为当主矢和主矩等于零时，则简化后得到的平面汇交力系和附加力偶系各自平衡，而这两个力系与原力系是等效的，所以原力系一定平衡。因此主矢和主矩都等于零是平面一般力系平衡的充分条件。

反之，如果主矢 $\boldsymbol{F}_R'$ 和主矩 $M_O$ 中有一个或两个不等于零，则原力系可简化为一个力或一个力偶，原力系就不能平衡。因此，主矢和主矩都等于零也是力系平衡的必要条件。

于是，平面一般力系平衡的充要条件是：力系的主矢和力系对平面内任一点的主矩都等于零。即

$$F'_R = 0, \quad M_O = 0$$

由于

$$F'_R = \sqrt{\left(\sum F_x\right)^2 + \left(\sum F_y\right)^2}, \quad M_O = \sum_{i=1}^{n} M_O(F_i)$$

于是平面一般力系的平衡条件为

$$\begin{cases} \sum F_x = 0 \\ \sum F_y = 0 \\ \sum_{i=1}^{n} M_O(F_i) = 0 \end{cases}$$

由此可见，平面一般力系平衡的充要条件也可叙述为：力系中各力在两个坐标轴上的投影的代数和分别等于零；同时力系中各力对任一点之矩的代数和也等于零。

### 2.5.5 平面力系的平衡方程

1. 平衡方程的基本形式

$$\begin{cases} \sum F_x = 0 \\ \sum F_y = 0 \\ \sum M_O(F) = 0 \end{cases} \tag{2-19}$$

式（2-19）也称为平面一般力系的平衡方程，且是平衡方程的基本形式，其中前两个式子称为投影方程，后一个式子称为力矩方程，故又称为一矩式，三个方程之间相互独立。对于投影方程可以理解为：物体在力系作用下沿 $x$ 轴和 $y$ 轴方向都不可能移动。对于力矩方程可以理解为：物体在力系作用下绕任一矩心都不能转动。当满足平衡方程时，物体既不能移动，也不能转动，物体就处于平衡状态。当物体在平面一般力系的作用下处于平衡时，就可以应用这三个平衡方程求解三个未知量。注意在应用投影方程时，投影轴应尽可能选取与较多的未知力的作用线垂直；应用力矩方程时，矩心宜选取在两个未知力作用线的交点上。这样做的目的是尽可能减少平衡方程中未知量的个数，以便于求解。

2. 平衡方程的其他形式

前面通过平面一般力系的平衡条件导出了平面一般力系平衡方程的基本形式，除此之外，还可将平衡方程表示为其他两种形式。

（1）二矩式。

二矩式的三个平衡方程中，有一个为投影方程，两个为力矩方程，即

$$\begin{cases} \sum F_x = 0 \\ \sum M_A(F) = 0 \\ \sum M_B(F) = 0 \end{cases} \tag{2-20}$$

式中 $A$、$B$ 两点的连线不能与 $x$ 轴垂直（如图 2-52 所示）。

现对式（2-20）进行证明。设有一平面一般力系，将该力系向平面内任一点 $A$ 简化，如果 $\sum M_A(F) = 0$ 成立，则这个力系不可能简化为一个力偶，但可能有两种情况：该力系或简化为经过 $A$ 点的一个力 $F_R'$，或平衡；如果 $\sum M_B(F) = 0$ 又成立，同理可以确定，该力系或简化为一个沿 $A$、$B$ 两点连线的合力 $F_R'$（如图 2-52 所示），或平衡；如果再满足 $\sum F_x = 0$，且 $x$ 轴不与 $A$、$B$ 两点连线垂直，则力系也不能简化为一个合力，因为若有合力，合力在 $x$ 轴上就必然有投影，则必有 $\sum F_x \neq 0$，前后矛盾。因此，原力系必然平衡。

图 2-52　　　　　　　　　　　　　　图 2-53

（2）三矩式。

三矩式的三个平衡方程都为力矩方程，即

$$\left. \begin{array}{l} \sum M_A(F) = 0 \\ \sum M_B(F) = 0 \\ \sum M_C(F) = 0 \end{array} \right\} \qquad (2\text{-}21)$$

式中 $A$、$B$、$C$ 三点不在同一直线上（如图 2-53 所示）。

同样可以证明式（2-21）。设有一平面一般力系，将该力系向平面内任一点 $A$ 简化，如果 $\sum M_A(F) = 0$ 和 $\sum M_B(F) = 0$ 同时成立，说明原力系不可能简化为一个力偶，但或许能简化为一个沿着 $A$、$B$ 两点连线作用的合力 $F_R'$（如图 2-53 所示），或平衡；如果 $\sum M_C(F) = 0$ 也成立，说明如果原力系有合力，则合力必须同时通过 $A$、$B$、$C$ 三点。但式（2-21）的附加条件是 $A$、$B$、$C$ 三点不能共线，因此原力系不可能有合力。可见当原力系满足式（2-21）时，则力系既不能简化为一个力偶，也不能简化为一个力，而只能是平衡。

上述三组方程都可以用来解决平面一般力系的平衡问题，至于究竟选取哪种形式的平衡方程解题，则完全取决于计算是否简便。但不论采用哪种形式的平衡方程解题，对一个受平面一般力系作用而平衡的物体，都只可能写出三个独立的平衡方程，能够并且最多只能求解三个未知量，任何第四个方程都不是独立的，它只能用来校核计算的结果。

**例 2-14**　梁 $AB$ 一端是固定端支座，另一端无约束，这样的梁称为悬臂梁，它承受荷载作用，如图 2-54（a）所示。已知 $P = ql$，$\alpha = 45°$，梁自重不计，求支座的反力。

**解**：取梁 $AB$ 为研究对象，画其受力图如图 2-54（b）所示。梁上作用有主动力 $P$、$q$，支座反力 $F_{Ax}$、$F_{Ay}$ 和 $M_A$，这些力组成了一个平面一般力系。利用平面一般力系的平衡方程可以求解三个未知反力 $F_{Ax}$、$F_{Ay}$ 和 $M_A$。在列方程时，梁上 $AC$ 段所受的均布荷载可视为一个集中力 $Q$，$Q$ 的方向与均布荷载的方向相同、作用点在均布荷载的中点如图 2-54（b）中虚线所示；大小等于荷载集度与均布荷载分布长度的乘积，即 $Q = q \times AC$。

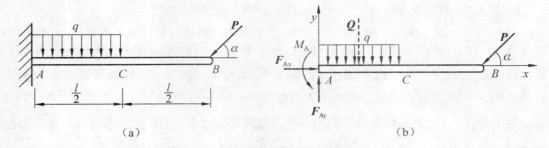

（a） （b）

图 2-54

取坐标系如图 2-54（b）所示，由

$$\sum F_x = 0 \qquad F_{Ax} - P\cos 45° = 0$$

$$\sum F_y = 0 \qquad F_{Ay} - \frac{ql}{2} - P\sin 45° = 0$$

$$\sum M_A(F) = 0 \qquad M_A - P\sin 45° \times l - \frac{ql}{2} \cdot \frac{l}{4} = 0$$

得

$$F_{Ax} = P\cos 45° = ql\cos 45° = \frac{\sqrt{2}}{2}ql(\rightarrow)$$

$$F_{Ay} = \frac{ql}{2} + P\sin 45° = \frac{ql}{2} + \frac{\sqrt{2}}{2}ql = \frac{1+\sqrt{2}}{2}ql(\uparrow)$$

$$M_A = \frac{ql^2}{8} + \frac{\sqrt{2}}{2}ql^2 = \frac{1+4\sqrt{2}}{8}ql^2$$

求得结果 $F_{Ax}$、$F_{Ay}$、$M_A$ 为正值，说明假设约束反力的指向与实际相同。

校核

$$\sum M_B(F) = \frac{ql}{2} \cdot \frac{3}{4}l + M_A - F_{Ay} \cdot l = \frac{3}{8}ql^2 + \frac{1+4\sqrt{2}}{8}ql^2 - \frac{1+\sqrt{2}}{2}ql^2 = 0$$

说明计算无误。

由此例可以得出结论：对于悬臂梁和悬臂刚架均适合于采用基本形式平衡方程求解支座反力。

**例 2-15** 简支刚架如图 2-55（a）所示。已知 $P$=15 kN、$M$=6 kN·m、$Q$=20 kN，求 $A$、$B$ 处的支座反力。

**解：** 取刚架为研究对象，画其受力图如图 2-55（b）所示。支座反力的指向均为假设，刚架上所受的荷载与支座反力组成一个平面一般力系。选取坐标系如图 2-55（b）所示，由二矩式的平衡方程如下

$$\sum F_x = 0 \qquad F_{Ax} + P = 0$$

$$\sum M_A(F) = 0 \qquad F_{By} \times 6 - M - Q \times 3 - P \times 4 = 0$$

$$\sum M_B(F) = 0 \qquad -F_{Ay} \times 6 - M + Q \times 3 - P \times 4 = 0$$

解得

$$F_{Ax} = -P = -15 \text{ kN}(\leftarrow)$$

$$F_{Ay} = \frac{1}{6}(-M + 3Q - 4P) = \frac{1}{6}(-6 + 3 \times 20 - 4 \times 15) = -1\,\text{kN}(\downarrow)$$

$$F_{By} = \frac{1}{6}(M + 3Q + 4P) = \frac{1}{6}(6 + 3 \times 20 + 4 \times 15) = 21\,\text{kN}(\uparrow)$$

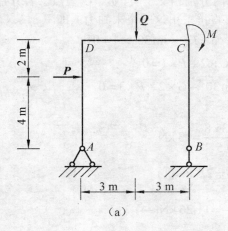 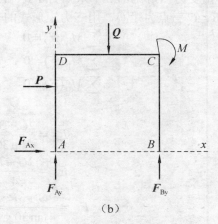

图 2-55

求得结果 $F_{Ax}$、$F_{Ay}$ 为负值，说明假设的指向与实际相反；$F_{By}$ 为正值，说明假设约束反力的指向与实际相同。

校核

$$\sum F_y = F_{Ay} + F_{By} - Q = -1 + 21 - 20 = 0$$

说明计算无误。

由此例可以得出结论：对于简支梁、简支刚架均适合于采用二矩式平衡方程求解支座反力。

**例 2-16**　图 2-56（a）所示为一悬臂式起重机，$A$、$B$、$C$ 处都是铰链连接。梁 $AB$ 的自重 $G=1$ kN，作用在梁的中点，提升重量 $P=8$ kN，杆 $BC$ 的自重不计，试求支座 $A$ 的反力和杆 $BC$ 所受的力。

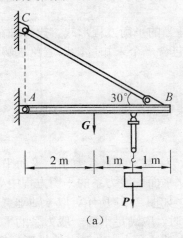 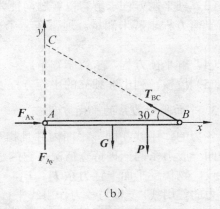

图 2-56

**解**：取梁 *AB* 为研究对象，画其受力图如图 2-56（b）所示。*A* 处为固定铰支座，其反力用两分力 $F_{Ax}$、$F_{Ay}$ 表示；杆 *BC* 为二力杆，它对梁的作用 $T_{BC}$ 必沿 *B*、*C* 两点连线，假设指向如图所示。梁 *AB* 所受各力组成一个平面一般力系。

由受力图可见，三个未知力 $F_{Ax}$、$F_{Ay}$、$T_{BC}$ 两两分别相交于 *A*、*B*、*C* 三点。若分别取 *A*、*B*、*C* 三点为矩心，用三力矩形式的平衡方程可直接求出这三个未知力。即

$$\sum M_A(F) = 0 \qquad -G \times 2 - P \times 3 + T_{BC} \times \sin 30° \times 4 = 0$$

$$\sum M_B(F) = 0 \qquad -F_{Ay} \times 4 + G \times 2 + P \times 1 = 0$$

$$\sum M_C(F) = 0 \qquad F_{Ax} \times 4 \times \tan 30° - G \times 2 - P \times 3 = 0$$

得

$$T_{BC} = \frac{2G + 3P}{4\sin 30°} = \frac{2 \times 1 + 3 \times 8}{4 \times 0.5} = 13 \text{ kN}$$

$$F_{Ay} = \frac{2G + P}{4} = \frac{2 \times 1 + 8}{4} = 2.5 \text{ kN}(\uparrow)$$

$$F_{Ax} = \frac{2G + 3P}{4\tan 30°} = \frac{2 \times 1 + 3 \times 8}{4 \times 0.577} = 11.26 \text{ kN}(\rightarrow)$$

求得结果 $T_{BC}$、$F_{Ay}$、$F_{Ax}$ 为正值，说明假设约束力方向与实际方向相同。

校核：设坐标系如图 2-56（b）所示，由

$$\sum F_x = F_{Ax} - T_{BC} \times \cos 30° = 11.26 - 13 \times 0.866 = 0$$

$$\sum F_y = F_{Ay} - G - P + T_{BC} \times \sin 30° = 2.5 - 1 - 8 + 13 \times 0.5 = 0$$

可见计算无误。

由此例可以得出结论：对于三角支架适合于采用三力矩式平衡方程求解约束反力。

通过以上各例的分析，现将应用平面一般力系平衡方程解题的步骤总结如下：

（1）确定研究对象。根据题意分析已知量和未知量，选取适当的物体为研究对象。

（2）画受力图。在研究对象上画出它所受到的所有主动力和约束反力。约束反力应根据约束的类型来画。当约束反力的方向未定时，一般可用两个互相垂直的分反力表示，先假设其指向。如果计算结果为正，则表示假设的指向正确；如果计算结果为负，则表示实际的指向与假设的相反。

（3）列平衡方程求解。以解题简捷为标准，选取适当的平衡方程形式、投影轴和矩心，列出平衡方程求解未知量。通常在一个平衡方程中只包含一个未知量，以避免求解联立方程组。

（4）解平衡方程，求得未知量。

（5）校核。列出非独立的平衡方程以检验计算结果是否正确。

### 3. 平面平行力系的平衡方程

各力的作用线在同一平面内并且相互平行的力系，称为平面平行力系。平面平行力系是平面一般力系的一种特殊情况，它的平衡方程可以从平面一般力系的平衡方程中导出。

设一物体受平面平行力系 $F_1$，$F_2$，…，$F_n$ 的作用，如图 2-57 所示。取 *x* 轴垂直于力系中各力的作用线，*y* 轴与各力作用线平行。当力系平衡时，应满足平面一般力系的平衡方程式（2-19），因所选取的 *x* 轴与力系中的各力垂直，所以每个力在 *x* 轴上的投影恒等于零，即 $\sum F_x \equiv 0$，可以舍去，于是平面平行力系只有两个独立的平衡方程，即

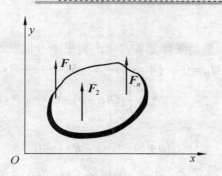

图 2-57

$$\begin{cases} \sum F_y = 0 \\ \sum M_O(F) = 0 \end{cases} \quad (2\text{-}22)$$

因为各力都与 $y$ 轴平行，所以 $\sum F_y = 0$ 就表示各力的代数和等于零。这样，平面平行力系平衡的充要条件是：力系中各力的代数和等于零，同时各力对任一点的力矩的代数和也等于零。

同理，由式（2-20）可以导出平面平行力系平衡方程的另外一种形式，即

$$\begin{cases} \sum M_A(F) = 0 \\ \sum M_B(F) = 0 \end{cases} \quad (2\text{-}23)$$

式中 $A$、$B$ 两点的连线不能与各力的作用线平行。

**例 2-17**　图 2-58 所示为塔式起重机。已知轨距 $b=4$ m，机身重 $G=260$ kN，其作用线到右轨的距离 $e=1.5$ m，起重机平衡重 $Q=80$ kN，其作用线到左轨的距离 $a=6$ m，荷载 $P$ 的作用线到右轨的距离 $l=12$ m。（1）空载时（$P=0$ 时）起重机是否会向左倾倒？（2）求出起重机不向右倾倒的最大荷载 $P$。

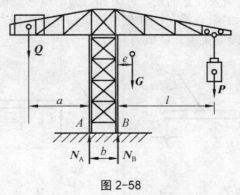

图 2-58

**解：**以起重机为研究对象，作用于起重机上的力有主动力 $G$、$P$、$Q$ 及约束力 $N_A$ 和 $N_B$，它们组成一个平行力系（图 2-58 所示）。

（1）使起重机不向左倒的条件是 $N_B \geqslant 0$，当空载时，取 $P=0$，列平衡方程

$$\sum M_A = 0 \quad Q \cdot a + N_B \cdot b - G(e+b) = 0$$

$$N_B = \frac{1}{b}[G(e+b) - Q \cdot a] = \frac{1}{4}[260 \times (1.5 + 4) - 80 \times 6] = 237.5 \text{ kN} > 0$$

所以起重机不会向左倾倒。

（2）使起重机不向右倾倒的条件是 $N_A \geq 0$，列平衡方程

$$\sum M_B = 0 \qquad Q(a+b) - N_A \cdot b - G \cdot e - P \cdot l = 0$$

$$N_A = \frac{1}{b}[Q(a+b) - G \cdot e - P \cdot l]$$

欲使 $N_A \geq 0$，则需

$$Q(a+b) - G \cdot e - P \cdot l \geq 0$$

$$P \leq \frac{1}{l}[Q(a+b) - G \cdot e] = \frac{1}{12}[80 \times (6+4) - 260 \times 1.5] = 34.17 \text{ kN}$$

当荷载 $P \leq 34.17$ kN 时，起重机是稳定的。

## *2.5.6 物体系统的平衡问题

前面研究的都是单个物体的平衡问题，而在工程上，我们常常遇到由几个物体通过一定的约束联系在一起的系统，这种系统称为物体系统。例如图 2-59 所示的组合梁，就是由梁 $AB$ 和梁 $BC$ 通过铰链 $B$ 连接，并支撑在支座 $A$、$C$ 上而组成的一个物体系统。当物体系统平衡时，组成物体系统的每个物体以及系统整体都处于平衡状态。

与单个物体相比，研究物体系统的平衡问题，不仅需要求出物体系统所受的支座反力，而且还要求出物体系统内部各物体之间相互作用力。我们把作用在物体系统上的力分为外力和内力。所谓外力，就是系统以外的物体作用在这个系统上的力；所谓内力，就是在系统内各物体之间相互作用的力。例如组合梁所受的荷载与支座 $A$、$C$ 的反力就是外力（图 2-59（b）所示），而在铰 $B$ 处左右两端梁相互作用的力就是组合梁的内力。要暴露内力，就需要将物体系统中的构件在它们相互联系的地方拆开，分别分析单个物体的受力情况，画出它们的受力图，如将组合梁在铰 $B$ 处拆开为两段梁，分别画出这两段梁的受力图（图 2-59（c）、（d））。需要注意的是，外力和内力的概念是相对的，取决于所选取的研究对象。例如图 2-59 所示的组合梁在铰 $B$ 处两段梁的相互作用力，对组合梁整体来说，就是内力；而对左段梁或右段梁来说，就成为外力了。

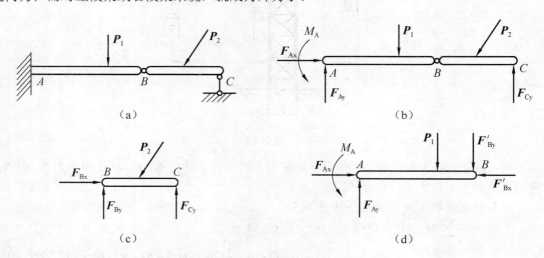

图 2-59

当物体系统平衡时，组成该系统的每个物体也都处于平衡状态，因此对于每一个受平面一般力系作用的物体，均可写出三个平衡方程。若由 $n$ 个物体组成的物体系统，则共有 $3n$ 个独立的平衡方程。如系统中有的物体受平面汇交力系或平面平行力系作用时，则系统的平衡方程数目相应减少。当系统中的未知力数目等于独立平衡方程数目时，则所有未知力都能由平衡方程唯一求出，这样的问题称为静定问题，显然前面列举的例子是静定问题。在工程实际中，有时为了提高结构的承载能力，常常增加多余的约束，因而使这些结构的未知力的数目多于平衡方程的数目，未知量就不能全部由平衡方程求出，这样的问题称为静不定问题或超静定问题。这里只研究静定问题。

求解物体系统的平衡问题，就是计算出物体系统的内、外约束反力。解决问题的关键在于恰当地选取研究对象，一般有两种选取的方法：

（1）先取整个物体系统为研究对象，求出某些未知量；再取物体系统中的某部分物体（一个物体或几个物体的组合）为研究对象，求出其他未知量。

（2）先取物体系统中的某部分为研究对象；再取其他部分物体或整体为研究对象，逐步求得所有的未知量。

正确地选取投影轴和矩心，列出适当的平衡方程。总的原则是：尽可能地减少每一个平衡方程中的未知量，最好是每个方程只含有一个未知量，以避免求解联立方程。例如，对于图 2-59 所示的连续梁，就适合先取附属部分 $BC$ 作为研究对象，列出平衡方程，求出其余未知量。

**例 2-18**　组合梁受荷载如图 2-60（a）所示。已知 $P_1 = 16\,\text{kN}$、$P_2 = 20\,\text{kN}$、$M = 8\,\text{kN} \cdot \text{m}$。梁自重不计，求支座 $A$、$C$ 的反力。

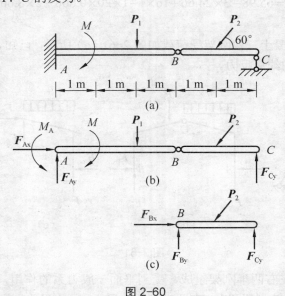

图 2-60

**解**：组合梁由两段梁 $AB$ 和 $BC$ 组成，作用于每一个物体的力系都是平面一般力系，共有 6 个独立的平衡方程；而约束力的未知数也是 6（$A$ 处有 3 个，$B$ 处有 2 个，$C$ 处有 1 个）。首先取整个梁为研究对象，受力图如图 2-60（b）所示。

$$\sum F_x = 0 \qquad F_{Ax} - P_2 \cos 60° = 0$$

$$F_{Ax} = P_2 \cos 60° = 10 \text{ kN}$$

其余三个未知数 $F_{Ay}$、$M_A$ 和 $F_{Cy}$，无论怎样选取投影轴和矩心，都无法求出其中任何一个，因此，必须将 $AB$ 梁和 $BC$ 梁分开考虑，现取 $BC$ 梁为研究对象，受力图如图 2-60（c）所示。

$$\sum F_x = 0 \qquad F_{Bx} - P_2 \cos 60° = 0$$

$$F_{Bx} = P_2 \cos 60° = 10 \text{ kN}$$

$$\sum M_B = 0 \qquad 2F_{Cy} - P_2 \sin 60° \times 1 = 0$$

$$F_{Cy} = \frac{P_2 \sin 60°}{2} = 8.66 \text{ kN}$$

$$\sum F_y = 0 \qquad F_{Cy} + F_{By} - P_2 \sin 60° = 0$$

$$F_{By} = -F_{Cy} + P_2 \sin 60° = 8.66 \text{ kN}$$

再回到图 2-60（b）。

$$\sum M_A = 0 \qquad 5F_{Cy} - 4P_2 \sin 60° - P_1 \times 2 - M + M_A = 0$$

$$M_A = 4P_2 \sin 60° + 2P_1 - 5F_{Cy} + M = 65.98 \text{ kN} \cdot \text{m}$$

$$\sum F_y = 0 \qquad F_{Ay} + F_{Cy} - P_1 - P_2 \sin 60° = 0$$

$$F_{Ay} = P_1 + P_2 \sin 60° - F_{Cy} = 24.66 \text{ kN}$$

校核：对整个组合梁，列出

$$\sum M_B = M_A - 3F_{Ay} + P_1 \times 1 - 1 \times P_2 \sin 60° + 2F_{Cy} - M$$
$$= 65.98 - 3 \times 24.66 + 16 \times 1 - 1 \times 20 \times 0.866 + 2 \times 8.66 - 8 = 0$$

可见计算无误。

**例 2-19** 钢筋混凝土三铰刚架受荷载如图 2-61（a）所示，已知 $q$=16 kN/m，$P$=24 kN，求支座 $A$、$B$ 和铰 $C$ 的约束反力。

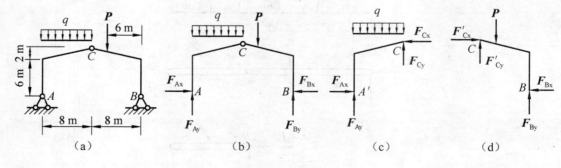

图 2-61

**解：** 三铰刚架由左右两半刚架组成，受到平面一般力系的作用，可以列出六个独立的平衡方程。分析整个三铰刚架和左、右两半刚架的受力，画出受力图，如图 2-61（b）、（c）、（d）所示，可见，系统的未知量总结为六个，可用六个平衡方程求解处六个未知量。

（1）取整个三铰刚架为研究对象，受力图如图 2-61（b）所示。

$$\sum M_A = 0 \qquad -q \times 8 \times 4 - P \times 10 + F_{By} \times 16 = 0$$

$$F_{By} = \frac{1}{16}(q \times 8 \times 4 + P \times 10) = 47 \text{ kN}$$

$$\sum M_B = 0 \qquad q \times 8 \times 12 + P \times 6 - F_{Ay} \times 16 = 0$$

$$F_{Ay} = \frac{1}{16}(q \times 8 \times 12 + P \times 6) = 105 \text{ kN}$$

$$\sum F_x = 0 \qquad F_{Ax} - F_{Bx} = 0$$

$$F_{Ax} = F_{Bx} \tag{a}$$

（2）取左半刚架为研究对象，受力图如图 2-61（c）所示。

$$\sum M_C = 0 \qquad F_{Ax} \times 8 + q \times 8 \times 4 - F_{Ay} \times 8 = 0$$

$$F_{Ax} = \frac{1}{8}(8F_{Ay} - q \times 8 \times 4) = 41 \text{ kN}$$

$$\sum F_y = 0 \qquad F_{Ay} + F_{Cy} - q \times 8 = 0$$

$$F_{Cy} = q \times 8 - F_{Ay} = 23 \text{ kN}$$

$$\sum F_x = 0 \qquad F_{Ax} - F_{Cx} = 0$$

$$F_{Cx} = F_{Ax} = 41 \text{ kN}$$

将 $F_{Ax}$ 值代入式（a），可得

$$F_{Bx} = F_{Ax} = 41 \text{kN}$$

校核：考虑右半刚架的平衡，受力图如图 2-61（d）所示。

$$\sum F_x = F'_{Cx} - F_{Bx} = 41 - 41 = 0$$

$$\sum M_C = -P \times 2 + F_{By} \times 8 - F_{Bx} \times 8$$

$$= -24 \times 2 + 47 \times 8 - 41 \times 8$$

$$= 0$$

可见计算无误。

通过以上实例分析，可见物体系统平衡问题的解题步骤与单个物体的平衡问题基本相同。现将物体系统平衡问题的解题特点归纳如下。

（1）适当选取研究对象。

如整个系统的外约束力未知量的数目不超过三个，或虽超过三个但不拆开也能求出一部分未知量时，可先选择整个系统为研究对象。

如整个系统的外约束力未知量的数目超过三个，必须拆开才能求出全部未知量时，通常先选择受力情形最简单的某一部分（一个物体或几个物体）作为研究对象，且最好这个研究对象所包含的未知量个数不超过此研究对象所受的力系的独立平衡方程的数目，以避免用两个研究对象的平衡方程联立求解。需要将系统拆开时，要在各个物体连接处拆开，而不应该将物体或杆件切断。

选取研究对象的具体方法是：先分析整个系统及系统内各个物体的受力情况，画出它们的受力图，然后选取研究对象。

（2）画受力图。

画出研究对象所受的全部外力，不画研究对象中各物体之间相互作用的内力。两个物

体间相互作用的力要符合作用与反作用关系。

（3）应用不同形式的平衡方程。

按照受力图中所反映力系的特点和需要求解的未知力数目，列出必须的平衡方程。平衡方程要简单易解，最好每个方程只包含一个未知力。

**思考题**

2.5-1    图 2-62 所示，分别作用在一平面上 $A$、$B$、$C$、$D$ 四点的四个力 $F_1$、$F_2$、$F_3$ 和 $F_4$，这四个力画出的力多边形刚好首尾相接。问：

（1）此力系是否平衡？

（2）此力系简化的结果是什么？

2.5-2    平面一般力系的合力与其主矢的关系怎样？在什么情况下其主矢即为合力？

2.5-3    在简化一个已知平面力系时，选取不同的简化中心，主矢和主矩是否不同？力系简化的最后结果会不会改变？为什么？

2.5-4    当力系简化的最后结果为一个力偶时，为什么说主矩与简化中心的选择无关？

2.5-5    在研究物体系统的平衡问题时，如以整体系统为研究对象，是否可能求出该系统的内力？为什么？

2.5-6    平面一般力系的平衡方程有几种形式？应用时有什么限制条件？

2.5-7    对于有 $n$ 个物体组成的物体系统，便可列出 $3n$ 个独立的平衡方程。这种说法对吗？

2.5-8    图 2-63 所示的梁，先将作用于 $D$ 点的力 $P$ 平移至 $E$ 点成为 $P'$，并附加一个力偶 $M = -3Pa$，然后求铰的约束反力。这样做对不对？为什么？

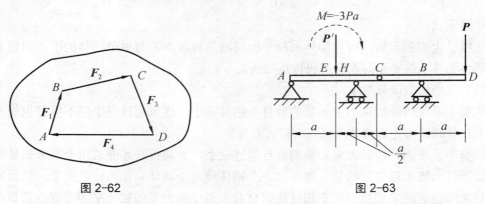

图 2-62            图 2-63

2.5-9    根据力的平移定理，试分析图 2-64 所示吊钩截面 $A$—$A$ 上 $O$ 点的受力情况。

2.5-10    图 2-65 中两物体均受两个力作用，它们对物体的作用效果是否一样？

2.5-11    图 2-66 所示平面平行力系，选取的坐标 $x$ 轴和 $y$ 轴均不与各力平行或垂直，其独立的平衡方程有几个？平衡方程的形式是否改变？

2.5-12    如图 2-67 所示是属于静定问题还是超静定问题？

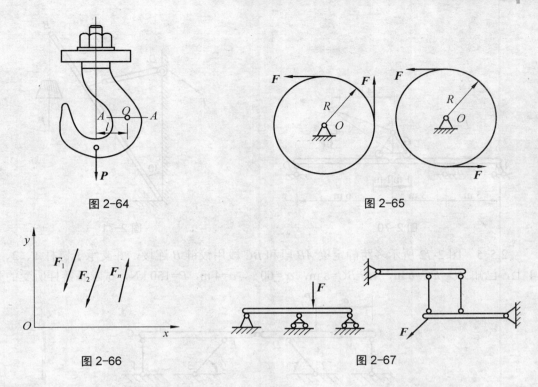

图 2-64　　　　　　　　　　图 2-65

图 2-66　　　　　　　　　　图 2-67

## 练习题

2.5-1　在平板上作用四个力：$F_1$=35 kN，$F_2$=20 kN，$F_3$=30 kN，$F_4$=25 kN。各力的方向及作用点如图 2-68 所示，求力系向 $O$ 点简化的结果。

2.5-2　如图 2-69 所示，求梁的支座反力。

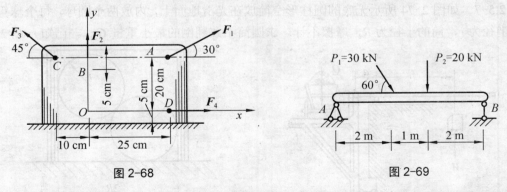

图 2-68　　　　　　　　　　图 2-69

2.5-3　如图 2-70 所示，起重机在多跨静定梁上，载有重物 $P$=10 kN，起重机重 $G$=50 kN，其重心位于铅垂线 $EC$ 上。梁自重不计，求支座 $A$、$B$ 和 $D$ 的反力。

2.5-4　如图 2-71 所示，$AB$ 杆重 7.5kN，重心在杆的中点。已知 $P$=8 kN，$AD$=$AC$=4.5 m，$BC$=2 m，滑轮尺寸不计。求绳子的拉力 $T$ 和支座 $A$ 的反力。

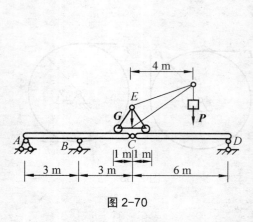

图 2-70

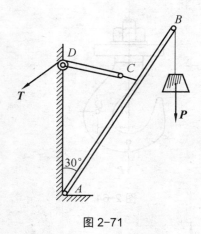

图 2-71

2.5-5　图 2-72 所示多跨静定梁 AB 段和 BC 段用铰链 B 连接，并支承于链杆 1、2、3、4 上，已知 $AD=EC=6$ m，$AB=BC=8$ m，$\alpha=60°$，$a=4$ m，$P=150$ kN，试求各链杆所受的力。

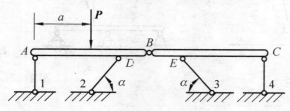

图 2-72

2.5-6　图 2-73 所示一台秤，空载时，台秤及其支架 BCE 的重量与杠杆 AB 的重量恰好平衡；当秤台上有重物时，在 AO 上加一重 **W** 的秤锤，$OB=a$，求 AO 上的刻度 x 与重量 Q 之间的关系。

2.5-7　如图 2-74 所示无底的圆柱形空筒放在光滑地面上，内放两个圆球，每个球重为 **Q**，半径为 r，筒的半径为 R，摩擦不计。求圆筒不致翻倒的最小重量 $G_{min}$。已知 $r<R<2r$。

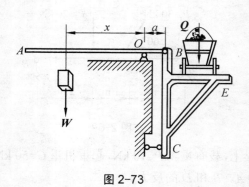

图 2-73

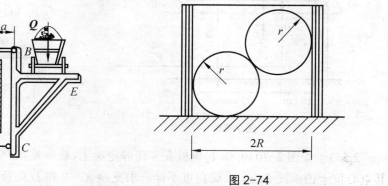

图 2-74

# 小　结

1. 力偶和力偶矩。

力偶是由大小相等、方向相反、作用线平行而不重合的两个力组成的力系。它对物体只有转动效应，无移动效应。其三要素是力偶矩的大小、力偶的转向和力偶的作用平面。

力偶矩是力偶中力的大小与力偶臂的乘积，并冠以适当的正负号后得到的代数量。若力偶的转向是逆时针的，力偶矩取正号；反之，取负号。力偶矩是力偶对物体转动效应的度量，其大小与矩心的位置无关。

2. 力偶的性质。

（1）力偶在任一轴上的投影等于零。

（2）力偶不能简化为一个合力，不能与一个力等效，也不能用一个力来平衡，力偶只能用力偶来平衡。

（3）力偶对其作用面内任一点的矩都等于力偶矩，而与矩心的位置无关。

3. 同平面内力偶的等效定理：在同平面内的两个力偶，如果它们的力偶矩大小相等，力偶的转向相同，则这两个力偶是等效的。力偶矩是平面力偶作用的唯一度量。

4. 平面力偶系的合成与平衡。

平面力偶系合成的结果是一个合力偶，合力偶矩等于力偶系中各分力偶矩的代数和，即 $M = \sum M_i$ 。

平面力偶系平衡的充要条件是：力偶系中各力偶矩的代数和等于零，即 $\sum M_i = 0$ ，该式也称为平面力偶系的平衡方程。

5. 力的平移定理：作用在物体上的力 $F$，可以平移到同一物体上的任一点 $O$，但必须同时附加一个力偶，其力偶矩等于原力 $F$ 对新作用点 $O$ 的矩。

6. 平面一般力系向作用面内任一点 $O$ 简化后，可得一个力和一个力偶。这个力作用在简化中心，它的矢量称为原力系的主矢，且等于原力系中各力的矢量和；这个力偶的力偶矩称为原力系对简化中心 $O$ 点的主矩，它等于原力系中各力对简化中心的力矩的代数和。

7. 平面一般力系向一点简化，可能出现四种情况：

（1）$F_R' \neq 0$，$M_O = 0$，最后简化为作用在简化中心的一个力，这个力就是原力系的合力。

（2）$F_R' = 0$，$M_O \neq 0$，最后简化为一个力偶，此种情况下，主矩与简化中心的位置无关。

（3）$F_R' = 0$，$M_O \neq 0$，最后也可简化为一个合力，其作用线的位置可直接使用力与力偶合成的办法得出。

（4）$F_R' = 0$，$M_O = 0$，力系处于平衡状态。

8. 平面一般力系平衡的充要条件是：力系的主矢和力系对任一点的主矩都等于零，即

$$F_R' = 0, \quad M_O = 0$$

9. 平面一般力系平衡方程的三种形式。

（1）基本形式

$$\begin{cases} \sum F_x = 0 \\ \sum F_y = 0 \\ \sum M_O(F) = 0 \end{cases}$$

（2）二矩形式

$$\begin{cases} \sum F_x = 0 \\ \sum M_A(F) = 0 \\ \sum M_B(F) = 0 \end{cases}$$

式中 $x$ 轴不垂直于 $A$、$B$ 两点的连线。

（3）三矩形式

$$\begin{cases} \sum M_A(F) = 0 \\ \sum M_B(F) = 0 \\ \sum M_C(F) = 0 \end{cases}$$

式中 $A$、$B$、$C$ 三点不在同一直线上。

10. 平面平行力系平衡方程的两种形式，均可从平面一般力系的平衡方程中导出。

（1）基本形式

$$\begin{cases} \sum F_y = 0 \\ \sum M_O(F) = 0 \end{cases}$$

其中投影轴不能与各力作用线垂直。

（2）取矩形式

$$\begin{cases} \sum M_A(F) = 0 \\ \sum M_B(F) = 0 \end{cases}$$

式中 $A$、$B$ 两点的连线不能与各力的作用线平行。

在平面平行力系中，不论采用哪种形式，都只能写出两个独立的平衡方程，求解两个未知量。

11. 对于物体系统的平衡问题，可取整个物体系统或系统内任何一个组成部分为研究对象，应用各种不同形式的平衡方程，因而往往有多种多样的求解途径。解题时必须多做分析，要具有清晰的思路，力求做到一个平衡方程只含有一个未知量，以避免解联立方程，使计算尽可能简化。

# 第 **3** 章　静定轴向拉伸与压缩

工程中构件在外力作用下主要有轴向拉（压）、剪切、扭转和弯曲四种基本变形，或是四种变形中的两种或两种以上的组合变形。其中很多构件，如悬索桥、斜拉桥、网架式结构中的杆或缆索的主要变形是轴向伸长；柱、桩、桥墩等在一定条件下的主要变形是轴向缩短。这类杆件称为轴向拉伸（压缩）杆，它们所承受外力的特点是：外力合力的作用线沿杆件轴线方向，这样的力称为轴向力，这样的荷载称为轴向荷载。所谓轴线是指杆件横截面形心的连线。本章研究轴向拉（压）杆件的内力、应力、变形以及材料的力学性能等问题。

了解四种基本变形及其组合变形；了解轴向拉伸和压缩的定义；了解内力的概念；掌握截面法、轴力计算以及轴力正负号的规定、轴力图的绘制方法。

## 3.1　杆件的基本变形及其组合变形

### 3.1.1　轴向拉伸与轴向压缩

杆件两端在一对大小相等、方向相反、作用线沿杆轴线的外力作用下，发生沿杆轴线方向的伸长或缩短，如图 3-1 所示。

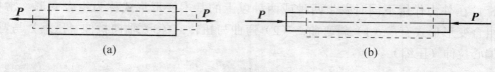

$$(a) \qquad\qquad\qquad (b)$$

图 3-1

### 3.1.2　剪切

杆件在一对大小相等、方向相反、作用线垂直于杆轴线且相距很近的外力作用下，其横截面产生沿外力作用方向的相互错动，这种变形称为剪切变形，如图 3-2 所示。

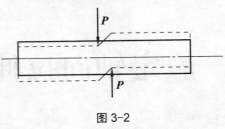

图 3-2

### 3.1.3 扭转

杆件在一对转向相反、作用面与杆轴线垂直的力偶作用下，任意两横截面间发生绕轴线相对运动的变形称为扭转变形，如图 3-3 所示。工程中的雨篷梁、边框架梁都属于受扭构件。

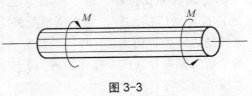

图 3-3

### 3.1.4 弯曲

杆件在垂直于轴线的外力（横向力）作用下，杆件轴线由直线变为曲线称为弯曲变形，如图 3-4 所示。弯曲是工程中最常见的变形形式，如框架梁、楼面梁、屋面梁、屋面板等都属于受弯构件。

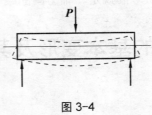

图 3-4

### 3.1.5 组合变形

杆件在外力作用下同时发生两种或两种以上的基本变形形式称为组合变形。常见的几种组合变形形式有：（1）斜弯曲；（2）弯曲与扭转；（3）轴向拉伸（压缩）与弯曲；（4）偏心拉伸（压缩）。

**思考题**

3.1-1 简述杆件的几种基本变形。

3.1-2 简述基本变形与组合变形的关系。

## 3.2　直杆轴向拉（压）横截面上的内力

### 3.2.1　内力的概念

在第一章第三节中我们讲述了杆件、结构约束反力的计算方法。外力（含约束力和主动力）对杆件、结构将产生什么影响？以及如何影响承载力？答案是：约束力及主动力将使杆件和结构产生内力和变形。

大家都有这样的经验：手持弹簧拉力器的两端，用力拉伸的时候，会明显地感到拉力器内部有一股反抗被拉长的力，而且随着弹簧拉力器的拉长，这种反抗力就越大。这种在弹簧拉力器被拉伸的过程中产生抵抗被拉长的力就是弹簧拉力器的内力。这就是对内力的一种感性认识。

物体在未受外力时，它的分子间本来就有相互作用着的力，正是由于存在这些力，物体才保持固定的形状。当物体处于外力作用下，它将发生变形，物体内部各质点间相互作用的力也发生了改变。这种力的改变量，就是材料力学所要研究的内力。严格地讲，它是由外力的作用而引起的附加内力，通常简称为内力。

内力随外力的增大、变形的增大而增大，随外力的消失而消失，但有一定限度，当内力达到某一限度时，就会引起构件的破坏。因此，要进行构件的强度计算，就必须先分析构件的内力。

### 3.2.2　轴向拉（压）杆的内力

1. 用截面法求轴向拉（压）杆内力

求构件内力的基本方法是截面法。下面通过求解如图 3-5（a）拉杆 $m—m$ 横截面上的内力来阐明这种方法。假想沿 $m—m$ 截面将杆截开，在 $m—m$ 截面上由无数个点组成该截面，截开的左、右截面对应的各点，有相互作用力，如图 3-5（b）、（c）所示。取 $m—m$ 截面的左段为研究对象，左段 $m—m$ 截面上的分布内力必能合成一合力，由于整个杆件是处于平衡状态的，所以左段也处于平衡。由平衡条件 $\sum F_x = 0$ 和二力平衡公理可知，左段 $m—m$ 截面上的合力是与杆轴线相重合的一个力，且 $F_N=F_P$，其指向背离截面。同样，若取右段为研究对象，如图 3-5（c）所示，可得出相同的结果。

对于压杆，也可通过上述方法求得其任一 $m—m$ 截面上的轴力 $F_N$，各截面 $F_N=F_P$，从而得到：直杆在轴向力作用下，在没有外力作用段内任意一截面的内力相等，如图 3-6 所示。

把作用线与杆轴线相重合的分布内力的合力（也是内力）称为轴力，用符号 $F_N$ 表示。这里，对轴向拉（压）杆来说，其内力就是轴力，常用 $F_N$ 表示。方向背离截面的轴力称为拉力，方向指向截面的轴力称为压力。通常规定：拉力为正，压力为负。但是为了便于由最后计算结果判定轴力的实际指向，不论截面上轴力的实际指向如何，一律预设为正值即拉力，这一点十分重要。若解出结果是负值，则表明实际指向与所假设指向相反，即横截面的轴力实际上是压力。轴力的常用单位为牛顿（N）或千牛顿（kN）。

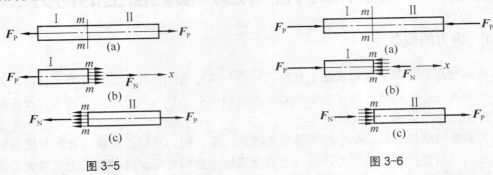

图 3-5                    图 3-6

这种欲求某一截面内力，假想地将物体沿该截面截开为两部分，取其中一部分为研究对象，列出研究对象的平衡方程，并求解内力的方法称为截面法。

综上所述，截面法包括以下三个步骤：

（1）截开。沿所求内力的截面假想地将杆件截成两部分。

（2）代替。取出任一部分为研究对象，并在截开面上用内力代替弃去部分对该部分的作用。

（3）平衡。列出研究对象的平衡方程，并求解内力。

**2. 轴向拉（压）杆轴力图**

在工程上有时杆件会受到多个沿轴线作用的外力，将在不同杆段的横截面上产生不同的轴力。为了直观地反映出杆的各横截面上轴力沿杆长的变化规律，并找出最大轴力及其所在截面的位置，通常需要画出轴力图。

我们可以逐次地运用截面法，求得杆件所有横截面上的轴力。以与杆件轴线平行的坐标轴 $x$ 表示各横截面位置，以纵坐标 $y$ 表示相应的轴力值，这样作出的图形称为轴力图。轴力图清楚、完整地表示出杆件各横截面上的轴力变化，是轴向拉（压）杆进行应力、变形、强度、刚度等计算的依据。轴力为正值画在坐标轴的上方，为负值画在坐标轴的下方。现举例如下。

**例 3-1**  轴向拉（压）杆如图 3-7 所示，求作轴力图（不计杆的自重）。

**解：**第一步应识别问题种类。由该杆的受力特点，可知它的变形是轴向拉（压），其内力是轴力 $F_N$。

第二步一般应先由杆件整体的平衡条件求出支座反力。但对于本例题这类具有自由端的构件或结构，往往以取包括自由端部分为隔离体，这样可避免求支座反力。

第三步用截面法求内力。杆件 $AB$、$BC$、$CD$、$DE$ 杆段上没有外力，所以每个杆段各截面的内力相等，每个杆段只需截开一个截面即可，各截面对应的隔离体如图 3-7（b）所示，由各隔离体的平衡条件，可求得

$AB$ 段                    $\sum F_x = 0$        $F_{N1} - 2 = 0$

$F_{N1} = 2$（拉力）

| | | |
|---|---|---|
| *BC* 段 | $\sum F_x = 0$ | $F_{N2} - 2 - 6 = 0$ |
| | | $F_{N2} = 8$（拉力） |
| *CD* 段 | $\sum F_x = 0$ | $F_{N3} - 2 - 6 + 10 = 0$ |
| | | $F_{N3} = -2$（压力） |
| *DE* 段 | $\sum F_x = 0$ | $F_{N4} - 2 - 6 + 10 - 4 = 0$ |
| | | $F_{N4} = 2$（拉力） |

第四步根据 $F_N$ 值作轴力图，如图 3-7（c）所示。

说明：内力图一般都应与受力图对正。对于 $F_N$ 图，当杆水平放置或倾斜放置时，正值的 $F_N$ 应画在与杆件轴线平行的横坐标轴 $x$ 的正上方或正斜上方，而负值则画在正下方或正斜下方，并必须标出符号 ⊕ 或 ⊖，如例 3-1 中图 3-7（c）所示。当杆件竖直放置时，正负值可分别画在任一侧，但必须标出 ⊕ 或 ⊖ 号。内力图上必须标出所有横截面的内力值及其单位，还应适当地画出一些纵标线，纵标线必须画得垂直于横坐标轴。内力图旁应标明为何种内力。当熟练时，各截面隔离体图可不画出。

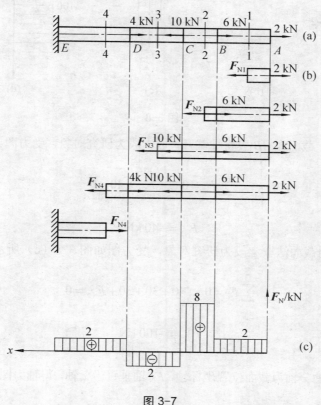

图 3-7

讨论：（1）画轴力图时不一定要求出约束反力。如本题可不求固定端的约束反力 $F_E$，而直接取各截面的自由端部分为研究对象，求出各截面的轴力。切记"有约束，一般就有约束反力；解除约束，必代以约束反力"这一法则，绝不能认为杆在 *A* 端不受力。读者可以采用这种方法自行计算本题。

（2）从求轴力的平衡方程可归纳出计算轴力的一般规则：设轴力为正时，任一横截面上的轴力等于横截面一侧所有外力在杆轴线方向上投影的代数和，背离截面的外力为正，指向截面的外力为负。据此规则，在本题中可不列平衡方程，直接写出

$$F_{N3} = 2 + 6 - 10 = -2 \text{（压力）}$$

**例 3-2** 试画如图 3-8 所示钢筋混凝土厂房中柱的轴力图（不记柱自重）。

**解：**（1）计算各段柱的轴力。

因该柱各部分尺寸和荷载都对称，合力作用线通过柱轴线，故可看成是受多力作用的轴向受压构件。此柱可分为 $AB$、$BC$ 两段。

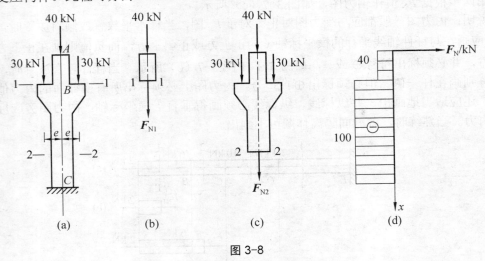

图 3-8

$AB$ 段：用 1—1 截面在 $AB$ 段将柱截开，取上段为研究对象，受力图如图 3-8（b）所示。

由

$$\sum F_x = 0 \qquad F_{N1} + 40 = 0$$

得

$$F_{N1} = -40 \text{ kN}$$

$BC$ 段：同样用截面法取上段为研究对象，受力图如图 3-8（c）所示。

由

$$\sum F_x = 0 \qquad 40 + 30 + 30 + F_{N2} = 0$$

得

$$F_{N2} = -100 \text{ kN}$$

（2）作轴力图。

以平行柱轴线的 $x$ 轴为截面位置坐标轴，$F_N$ 轴垂直于 $x$ 轴，得轴力图如图 3-8（d）所示。

## 思考题

3.2-1 试叙述轴向拉（压）杆的受力特点和变形特点。

3.2-2 工程力学中内力指的是什么？用截面法计算内力的步骤是怎样的？

3.2-3 如图 3-9 所示，所列杆件中哪些属于轴向拉伸或压缩？

3.2-4 两根材料不同、截面面积不同的杆，受同样的轴向拉力作用时，它们的内力是

否相同？

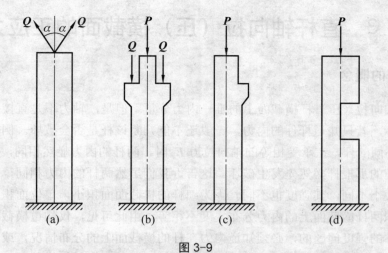

图 3-9

## 练习题

3.2-1 试画出图 3-10 所示各杆的轴力图。

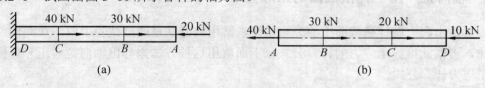

图 3-10

3.2-2 试求图 3-11 所示各柱指定截面上的轴力，并作出轴力图。

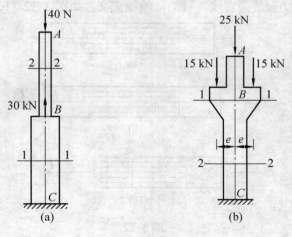

图 3-11

# 3.3 直杆轴向拉（压）横截面的正应力

## 3.3.1 应力的概念

轴力是轴向拉（压）杆横截面上的唯一内力分量。但是，轴力不是直接衡量拉（压）杆强度的指标。若只知道杆件的内力，一般还不能判断该杆是否会破坏。例如，两根材料相同而粗细不同的杆，在承受相等的轴向拉力 $F_P$ 时，两杆的内力显然相同，但是随着内力的增加，较细的那根杆必然先发生破坏。这告诉我们虽然两杆的内力相同，但因为杆件横截面面积的大小不同，其强度也不同。因为细杆的横截面面积小，单位面积上所受的内力较粗杆大，即两杆横截面上的内力分布集度不相等。由此可见，仅知道横截面上的内力是不能解决杆件的强度问题的，必须知道内力在杆的横截面上的分布情况，或者说，需要知道横截面上内力分布的集度，才能解决杆件强度问题。习惯上把杆横截面上连续分布的内力称为应力，轴向拉（压）杆件的应力是与横截面正交的，称为正应力，用符号 $\sigma$ 表示。

## 3.3.2 轴向拉（压）杆横截面的正应力

为了找出内力在杆横截面上的分布规律，常用的方法是通过试验手段，观测构件的变形规律，再据此推导出应力的计算公式。下面就用这种方法来导出轴向拉（压）杆横截面上的正应力计算公式。

如图 3-12（a）所示的等截面直杆，在杆件的表面画上一系列与杆轴线平行的纵向线和与轴线垂直的横向线。加上轴向拉力 $F_N$ 后，杆件发生变形，所有的纵向线均产生量值相等的伸长，所有横向线仍保持为直线，且仍与轴线正交，如图 3-12（b）所示。

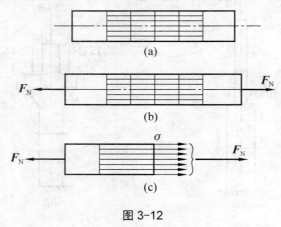

图 3-12

根据上述现象，可作如下假设：

（1）平面假设。若将各条横向线看作是一个横截面，则杆件横截面在变形以后仍为平面且与杆轴线垂直，任意两个横截面只是作相对平移。

（2）均匀连续性假设。若将各纵向线看做是杆件由许多纤维组成，根据平面假设，任意两横截面之间的所有纤维的伸长都相同，即杆横截面上各点处的变形都相同。

由于前面已假设材料是均匀连续的，而杆的内力分布集度又与杆的变形程度有关。因而，从上述均匀变形的推理可知，拉（压）杆在横截面上的内力是均匀分布的，横截面上各点的应力相等。由于拉（压）杆的内力为轴力，轴力是垂直于横截面的，故它相应的内力分布必然沿此截面的垂直方向。由此可知，横截面上只有正应力。由以上可得结论：轴向拉伸或压缩时，杆件横截面上各点处产生正应力，且大小相等，如图 3-12（c）所示。

由于内力是均匀分布的，则各点处的正应力就等于横截面上的平均应力，即

$$\sigma = \frac{F_N}{A} \tag{3-1}$$

式中　$\sigma$ ——横截面上正应力；

$F_N$ ——横截面上的轴力；

$A$ ——横截面面积。

式（3-1）是轴向拉伸或压缩时杆横截面上正应力计算公式。应力的正负号规定与轴力的正负号规定一致，即当轴力为正号（拉伸）时，正应力取正号，称为拉应力；当轴力为负号（压缩）时，正应力取负号，称为压应力。

在国际单位制中应力的单位是 Pa，读帕斯卡，简称帕，$1\,Pa = 1\,N/m^2$。

由于此单位太小，在工程中还有千帕、兆帕和吉帕。

千帕：$1\,kPa = 10^3\,Pa$。

兆帕：$1\,MPa = 10^6\,Pa$。

吉帕：$1\,GPa = 10^9\,Pa$。

**例 3-3**　一横截面为正方形的砖柱分上、下两段，其受力情况、各段横截面尺寸如图 3-13（a）所示，$F = 60\,kN$，试求荷载引起的最大工作应力。

**解：** 首先画立柱的轴力图，如图 3-13（b）所示。

由于砖柱为变截面杆，故需分段求出每段横截面上的正应力，再进行比较确定全柱的最大工作应力。

上段

$$\sigma_{上} = \frac{F_{N上}}{A_{上}} = \frac{-60 \times 10^3}{240 \times 240 \times 10^{-6}}$$
$$= -1.04 \times 10^6\,N/m^2 = -1.04\,MPa$$

下段

$$\sigma_{下} = \frac{F_{N下}}{A_{下}} = \frac{-60 \times 3 \times 10^3}{370 \times 370 \times 10^{-6}}$$
$$= -1.31 \times 10^6\,N/m^2 = -1.31\,MPa$$

由上述计算结果可见，砖柱的最大工作应力在柱的下段，其值为 1.31 MPa，是压应力。

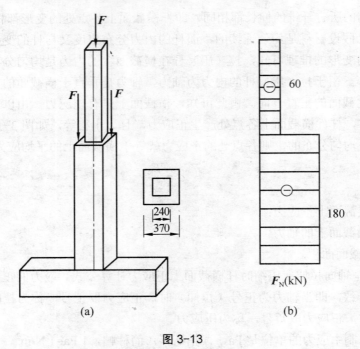

图 3-13

## 思考题

3.3-1 什么是应力？应力与内力有何区别，又有何联系？

3.3-2 什么是平面假设？作此假设的根据是什么？为什么推导横截面上的正应力时必须先作出这个假设？

## 练习题

3.3-1 在图 3-14 中，若杆为圆形截面，三个截面的直径分别为 $d_1=d_2=24$ mm、$d_3=15$ mm。试求三个截面上的正应力。

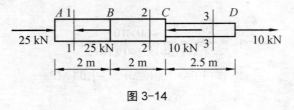

图 3-14

3.3-2 求下列各杆内的最大正应力。

（1）如图 3-15（a）为阶梯形杆，$AB$ 段杆横截面面积为 $80 \text{ mm}^2$，$BC$ 段杆横截面面积为 $20 \text{ mm}^2$，$CD$ 段杆横截面面积为 $120 \text{ mm}^2$，不计自重。

（2）如图 3-15（b）为变截面拉杆，上段 $AB$ 的横截面面积为 $40 \text{ mm}^2$，下段 $BC$ 的横截面面积为 $30 \text{ mm}^2$，不计自重。

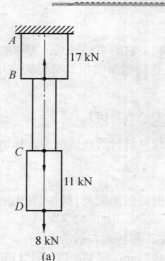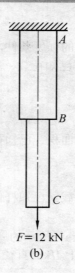

图 3-15

# 3.4 直杆轴向拉（压）的强度计算

## 3.4.1 材料的极限应力、许用应力和安全系数

按照式（3-1）计算出的杆横截面上的正应力是在荷载作用下产生的，叫做工作应力。随着外力的增加工作应力也在增大。实际使用的材料，当应力增大到某一值时，杆件要么被拉断而不能工作，要么发生过大的变形而不能正常工作，这种情况称为杆件失效。此时对应的应力值称为材料的极限应力 $\sigma_u$。能正常工作，最大工作应力就不能超过材料的极限应力。考虑到杆件还应具有一定的强度安全储备，就应选一个比材料的极限应力还小的应力值作为杆件的设计依据，该应力称为材料的许用应力，用符号 $[\sigma]$ 表示。许用应力与极限应力的关系为

$$[\sigma] = \frac{\sigma_u}{n} \qquad (3-2)$$

式中的 $\sigma_u$ 为某一材料的极限应力，一般由实验测定；$n$ 为大于 1 的数，称为安全系数，行业设计规范通常都给出了安全系数的取值范围。

## 3.4.2 强度条件

要保证轴向拉（压）杆能够正常工作，对于等截面拉（压）杆，杆件横截面上的最大正应力就不能超过材料的许用应力，即

$$\sigma = \frac{F_N}{A} \leqslant [\sigma] \qquad (3-3)$$

对于受到几个轴向外力作用的等截面直杆，要选择轴力最大的截面进行强度计算。在变截面杆中，则要对不同的截面计算应力，并选择应力最大的截面进行强度计算，总之要使杆内可能产生应力最大的截面满足强度条件，应力最大的截面叫做危险截面。破坏往往

从危险截面开始。

根据轴向拉（压）杆的强度条件，利用它的不同形式，可以解决三类工程实际问题。

（1）校核杆的强度。已知荷载、杆件横截面面积及材料的许用应力。校核杆是否满足强度条件

$$\sigma = \frac{F_N}{A} \leqslant [\sigma]$$

（2）选择杆的横截面面积。已知荷载及材料的许用应力，杆的横截面面积应满足

$$A \geqslant \frac{F_N}{[\sigma]}$$

（3）确定杆的许用荷载。已知杆件横截面面积及材料的许用应力。杆的轴力应满足

$$F_N \leqslant A[\sigma]$$

**例 3-4**　如图 3-16（a）所示的屋架，受均布荷载 $q$ 作用。已知屋架跨度 $l$=8.4 m，荷载集度 $q$=10 kN/m，钢拉杆 $AB$ 的直径 $d$=22 mm，尾架高度 h=1.4 m，许用应力 $[\sigma]$=170 MPa，试校核该拉杆的强度。

**解：**（1）求支反力。因屋架及荷载均左右对称，所以

$$F_{Ay} = F_{By} = \frac{1}{2} \times 10 \times 10^3 \times 8.4 = 42 \times 10^3 \, N$$

（2）求拉杆 $AB$ 的轴力。用截面法截取左半个屋架作为隔离体，如图 3-16（b），由平衡方程得

$$\sum M_C = 0 \quad F_{Ay} \times \frac{l}{2} - F_{NAB} \times h - q \times \frac{l}{2} \times \frac{l}{4} = 0$$

$$42 \times 10^3 \times \frac{8.4}{2} - F_{NAB} \times 1.4 - 10 \times 10^3 \times \frac{8.4^2}{8} = 0$$

$$F_{NAB} = 6.3 \times 10^4 \, N$$

（3）求拉杆 $AB$ 横截面上的正应力。由式（3-1），有

$$\sigma_{AB} = \frac{F_{NAB}}{\frac{\pi d^2}{4}} = \frac{6.3 \times 10^4}{\frac{3.14}{4} \times 22^2 \times 10^{-6}}$$

$$= 165.8 \times 10^6 \, Pa = 165.8 \, MPa < [\sigma] = 170 \, MPa$$

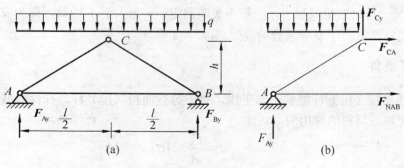

图 3-16

**例 3-5**　某屋架下弦采用两根等肢角钢制成，如图 3-17 所示，已知该下弦承受的轴力为 $F_N$=90 kN，许用应力 $[\sigma]$=140 MPa，试选择角钢的型号。

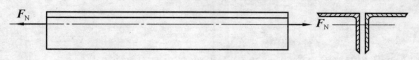

图 3-17

**解**：根据强度条件确定所需的角钢截面面积

$$A \geqslant \frac{F_N}{[\sigma]} = \frac{90\,000 \times 10^6}{140 \times 10^6} = 642.9\ \text{mm}^2$$

查型钢规格表，选 2∟45×45×4，实际面积为 2×3.49 cm²=698 mm²。

**例 3-6**  图 3-18 所示某三角架，$\alpha$=30°，斜杆由两根 80 mm×80 mm×7 mm 的等边角钢组成，横杆由两根 10 号槽钢组成，材料均为 Q235 钢，许用应力[$\sigma$]=120 MPa，求许用荷载 $F$。

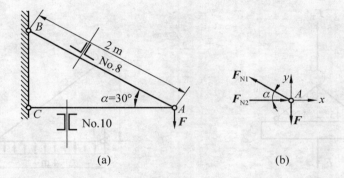

(a)                              (b)

图 3-18

**解**：围绕 $A$ 点 $AB$、$AC$ 两杆截开得分离体，如图 3-18 所示。假设 $F_{N1}$ 为拉力，$F_{N2}$ 为压力。由平衡条件

$$\sum F_x = 0 \qquad F_{N2} - F_{N1} \cos 30° = 0$$

$$\sum F_y = 0 \qquad F_{N1} \sin 30° - F = 0$$

可得

$$F_{N1} = 2F \qquad\qquad\qquad (\text{a})$$

$$F_{N2} = 1.732F \qquad\qquad (\text{b})$$

由附录 1 的型钢规格表查得斜杆横截面积 $A_1$=2 172 mm²，横杆横截面积 $A_2$=2 548 mm²，由强度条件得到许可轴力：

$$[F_{N1}] = 2.172 \times 10^{-3} \times 120 \times 10^6$$
$$= 260.6\ \text{kN}$$

$$[F_{N2}] = 2.548 \times 10^{-3} \times 120 \times 10^6$$
$$= 305.8\ \text{kN}$$

将[$F_{N1}$]、[$F_{N2}$]代入式（a）、（b），得到按斜杆和横杆强度计算的许可荷载

$$[F_1] = \frac{[F_{N1}]}{2} = 130.3\ \text{kN}$$

$$[F_2] = \frac{[F_{N2}]}{1.732} = 176.6\ \text{kN}$$

故许用荷载为[$F$]=[$F_1$]=130.3 kN。

**思考题**

3.4-1 试述安全系数的重要性。许用应力的意义是什么？

3.4-2 轴向拉伸或压缩构件的强度条件是什么？

**练习题**

3.4-1 图 3-19 所示为起吊一重 $F_P=100$ kN 的物体，设绳索的直径 $d=4$ cm，许用拉应力 $[\sigma]=100$ MPa，试校核绳索的强度。

3.4-2 图 3-20 所示结构，$BC$ 杆由两根等边角钢组成，材料的许用应力 $[\sigma]=160$ MPa，试选择此等边角钢的型号。

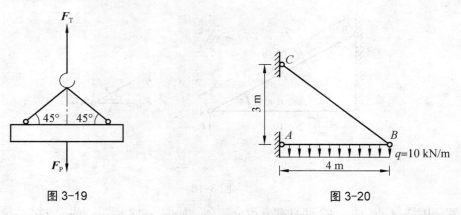

图 3-19                   图 3-20

3.4-3 图 3-21 所示结构中，$AC$ 杆横截面面积 $A_1=6$ cm$^2$，$[\sigma]_1=160$ MPa，$BC$ 杆横截面面积 $A_2=9$ cm$^2$，$[\sigma]_2=100$ MPa，试确定许用荷载 $[F_P]$。

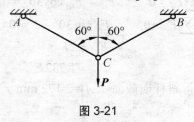

图 3-21

# *3.5 直杆轴向拉（压）的变形

## 3.5.1 弹性变形与塑性变形

杆件在外力的作用下会发生变形。随着外力的撤销变形随之消失的变形叫做弹性变形，当外力撤销变形不消失或者不完全消失而残留下来的变形叫做塑性变形。一般材料同时具有以上两种性质的变形，只是在外力不超过某一范围时，主要表现为弹性变形。例如手拉一根弹簧，当拉力不大时就放松，弹簧可以恢复原状，表现为弹性变形；当拉力很大，超过某一范围再放松时，弹簧被拉长了，残留下一部分不能恢复的变形，这部分残留的变形就是塑性变形。在外力作用下能发生较大塑性变形而破坏的材料称为塑性材料，发生较小塑性变形而破坏的材料称为脆性材料。工程中构件所受的力通常限定在弹性变形范围内，因此我们研究构件的变形也常限于弹性变形。

### 3.5.2　轴向拉（压）杆的变形

杆受轴向力作用时，杆的长度会发生变化，杆件长度的改变量称为纵向变形；同时杆在垂直于轴线方向的横向尺寸将减小（或增大），称为横向变形。下面结合轴向受拉杆的变形情况，介绍一些有关的基本概念。

如图 3-22 所示，设有一原长为 $l$ 的杆，受到一对轴向拉力 $F_N$ 的作用后，其长度增为 $l_1$，则杆的纵向变形为

$$\Delta l = l_1 - l$$

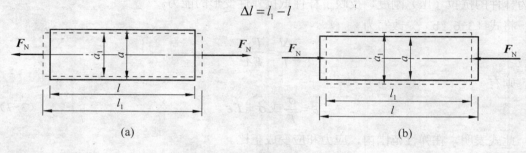

(a)　　　　　　　　　　　　　　　　　　　(b)

图 3-22

拉伸时纵向变形是伸长，规定为正；压缩时纵向变形是缩短，规定为负。

$\Delta l$ 只反映杆的总变形量，而无法说明杆的变形程度。由于杆的各段是均匀伸长的，所以可用单位长度的变形量来反映杆的变形程度。单位长度的纵向伸长称为纵向线应变。用 $\varepsilon$ 表示，即

$$\varepsilon = \frac{\Delta l}{l} \tag{3-4}$$

对于轴向受拉杆的横向变形，设拉杆原横向尺寸为 $a$，受力后缩小到 $a_1$，则其横向变形为

$$\Delta a = a_1 - a$$

与之相应的横向线应变 $\varepsilon'$ 为

$$\varepsilon' = \frac{\Delta a}{a} \tag{3-5}$$

以上的这些概念同样适用于压杆。

显然，$\varepsilon$ 和 $\varepsilon'$ 都是无量纲的量，其正负号分别与 $\Delta l$ 和 $\Delta a$ 的正负号一致。在拉伸时 $\varepsilon$ 为正，$\varepsilon'$ 为负；在压缩时 $\varepsilon$ 为负，$\varepsilon'$ 为正。

### 3.5.3　胡克定律

实验证明，在弹性变形的范围内，拉（压）杆的伸长 $\Delta l$ 与轴向拉力 $F_N$ 和杆件的长度 $l$ 成正比，与杆件的横截面面积 $A$ 成反比，即

$$\Delta l \propto \frac{Fl}{A}$$

引入比例常数 $E$，得到

$$\Delta l = \frac{Fl}{EA} \qquad\qquad (3\text{-}6（a）)$$

在内力不变的杆段中，$F = F_N$，则

$$\Delta l = \frac{F_N l}{EA} \qquad\qquad (3\text{-}6（b）)$$

此即表示物体受力与变形关系的胡克定律。式中比例常数 $E$ 称为材料的弹性模量，其值由试验测定，反映了材料抵抗弹性变形的能力。它的量纲为 Pa，与应力的单位相同。$EA$ 称为杆件的抗拉（压）刚度，反映了杆件抵抗弹性变形的能力。

将式（3-6（b））改写为

$$\frac{\Delta l}{l} = \frac{F_N}{EA}$$

则有

$$\varepsilon = \frac{\sigma}{E} \text{ 或 } \sigma = E\varepsilon \qquad\qquad (3\text{-}7)$$

此式表明，在弹性范围内，应力和应变成正比。

式（3-7）是用应力应变为表现形式的胡克定律。

### 3.5.4 泊松比

实验证明，在弹性变形范围内，横向线应变 $\varepsilon'$ 和纵向线应变 $\varepsilon$ 之间存在比例关系

即

$$\upsilon = \left| \frac{\varepsilon'}{\varepsilon} \right| \qquad\qquad (3\text{-}8（a）)$$

由于 $\varepsilon'$ 和 $\varepsilon$ 永远反号，固有

$$\varepsilon' = -\upsilon\varepsilon \qquad\qquad (3\text{-}8（b）)$$

其中 $\upsilon$ 称为泊松比，是与材料有关的常数，为一无量纲的量。不同的材料其值是不同的，由试验测定，常用材料 $E$、$\upsilon$ 值见表 3-1。

表 3-1  常用材料 $E$、$\upsilon$ 值

| 材料名称 | $E$（$10^5$ MPa） | $\upsilon$ |
|---|---|---|
| 低碳钢 | 2.0~2.2 | 0.25~0.33 |
| 合金钢 | 1.9~2.2 | 0.24~0.33 |
| 花岗岩 | 0.49 | — |
| 混凝土 | 0.146~0.36 | 0.16~0.18 |
| 铝及硬铝合金 | 0.71 | 0.33 |
| 木材（顺纹） | 0.1~0.12 | — |

**例 3-7**  一空心铸铁短圆筒长 $\phi 80$ cm、外径 $\phi 25$ cm、内径 $\phi 20$ cm，两端承受轴向压力

500 kN，铸铁的弹性模量 $E$=120 GPa，试求其总压缩量和应变值。

**解：** 空心圆筒的横截面面积为

$$A = \frac{\pi}{4}(25^2 - 20^2) \times 10^{-4}\, \text{m}^2 = 1.77 \times 10^{-2}\, \text{m}^2$$

则由式（3-6（b））有

$$\Delta l = \frac{F_N l}{EA} = \frac{500 \times 10^3 \times 0.8}{120 \times 10^9 \times 1.77 \times 10^{-2}} = 1.88 \times 10^{-4}\, \text{m}$$

应变为

$$\varepsilon = \frac{\Delta l}{l} = \frac{1.88 \times 10^{-4}}{0.8} = 2.35 \times 10^{-4}$$

**思考题**

3.5-1　轴向拉压杆的内力、应力、纵向变形、线应变均含有正负号，怎样确定它们的正负号？

3.5-2　工程中怎样区分塑性材料和脆性材料？塑性材料和脆性材料各有什么特点？工程中怎样利用这些特点？

**练习题**

3.5-1　钢杆长 $l$=2.5 m，截面面积 $A$=200 mm$^2$，受拉力 $P$=32 kN，钢杆的弹性模量 $E$=2.0×10$^5$ MPa，试计算此拉杆的伸长量 $\Delta l$。

3.5-2　若已知钢丝的纵向线应变 $\varepsilon$=0.00055，问钢丝在 10 m、20 m 内的绝对伸长量各是多少？

3.5-3　变截面直杆如图 3-23 所示。已知 $A_1$=8 mm$^2$、$A_2$=4 mm$^2$、$E$=200 GPa，求杆的总伸长 $\Delta l$。

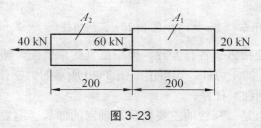

图 3-23

# *3.6　直杆轴向拉（压）在工程中的应用

## 3.6.1　应用实例

轴向拉伸（压缩）是杆件的基本变形形式之一。当杆件所受的外力均沿杆件轴线方向时，杆件发生轴向拉伸或压缩变形。如图 3-24 所示桁架屋架中，每一根杆均是受拉或受压的杆件；图 3-25 的砖柱则是一承受轴心压力的压杆；图 3-26 所示的拱结构屋架中拉杆 $AB$ 以及图 3-27 所示的悬臂式吊车的拉杆都是承受轴心拉力的受拉杆件。另外，拉（压）杆还

广泛存在于工业厂房的中柱（如图 3-28 所示）、桁架式桥梁、高耸结构（如图 3-29 所示）、网架结构、发射塔、输电塔、塔式起重机的塔架和吊臂、大型加工和起重设备（如水压机、龙门式机床、门式起重机等）的立柱等。

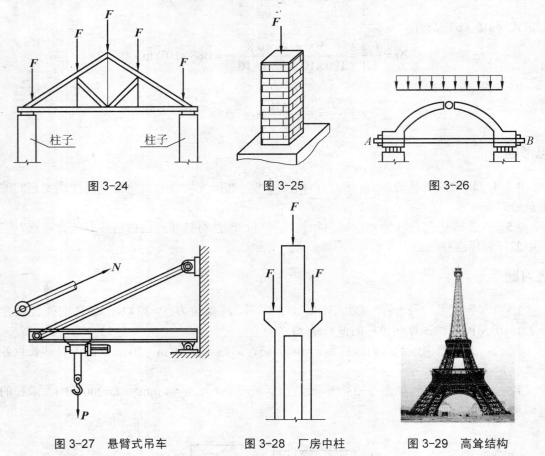

图 3-24　　　　　　　　　　图 3-25　　　　　　　　　　图 3-26

图 3-27　悬臂式吊车　　　　图 3-28　厂房中柱　　　　图 3-29　高耸结构

　　这些杆尽管端部的连接方式各有差异，但根据其约束情况，略去次要受力后，它们均为承受轴向拉伸（压缩）的二力杆。均可用如图 3-30 所示的力学计算简图来表示，这类杆件可简化为轴向拉伸（压缩）杆件。

　　这类杆件的外力特点是：杆件的主要变形是轴向的伸长（缩短），同时杆的横向（垂直于杆的轴线方向）尺寸缩小（增大）。图 3-31 中实线表示杆受力前的形状，虚线表示杆受力后的形状。图 3-31（a）表示轴向拉伸的变形情况，图 3-31（b）表示轴向压缩的变形情况。可以根据杆件的拉（压）情况，运用轴向拉（压）杆的基本理论进行分析计算。

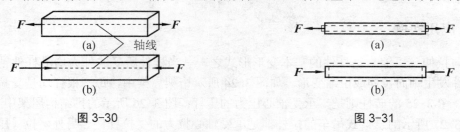

图 3-30　　　　　　　　　　　　　　　　图 3-31

### 3.6.2　动荷载作用对轴向受拉（压）构件的影响

前面讨论的主要是轴向拉（压）构件在静荷载作用下的问题。作用于杆件的荷载，使杆件内各质点产生的加速度很小，小到可以忽略不计时，这样的荷载称为静荷载。实际工程中，有很多构件受到动荷载的作用。

所谓动荷载是指随时间急剧变化的荷载，即在其作用下产生不可忽略不计的加速度时的荷载。例如起重机加速吊升重物时吊索受到惯性力作用、气锤打桩时桩受到冲击荷载等，上述吊索和桩都受到动荷载作用。

构件由动力荷载引起的应力称为动应力，变形称为动变形。实验结果表明在静荷载作用下服从胡克定律的材料，只要动应力不超过材料的比例极限，胡克定律仍然适用。

若构件内的应力随时间做周期性的变化，则称为交变应力。塑性材料构件长期在交变应力作用下，虽然最大应力远低于材料的屈服极限，且无明显的塑性变形，往往会发生脆性断裂，这种破坏称为疲劳破坏，因此在交变应力作用下的构件还应校核疲劳强度。

**1. 惯性力和动静法求动应力**

（1）惯性力。

牛顿第二定律表明：物体因受力而产生加速度，加速度的方向与力的方向相同，加速度的大小与力的大小成正比、与物体的质量成反比。设物体的质量为 $m$，受到力 $F$ 的作用，物体的加速度为 $a$，则

$$F=ma$$

由上式可知：在相同力作用下，质量愈大的物体，加速度愈小。质量是物体惯性的度量。由于物体有惯性，要使处于平衡状态的物体运动就必须对它施加力，同时施力物体也受到该物体的反作用力，这个力与 $F$ 大小相等，方向相反，即与 $a$ 方向相反，大小为 $-ma$，这种力我们称为惯性力。

（2）动静法求动应力。

按照达朗贝尔原理，在作加速运动的质点系上，如果假想地在每一质点上加上惯性力，则质点上的原力系和惯性力系在形式上就组成平衡力系。因而可把动力学问题在形式上作为静力学问题来处理，这就是动静法。本节就利用动静法来讨论构件作等加速直线运动或匀速转动时的动应力计算。

**2. 构件在作等加速直线运动时的应力**

如图 3-32（a）所示为一根被加速起吊的构件，设其长度为 $l$，横截面面积为 $A$，材料比重为 $\gamma$，吊索上的拉力为 $F$，起吊时构件的加速度为 $a$，方向向上。现用动静法来研究构件任一横截面 $m$—$m$ 上的正应力。

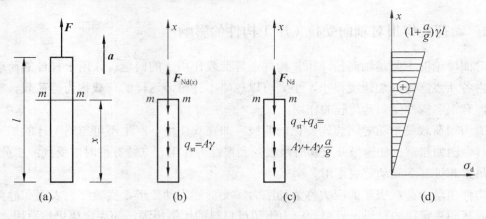

图 3-32

用距下端为 $x$ 的假想横截面 $m$—$m$ 将构件分成两部分，并取截面以下的部分为研究对象，如图 3-32（b）所示。作用于研究对象上的重力沿轴线均匀分布，其集度为 $q_{st} = A\gamma$。作用于横截面 $m$—$m$ 上的动轴力为 $F_{Nd(x)}$ 按照动静法，对作等加速直线运动的构件，如再假想地加上惯性力，就可以把动力学问题在形式上转化为静力学问题来处理，如图 3-32（c）所示。惯性力也沿构件轴线均匀分布，其集度为 $\dfrac{A\gamma}{g}a$。方向与加速度 $a$ 相反，即向下。

$m$—$m$ 截面的轴力设为 $F_{Nd}$，这部分构件在重力、动轴力和惯性力共同作用下处于假想的平衡状态。由平衡条件

$$\sum F_x = 0$$

可得

$$F_{Nd} = \left(1 + \frac{a}{g}\right) A\gamma x \tag{a}$$

杆件横截面上的动应力为

$$\sigma_d = \frac{F_{Nd}}{A} = \left(1 + \frac{a}{g}\right)\gamma x \tag{b}$$

因 $W = Al\gamma$，故式（a）、式（b）可改写成

$$F_{Nd} = \left(1 + \frac{a}{g}\right)\frac{W}{l}x \tag{c}$$

$$\sigma_d = \left(1 + \frac{a}{g}\right)\frac{W}{A}\frac{x}{l} \tag{d}$$

动应力沿杆长分布规律如图 3-32（c）所示。由式（c）可得吊索牵引力，即杆件所受到的动荷载为

$$F_d = \left(1 + \frac{a}{g}\right)W \tag{e}$$

当杆件静止或作匀速直线运动时（此时加速度为 0），即当杆件受静载（自重）作用时，吊索的静拉力 $F_{st}$、杆件静内力 $F_{Nst}$、静应力 $\sigma_{st}$ 分别为

$$F_{st} = W$$

$$F_{Nst} = \frac{W}{l}x$$

$$\sigma_{st} = \frac{W}{A}\frac{x}{l}$$

代入式（e）、式（c）及式（d），得

$$F_d = K_d F_{st} \tag{3-9}$$

$$F_{Nd} = K_d F_{Nst} \tag{3-10}$$

$$\sigma_d = K_d \sigma_{st} \tag{3-11}$$

$$K_d = 1 + \frac{a}{g} \tag{3-12}$$

在线弹性范围内，应变与应力成正比，变形与荷载成正比，故也可将杆的动应变 $\varepsilon_d$ 和动伸长变形 $\Delta l_d$ 分别表示为静应变 $\varepsilon_{st}$ 和静变形 $\Delta l_{st}$ 与动荷系数的乘积。

即

$$\varepsilon_d = K_d \varepsilon_{st}$$

$$\Delta l_d = K_d \Delta l_{st}$$

动荷载下构件的强度条件为

$$\sigma_{d\max} = K_d \sigma_{st\max} \leqslant [\sigma] \tag{3-13}$$

**思考题**

3.6　物体做等加速直线运动时，如何计算惯性力？如何确定惯性力的方向？

**练习题**

3.6　用两条吊索以向上匀加速度平行起吊一根 18 号工字钢梁，如图 3-33 所示。加速度 $a$=10 m/s²，工字梁的长度 $l$=10 m，吊索的横截面面积 $A$=60 mm²，若只考虑工字钢梁的重量不考虑吊索重，试计算吊索的最大动应力。

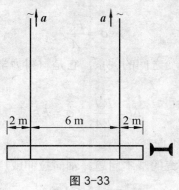

图 3-33

# 小　结

1. 轴向拉伸与压缩是杆件基本变形形式之一。当外力作用线沿杆件轴线作用时杆件发生轴向拉伸或压缩变形。

2. 内力的基本概念。

物体由于外力作用所引起的内力的改变量，称为附加内力，简称"内力"。

3. 轴向拉伸或压缩时的内力——轴力 $F_N$，其中规定拉力为正号，压力为负号。

把作用线与杆轴线相重合的内力称为轴力，用符号 $F_N$ 表示。对轴向拉（压）杆来说，其内力就是轴力 $F_N$。

为了避免混乱，工程上统一规定：在求轴力画受力图时，未知轴力一律假定为拉力，这样解得的轴力为正，表示截面受拉；解得的轴力为负，表示截面受压，从而使得轴力计算结果成为唯一解，而与计算者无关。

4. 用截面法求轴向拉（压）杆的轴力，并作出轴力图。

用截面法求内力可归纳为三步：

（1）截开。欲求某一截面的内力，则用一假想截面将杆件截为两部分。

（2）代替。其中取任一部分作为研究对象，而移走另一部分，用作用于截面上的内力（力或力偶）代替移走部分对留下部分的作用。

（3）平衡。对留下部分建立平衡方程，根据该部分的力系平衡条件，求得截面上的内力。

逐次地运用截面法，可求得杆件所有横截面上的轴力。以与杆件轴线平行的横坐标轴 $x$ 表示各横截面位置，以纵坐标表示相应的轴力值，正的轴力画在横坐标轴的上方，负的画在下方。这样作出的图形称为轴力图。

5. 平面假设是研究杆件横截面上应力分布的基础，应用该假设可以推断杆件横截面上的拉（压）正应力是均匀分布的。

正应力公式

$$\sigma = \frac{F_N}{A}$$

6. 胡克定律描述了应力应变之间的关系，它是材料力学最基本的定律之一。

胡克定律表达式为

$$\Delta l = \frac{F_N l}{EA} \text{ 或 } \sigma = E\varepsilon$$

应用胡克定律可以求杆的纵向变形。

7. 强度计算是材料力学研究的基本问题。轴向拉伸或压缩时，构件的强度条件是

$$\sigma = \frac{F_N}{A} \leqslant [\sigma]$$

它是进行强度校核、选定截面尺寸和确定许可荷载的依据。

8. 动荷载作用下构件的动荷应力，可根据静荷应力乘以动荷系数求得 $\sigma_d = K_d \sigma_{st}$，动荷

作用下的强度条件是

$$\sigma_{d} \leqslant [\sigma]$$

9. 构件做等加速直线运动时,在构件上假想加上惯性力后,根据动静法,可用静力平衡方程求出动应力。

10. 动荷系数。

(1) 等加速直线运动

$$K_{d} = 1 + \frac{a}{g}$$

(2) 动荷载下构件的强度条件为

$$\sigma_{d\max} = K_{d} \cdot \sigma_{st\max} \leqslant [\sigma]$$

# 第4章 直梁弯曲

## 引 言

在日常生活和工程实际中，经常会遇到直杆发生弯曲变形的情形。而在土木工程中，梁作为承重构件，主要发生弯曲变形。弯曲变形在工程实际中占有很重要的地位。本章主要对直梁弯曲的内力、应力和变形等知识进行学习。

## 教学目标

理解剪力、弯矩的概念，了解其正负号规定；能熟练掌握运用规律计算梁指定截面的内力；掌握剪力图、弯矩图的画法，能用控制截面法画内力图，了解叠加法作弯矩图；了解常见图形的几何性质，能运用正应力、剪应力强度条件解决工程实际中基本构件的强度问题；会用叠加法计算梁的变形；了解简单荷载作用下梁的最大挠度所在的位置及其影响因素。

# 4.1 梁 的 形 式

### 4.1.1 平面弯曲的概念

当杆件受垂直于轴线的外力或外力偶的作用时，轴线变成了曲线，这种变形称为弯曲。弯曲可分为平面弯曲和非平面弯曲，它是杆件又一种基本变形，见图 4-1。凡是以弯曲为主要变形的杆件通常称为梁。

当杆件受到垂直于杆轴线且过轴线的平面力系（包括荷载和支座反力）作用而产生弯曲时，弯曲变形后，轴线仍然在该平面内，这样的弯曲称为平面弯曲。除此以外的弯曲称为非平面弯曲。如果杆件具有对称平面，外力系作用在该平面内而杆件产生的平面弯曲称为对称弯曲，如图 4-1 所示，它是平面弯曲的一种特殊情况，本章主要研究对称弯曲。

图 4-2 所示是工程中常用的几种梁截面的形状，它们至少有一个对称轴，因此也至少有一个纵向对称面，在一般情况下外力作用在这个纵向对称平面内，所以对称弯曲是工程中常见的情况。

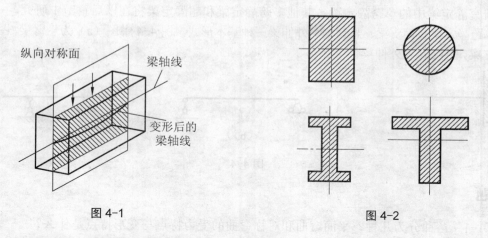

图 4-1　　　　　　　　　　　　图 4-2

## 4.1.2　常见单跨静定梁类型

在建筑物中，梁是被广泛使用的一种构件。例如房屋中的大梁、梁式桥的主梁等均是以弯曲变形为主的构件，如图 4-3 所示。梁在机械和其他工程中也被广泛采用。

一般以梁的轴线（梁各横截面的形心连线）代表梁。梁的支撑称为支座，常用的支座有固定铰支座、可动铰支座、固定端支座。梁的外荷载一般简化为集中力、集中力偶、均匀分布线荷载三种类型。

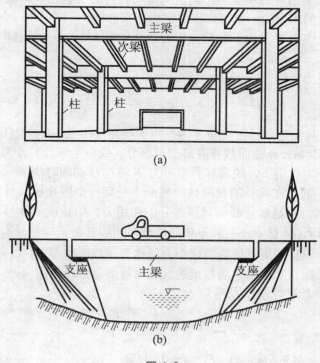

(a)

(b)

图 4-3

本章主要研究对象为等直梁（等截面直梁），它分为静定梁和超静定梁两大类。这里

主要研究静定梁中的单跨静定梁，其他多跨静定梁和超静定梁将在以后章节中研究。

单跨静定梁有简支梁、悬臂梁、外伸梁三种基本形式。图4-4中图（a）为悬臂梁，图（b）为简支梁，图（c）为外伸梁。

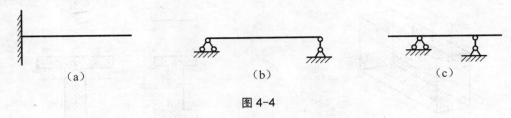

（a）        （b）        （c）

图4-4

**思考题**

4.1-1　弯曲分为几种？平面弯曲和对称弯曲的受力特点与变形特点是什么？

4.1-2　工程中常见的梁有哪些类型？受力特点有什么区别？

# 4.2　梁的内力

## 4.2.1　剪力和弯矩的概念

为了分析和计算梁的应力和变形，先应确定梁在外力（包括外荷载及支座反力）作用下任意一个横截面上的内力值。这可以应用截面法来分析。

下面以一个受集中力 $F$ 作用下的简支梁为例（见图4-5），梁的长度为 $l$，介绍如何应用截面法来确定任意一个截面 $m—m$ 上的内力。

第一步求支座反力（略）。

$$F_{By} = \frac{Fa}{l} \quad (\uparrow) \quad , \quad F_{Ay} = -\frac{F(l-a)}{l} \quad (\uparrow)$$

第二步求内力，首先建立以左支座 $A$ 为原点的直角坐标系 $xAy$。设任意截面 $m—m$ 离原点的距离为 $x$，假想沿 $m—m$ 截面截开取出左半部分（或右半部分）作为脱离体，并作出其受力图。显然只在外力作用下，脱离体将沿外力 $F$ 方向移动同时绕 $m—m$ 截面转动，而实际脱离体是静止的，因此在截开的脱离体的截面上受到一个阻止脱离体移动的力和一个阻止脱离体转动的力偶，它是截开截面对该部分的作用力。阻止脱离体移动的这个力称为该截面的剪力，一般用 $F_Q$ 或 $Q$ 表示，剪力是与横截面相切且与轴线垂直的内力，其作用线在梁的纵向对称面内，阻止脱离体转动的这个力偶称为该截面的弯矩，一般用 $M$ 表示，弯矩是横截面上的内力偶距，其作用平面与梁的纵向对称面重合，如图4-5所示。再利用静力平衡条件求出该截面上的剪力 $F_Q$ 及弯矩 $M$。

$$\sum F_y = 0 \qquad F_Q = \frac{Fa}{l}$$

$$\sum M_A = 0 \qquad M + F(x-a) + F_{Ay} \cdot x = 0, \quad M = -F(x-a) + \frac{F(l-a)}{l}x \quad (\curvearrowright)$$

式中最后括号里的箭头表示此力的实际力向。剪力是横截面上与轴线垂直的内力，剪力和弯矩都是矢量，若要用代数方程求解，则必须变为代数量，即用正号或负号表示它们的方向。剪力正负号规定：剪力使脱离体有顺时针转动趋势时为正，反之为负，如图 4-6（a）、（b）所示。弯矩正负号规定：弯矩使梁的上部凹（受压）下部凸（受拉）为正，反之为负，如图 4-6（c）、（d）所示。

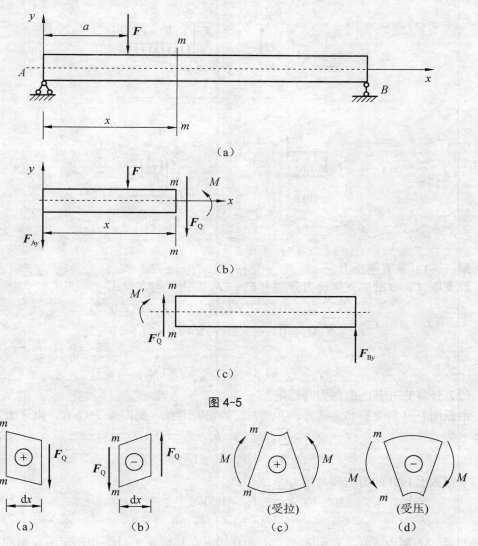

图 4-5

图 4-6

## 4.2.2 截面法求剪力、弯矩

用截面法求指定截面上的内力值是最基本的方法，必须熟练地掌握。具体的步骤如下：

（1）计算梁的支座反力。

（2）欲求某一截面内力，假想切开该截面，取外力比较简单的梁段作为脱离体，并把作用于脱离体上的外力（荷载和支座反力）及截面上的剪力和弯矩（通常按正值方向画出剪力 $Q$ 和弯矩 $M$，解出结果为正，表示内力的实际方向与所假设方向一致；解出结果为负，内力的实际方向与所假设方向相反）画在脱离体上，即作出脱离体受力图。

（3）利用脱离体受力图列出相应的静力平衡方程式，并解出指定截面上的内力值。

**例 4-1** 图 4-7（a）为受集中力及均布荷载作用的外伸梁，试求 I—I、II—II 截面上的剪力和弯矩。

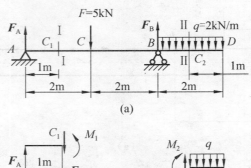

(a)

(b)

(c)

图 4-7

**解：** （1）求支座反力。

设支座 $A$、$B$ 处的支座反力分别为 $F_A$、$F_B$。由平衡方程式

$$\sum M_B = 0，\quad F_A \times 4 - F \times 2 + q \times 2 \times 1 = 0$$

$$\sum M_A = 0，\quad F \times 2 - F_B \times 4 + q \times 2 \times 5 = 0$$

得

$$F_A = 1.5\,\text{kN}，\quad F_B = 7.5\,\text{kN}$$

（2）计算 I—I 截面的剪力与弯矩。

沿截面 I—I 将梁假想地截开，并选左段为研究对象，见图 4-7（b）。由平衡方程式

$$\sum F_y = 0，\quad F_A - F_{Q1} = 0$$

$$\sum M_{C1} = 0，\quad F_A \times 1 - M_1 = 0$$

分别求得截面 I—I 的剪力和弯矩为

$$F_{Q1} = 1.5\,\text{kN}$$

$$M_1 = 1.5\,\text{kN} \cdot \text{m}$$

$F_{Q1}$、$M_1$ 都为正号，表示 $F_{Q1}$、$M_1$ 的真实方向与图 4-7（b）中所示方向相同。

（3）计算 II—II 截面的剪力和弯矩。

沿截面 II—II 将梁假想地截开，并选受力较少的右段为研究对象，图 4-7（c）。由平衡方程式

$$\sum F_y = 0，\quad F_{Q2} - q \times 1 = 0$$

$$\sum M_{C2} = 0，\quad M_2 + q \times 1 \times 0.5 = 0$$

分别求得截面 II—II 的剪力和弯矩为

$$F_{Q2} = 2\,\text{kN}$$

$$M_2 = -1\,\text{kN} \cdot \text{m}$$

$M_2$ 为负号，表示 $M_2$ 的真实方向与图 4-8（c）中所示方向相反。

由上述剪力及弯矩计算过程推得：

任一截面上的剪力的数值等于对应截面一侧所有外力在垂直于梁轴线方向上的投影的代数和，且当外力对截面形心之矩为顺时针转向时外力的投影取正，反之取负。即

$$F_Q = \sum F$$

任一截面上弯矩的数值等于对应截面一侧所有外力对该截面形心的矩的代数和，若取左侧，则当外力对截面形心之矩为顺时针转向时取正，反之取负；若取右侧，则当外力对截面形心之矩为逆时针转向时取正，反之取负。即

$$M_{截面处} = \sum M$$

**例 4-2** 已知图 4-8 所示梁中，$q=6\ \text{kN/m}$、$M=28\ \text{kN·m}$、$F_{P1}=20\ \text{kN}$、$F_{P2}=10\ \text{kN}$，试求 $F_{QC}^L$、$F_{QC}^R$、$F_{QD}$、$M_D$、$M_E^L$、$M_E^R$。

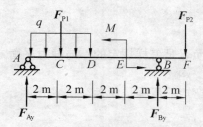

图 4-8

**解：** （1）求支座反力。

$$F_{Ay} = 34\ \text{kN}\ （\uparrow） \qquad\qquad F_{By} = 20\ \text{kN}\ （\uparrow）$$

（2）求 $F_{QC}^L$、$F_{QC}^R$。

$$F_{QC}^L = \sum F^L = (34 - 6 \times 2)\ \text{kN} = 22\ \text{kN}$$
$$F_{QC}^R = \sum F^L = (34 - 6 \times 2 - 20)\ \text{kN} = 2\ \text{kN}$$

（3）求 $F_{QD}$、$M_D$。

$$F_{QD} = \sum F^R = (10 - 20)\ \text{kN} = -10\ \text{kN}$$
$$M_D = \sum M_{DR}(F) = (28 + 20 \times 4 - 10 \times 6)\ \text{kN·m} = 48\ \text{kN·m}$$

（4）求 $M_E^L$、$M_E^R$。

$$M_E^L = \sum M_{ER}(F) = (28 + 20 \times 4 - 10 \times 4)\ \text{kN·m} = 68\ \text{kN·m}$$
$$M_E^R = \sum M_{ER}(F) = 20 \times 2 - 10 \times 4 = 0$$

结论：（1）将未知内力 $M$、$F_Q$ 设定为正方向，求出结果为正时，则为正内力；求出结果代数符号为负时，则为负内力。

（2）集中力和集中力偶作用点处的左、右截面，内力值和方向一般不再一致，称为突变。

### 4.2.3 简便法求内力

在学会利用平衡方程求解截面内力的基础上，可以将方程按照规律简化求解内力，使

计算简便。

在求剪力时，取左或右段隔离体建立投影方程，经过移项后可得 $F_Q = \sum F_{y左}$ 或 $F_Q = \sum F_{y右}$，即梁内任一截面上的剪力等于该截面一侧所有外力在垂直于轴线方向的投影的代数和，当外力对所求截面产生顺时针转动趋势时，代数符号为正，反之为负，可归纳为顺转剪力正。

在计算弯矩时，取对左或右段隔离体建立力矩方程，经过移项后可得 $M_{截面处} = \sum M_左$ 或 $M_{截面处} = \sum M_右$，即梁内任一横截面上的弯矩等于该截面一侧所有外力、力偶对该截面形心力矩的代数和，当外力矩使截面产生下凸弯曲变形时，代数符号为正，反之为负，可归纳为下凸弯矩正。

上述方法即为求内力的简易方法，计算时可以省去画受力图和列平衡方程从而使计算过程简化。

**思考题**

4.2-1　剪力和弯矩的正负号是怎样规定的？与静力平衡方程中力的投影和力矩的规定有什么不同？

4.2-2　截面法求剪力和弯矩的步骤是什么？

**练习题**

4.2　求图 4-9 所示各梁中指定截面上的剪力和弯矩值。

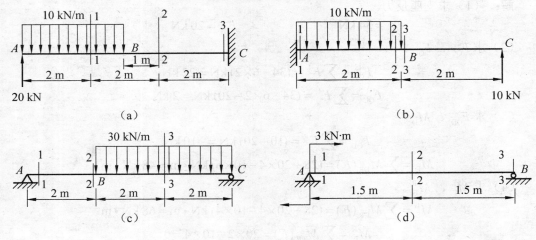

图 4-9

# 4.3　梁的内力图——剪力图与弯矩图

### 4.3.1　剪力图与弯矩图

由前节可知，在一般情况下，梁截面上的剪力和弯矩是随横截面位置 $x$ 而变化的，则梁横截面上的剪力和弯矩可以表示为坐标 $x$ 的函数，即 $F_Q = F_Q(x)$ 和 $M=(x)$ 这两个函数的方程，通常分别称为剪力方程和弯矩方程。

　　为了表明梁各横截面上剪力和弯矩沿梁长的变化情况，最明了的方法是绘出剪力图和弯矩图，即按选定的比例尺，以梁的左端为原点，以梁轴线向右方向为 $x$ 轴的正方向，正剪力绘在 $x$ 轴上面，负剪力绘在 $x$ 轴下面；正弯矩画在 $x$ 轴下面，负弯矩绘在 $x$ 轴上面，即弯矩图画在梁的受拉一侧以适应土建配钢筋的需要。

　　剪力图和弯矩图可以用来确定梁的剪力和弯矩的最大值，作为校核梁的强度的重要依据。此外在计算梁的变形时也要利用弯矩图或弯矩方程式。

　　例 4-3　悬臂梁 $AB$ 在自由端受到集中力 $\boldsymbol{F}$ 作用，如图 4-10（a）所示。试建立剪力方程、弯矩方程并由此绘出剪力图、弯矩图。

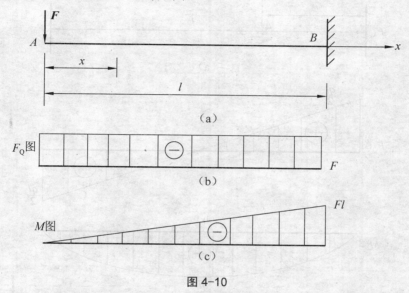

图 4-10

　　解：（1）建立坐标轴，建立剪力方程和弯矩方程，取图 4-10 所示。建立一平行于杆轴线的坐标轴，并在 $x$ 截面处截取左段为研究对象，由左段的静力平衡条件得，剪力方程和弯矩方程分别为

$$F_Q(x)=-F \qquad (0\leqslant x\leqslant l) \tag{a}$$

$$M(x)=-Fx \qquad (0\leqslant x\leqslant l) \tag{b}$$

　　（2）画剪力图（$F_Q$ 图）。式（a）表明梁各截面上的剪力均等于 $-F$，所以剪力图是一条位于 $x$ 轴（又称基线）下方并平行于 $x$ 轴的直线。然后在两端标明剪力值（包括单位）大小、正负号，画上垂直于 $x$ 轴的阴影线，如图 4-10（b）所示。

　　（3）画弯矩图（$M$ 图）。式（b）可知 $M(x)$ 为 $x$ 的一次函数，所以弯矩沿梁轴按直线规律变化。因此只需定出梁的任意两截面如 $A$ 和 $B$ 截面上的弯矩值，就可作出弯矩图。由式（b）可知，当 $x=0$ 时，$M_A=0$；当 $x=l$ 时，$M_B=-Fl$。

　　在 $x$ 轴的 $A$ 截面和 $B$ 截面的上方标出弯矩值的竖标，并用直线连接起来就得到弯矩图。同样在两端标明弯矩值（包括单位）大小、正负号，画上垂直于 $x$ 轴的阴影线，如图 4-10（c）所示。

　　例 4-4　受均匀分布线荷载 $q$ 作用下的简支梁如图 4-11（a）所示。试建立剪力方程和弯矩方程并绘出剪力图和弯矩图，并确定在何处有最大的弯矩值 $M_{max}$。

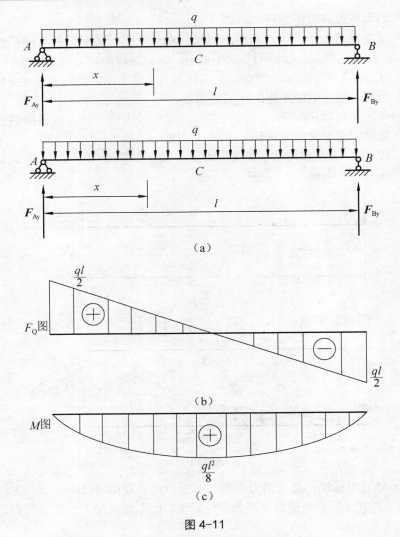

图 4-11

**解：**（1）建立坐标系，建立剪力方程和弯矩方程。由于对称，故支座反力 $F_{Ay} = F_{By} = \dfrac{ql}{2}(\uparrow)$。

取离 $A$ 端距离为 $x$ 处的截面的左段，简便法分别得剪力方程和弯矩方程为

$$F_Q(x) = F_{Ay} - qx = \frac{ql}{2} - qx \quad (0 \leqslant x \leqslant l) \tag{a}$$

$$M(x) = F_{Ay}x - qx \cdot \frac{x}{2} = \frac{ql}{2}x - \frac{q}{2}x^2 \quad (0 \leqslant x \leqslant l) \tag{b}$$

（2）画剪力图（$F_Q$ 图）。由式（a）可知 $F_Q(x)$ 是 $x$ 的一次函数，说明剪力图是一条直线。当 $x=0$ 时，$F_{Q_A} = F_Q(0) = \dfrac{ql}{2}$；当 $x=l$ 时，$F_Q(x) = F_Q(l) = -\dfrac{ql}{2}$。

由控制截面 $A$ 和 $B$ 的剪力值 $F_{Q_A}$ 和 $F_{Q_B}$ 就可画出一直线即为剪力图，如图 4-11（b）所示。由剪力图可知剪力最大值等于 $\dfrac{ql}{2}$，位于支座 $A$、$B$ 处。梁的跨中截面上剪力等于零。

（3）画弯矩图（$M$ 图）。由式（b）可知弯矩方程 $M(x)$ 是一个二次方程，说明弯矩图是一条二次曲线，要确定一条二次曲线至少需要有三个控制点。当 $x=0$ 时，$M_A = M(0) = 0$；当 $x=l$ 时，$M_B = M(l) = 0$；当 $x = \dfrac{l}{2}$ 时，$M_C = M\left(\dfrac{l}{2}\right) = \dfrac{ql^2}{8}$（梁跨中截面弯矩）。

由上述三个控制数值就可以画出二次曲线，它所包围的图形即为弯矩图，如图 4-11（c）所示。由图可见梁跨中截面 $C$ 上的弯矩值为最大：$M_C = M_{max} = \dfrac{ql^2}{8}$。对照剪力图得到这样一个结论：在剪力 $F_{Q_C} = 0$ 的截面上有最大的弯矩值。

例 4-5　简支梁 $AB$ 受一集中力偶 $M$ 作用，如图 4-12 所示，试建立剪力方程和弯矩方程并绘出剪力图和弯矩图。

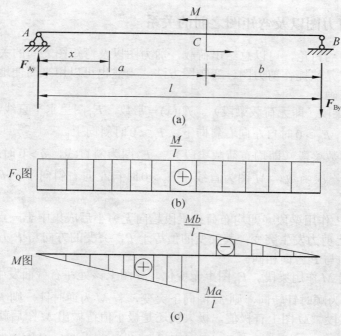

图 4-12

**解：**（1）计算支座反力。由 $\sum M_B = 0$ 和 $\sum M_A = 0$ 分别求出

$$F_{Ay} = \frac{M}{l} \qquad\qquad F_{By} = \frac{M}{l}$$

（2）建立坐标，建立剪力方程和弯矩方程。由于集中力偶 $M$ 处左右荷载不连续，所以力偶 $M$ 作用点 $C$ 处的左右截面的弯矩方程式不相同。应将它们分别写出。

$C$ 点左截面时，取 $AC$ 段

$$F_Q(x_1) = \frac{M}{l} \quad (0 \leqslant x_1 \leqslant a) \tag{a}$$

$$M(x_1) = \frac{Ma}{l} \quad (0 \leqslant x_1 \leqslant a) \quad （下部受拉） \tag{b}$$

$C$ 点右截面时，取 $CD$ 段

$$F_Q(x_2) = \frac{M}{l} \quad (a < x_2 < l) \tag{c}$$

$$M(x_2) = \frac{Mb}{l} \quad (a < x_1 \leqslant l) \tag{d}$$

（3）绘剪力图和弯矩图。由（a）、（c）两式可绘出剪力图，见图 4-12（b）。由（b）、（d）两式可绘出弯矩图，见图 4-12（c）。由图可见，剪力值沿杆长不变，而在集中力偶作用处的横截面上弯矩值为最大，当 $a > b$ 时，$M_{max} = \dfrac{Ma}{l}$；当 $a < b$ 时，$M_{max} = \dfrac{Mb}{l}$。

利用剪力方程和弯矩方程来绘制剪力图和弯矩图是一种基本方法。下面一节介绍利用剪力、弯矩与荷载集度三者之间的函数关系来绘制剪力图和弯矩图的方法，比较方便，在工程中常被采用。

### 4.3.2　荷载、剪力图以及弯矩图之间的关系

经过上节例题的讨论，可以总结出荷载、剪力图以及弯矩图之间的关系，用于作剪力图和弯矩图，这就是快捷作剪力图、弯矩图方法。当然也可以用来简便地校核所作的剪力图、弯矩图是否正确。

（1）$q(x) = 0$ 梁段（即无荷载梁段）。$F_Q(x) =$ 常数，$F_Q$ 图呈水平直线。$M(x)$ 为一次函数，$M$ 图为直线，$F_Q > 0$ 时自左向右斜向下，$F_Q < 0$ 时斜向上。

（2）$q(x) =$ 常数梁段（即均布荷载梁段）。$F_Q$ 图为斜直线，$q > 0$ 时斜向上，$q < 0$ 时斜向下。$M(x)$ 为一次函数，$M$ 图为直线，$F_Q > 0$ 时自左向右斜向下，$F_Q < 0$ 时自左向右斜向上。

（3）集中力 $P$ 作用梁段（即均布荷载梁段趋向无穷小后成集中于一点上的荷载）。集中力 $P$ 左右截面上剪力发生突变，其突变的值等于 $P$，突变的方向与 $P$ 方向相同。$M$ 图上该点有尖点，凸向与 $P$ 方向相同。

（4）集中力偶 $M$ 作用梁段。$F_Q$ 图上无变化。$M$ 图上该处左右截面发生突变，突变的值等于 $M$ 值。若 $M$ 为顺时针转向，则 $M$ 图向下突变，若 $M$ 为逆时针，则 $M$ 图向上突变。

（5）$F_Q = 0$ 梁段。$M$ 图上有极值，极大值还是极小值待做出 $M$ 图后就可知。

（6）结构对称时，若荷载也对称，则弯矩图对称，剪力图反对称；结构对称时，若荷载反对称，则弯矩图反对称，剪力图对称。

剪力图和弯矩图的特征见表 4-1。

表 4-1　剪力图和弯矩图的特征

| 梁上荷载情况 | 剪　力　图 | 弯　矩　图 |
| --- | --- | --- |
| 无荷载分布 $q(x) = 0$ | | |
|  | | |

续表

| 梁上荷载情况 | 剪力图 | 弯矩图 |
|---|---|---|
| 无荷载分布<br>$q(x)=0$ | 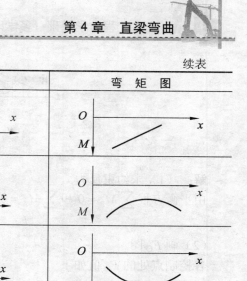 | |
| 均布荷载向上 | | |
| 均布荷载向下 | | |
| $F$ ↓ $C$ | | |
| $M$ $C$ | 剪力无变化 | |

注：剪力为零的地方弯矩有极值

## 4.3.3 控制截面法绘内力图

控制截面法绘制内力图就是采用截面法计算出构件特征点（外力突变）处的内力值，再根据内力图与荷载的特征连线绘出内力图，这种方法也是绘制内力图常用的方法，其关键在于准确找到并求出控制截面（特征点或外力突变）处内力值。控制点通常有构件的端点，支座处左右点，集中力处左右点，均布荷载的起点、中点和终点，集中力偶处左右点。

控制截面法绘制内力图的具体步骤如下：

（1）求支座反力。

（2）找控制截面，并用截面法求控制点内力。

（3）根据控制点内力值以及内力图特征绘制内力图。

例4-6 简支梁如图4-13所示，试用控制截面法作此梁的剪力图和弯矩图。

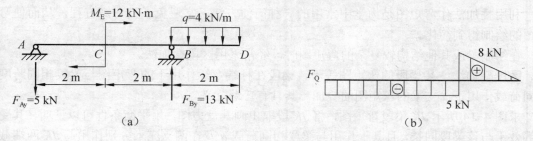

（a）　　　　　　　　　　　　　（b）

图4-13

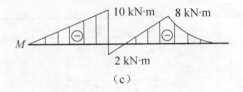

图 4-13（续）

**解：** （1）求约束反力。

由平衡方程 $\sum M_B=0$ 和 $\sum M_A=0$ 得

$$F_{Ay}=5\text{ kN} \qquad F_{By}=13\text{ kN}$$

（2）画 $F_Q$ 图。

各控制点处的 $F_Q$ 值如下

$$F_{QA\,右}=F_{QC\,左}=-5\text{ kN}$$

$$F_{QC\,右}=F_{QB\,左}=-13\text{ kN}-8\text{ kN}=-5\text{ kN}$$

$$F_{QB\,右}=8\text{ kN}$$

$$F_{QD\,左}=0$$

画出 $F_Q$ 图如图 4-13（b）所示，从图中容易确定 $F_Q=0$ 的截面位置。

（3）画 $M$ 图。

各控制点处的弯矩值如下

$$M_A=0$$

$$M_{C\,左}=-5\text{ kN}\times2\text{ m}=-10\text{ kN}\cdot\text{m}$$

$$M_{C\,右}=-5\text{ kN}\times2\text{ m}+12\text{ kN}\cdot\text{m}=2\text{ kN}\cdot\text{m}$$

$$M_{B\,左}=-5\text{ kN}\times4\text{ m}+12\text{ kN}\cdot\text{m}=-8\text{ kN}\cdot\text{m}$$

$$M_{B\,右}=-5\text{ kN}\times4\text{ m}+12\text{ kN}\cdot\text{m}=-8\text{ kN}\cdot\text{m}$$

$$M_D=0$$

画出弯矩图如图 4-13（c）所示。

### 4.3.4 叠加法作弯矩图

当梁受到多个荷载作用时，可以先分别画出各个荷载单独作用时的弯矩图，然后将各图形相应的竖标值叠加起来，即可得到原多个荷载共同作用下的弯矩图，这就是叠加法作弯矩图。

利用叠加法作弯矩图是力学中常用的一种简便方法。它避免了列弯矩方程，从而使弯矩图的绘制得到简化。

在绘制梁或其他结构较复杂的弯矩图时，经常采用区段叠加法。

区段叠加法：某梁段的弯矩图等于该梁段在杆端弯矩作用下的弯矩图与梁段相同跨度相同荷载作用下简支梁的弯矩图的叠加。其具有普遍意义。

求图 4-14 所示 JK 梁段弯矩图，将 JK 段取出画其受力图。用平衡条件可以证明，其受力等效于与该梁段同长，且其上作用与梁段相同荷载 $q$ 及在两支座上分别作用与 JK 两端截面弯矩相同的力偶 $M_J$ 和 $M_K$ 的简支梁。由于受力相同，简支梁的弯矩图与梁段弯矩图完全相同。

有了区段叠加法后，任一区段的弯矩图均可先将两端弯矩绘出（即 $M_J$、$M_K$），连一条虚线，然后叠加一相应简支梁仅受外荷载的弯矩图。

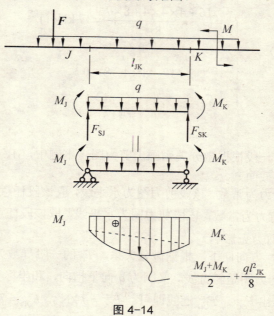

图 4-14

**例 4-7**　如图 4-15（a）所示简支梁，试作内力图。

**解：**（1）求支座反力。

由梁的整体平衡条件 $\sum M_F = 0$ 利用叠加的思路求支座反力。

$F_{Ay}$ 是梁上各力在支座 $A$ 引起的反力分量叠加而成的，取矩时凡力矩能在支座 $A$ 引起向上反力分量即为正力矩，反之为负。力矩之和除以跨度 $l$，即可得到 $F_{Ay}$。

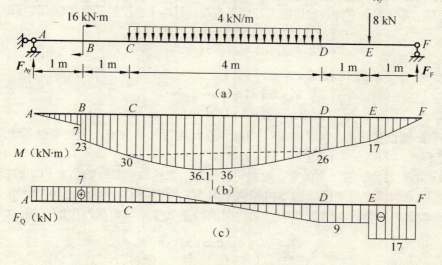

图 4-15

$$F_{Ay} = \frac{8 \times 1 + 4 \times 4 \times 4 - 16}{8} = 7\,\text{kN}(\uparrow)$$

同理，由 $\sum M_A = 0$

$$F_F = \frac{16 + 4 \times 4 \times 4 + 8 \times 7}{8} = 17\,\text{kN}(\uparrow)$$

由 $\sum y = 0$ （验算）

$$7 + 17 - 4 \times 4 - 8 = 0$$

由 $\sum x = 0$

$$F_{Ax} = 0$$

（2）画剪力图。

先分段，然后一段一段根据微分关系画出剪力图。本题中，$A$、$B$、$C$、$D$、$E$、$F$ 为各分段点（这些点为控制截面）。

$AB$ 段：无荷段，剪力为常数，该段剪力图为水平线，取该段任意截面可求得 $F_Q = 7\,\text{kN}$。

$BC$ 段：无荷段，剪力为常数，该段剪力图为水平线，取该段任意截面可求得 $F_Q = 7\,\text{kN}$（注意：集中力偶矩对剪力无影响）。

$CD$ 段：均布荷载，方向向下，根据微分关系，$F_Q$ 的一阶导数为 $q$，$q$ 为常数。可推知 $F_Q$ 是一次函数，此段剪力图是斜直线。又因为 $q$ 向下指向，和坐标正向相反，即 $q < 0$，此区段剪力递减。只需求出 $F_{QC}$、$F_{QD}$ 连线即可。$F_{QC} = 7\,\text{kN}$，$F_{QD} = 7 - 16 = -9\,\text{kN}$。

$DE$ 段：无荷段，$F_Q = -9\,\text{kN}$（水平线）。

$EF$ 段：无荷段，$F_Q = -17\,\text{kN}$（水平线）。

注意到有集中力作用的 $E$ 截面，剪力图有突变，突变的幅值为集中力的大小。

（3）画弯矩图（工程上惯例将弯矩画在杆件受拉侧，这样梁的弯矩坐标向下为正）。

分段点及控制面同剪力图。

$AB$ 段：因该段剪力为常数，由微分关系可知，该段弯矩为 $x$ 的一次函数，即为斜直线，且该段剪力为正号，弯矩在此段应为递增斜直线，只需求出控制截面弯矩值连线即可。

$$M_{AB} = 0$$
$$M_{BA} = 7 \times 1 = 7\,\text{kN} \cdot \text{m}$$

$BC$ 段：微分关系同于 $AB$ 段。

$$M_{BC} = 7 \times 1 + 16 = 23\,\text{kN} \cdot \text{m}$$
$$M_{CB} = 7 \times 2 + 16 = 30\,\text{kN} \cdot \text{m}$$

注意到 $B$ 截面作用有集中力偶矩，弯矩图在此截面发生突变，突变幅值等于集中力偶矩的大小。

$CD$ 段：由剪力为 $x$ 的一次函数，知弯矩为 $x$ 的二次函数，曲线的凸向和 $q$ 的指向相同。可用区段叠加法作弯矩图。先求出控制截面 $M_C = 30\,\text{kN} \cdot \text{m}$ 和 $M_D = 26\,\text{kN} \cdot \text{m}$，用虚线连接这两个截面弯矩值，在该段的中点加对应的简支梁作用均布荷产生的弯矩。

$$\frac{ql^2}{8} = \frac{1}{8} \times 4 \times 4^2 = 8\,\text{kN} \cdot \text{m}$$

故该段中点的弯矩值为 $36\,\text{kN} \cdot \text{m}$，然后用光滑二次曲线连成该段的弯矩图。

注意：区段承受均布荷载时，最大弯矩不一定在区段的中点处，由剪力为零不难求出

本例的最大弯矩为 $36.1\,\mathrm{kN \cdot m}$，与区段中点弯矩相差 0.28%。以后作承受均布荷载区段的弯矩图时，不一定要求最大弯矩，可通过区段中点的弯矩值来作弯矩图。

*DE* 段：由微分关系知，该段弯矩图为斜直线，且该段剪力为负号，弯矩在此段应为递减。

$$M_\mathrm{D} = 26\,\mathrm{kN \cdot m} \quad M_\mathrm{E} = 17 \times 1 = 17\,\mathrm{kN \cdot m} \quad (\text{用截面右侧外力可求})$$

连此直线。

*EF* 段：微分关系同 *DE* 段。

$$M_\mathrm{E} = 17\,\mathrm{kN \cdot m} \quad M_\mathrm{F} = 0$$

连此直线。

另外 *DE* 和 *EF* 两段也可合成一个区段，用区段叠加法作弯矩图。即将 $M_\mathrm{D} = 26\,\mathrm{kN \cdot m}$、$M_\mathrm{F} = 0$ 以虚线连接，以该虚线为基线，叠加上简支梁作用跨中集中力 8 kN 的弯矩图。叠加后区段中点即 *D* 截面弯矩正好等于 $17\,\mathrm{kN \cdot m}$。

另外，值得注意的是 *C*、*D* 两截面处无集中力作用，剪力在截面左右无突变，弯矩在截面左右斜率相同。即弯矩在 *C*、*D* 两截面处曲线应是光滑无转折的。

**例 4-8**　简支梁所受荷载如图 4-16（a）所示，试用叠加法作 *M* 图。

**解：**（1）荷载分解。

先将简支梁上的荷载分解成力偶和均布荷载单独作用在梁上，如图 4-16（b）、（c）所示。

（2）作分解荷载的弯矩图。

如图 4-16（e）、（f）所示。

（3）叠加作力偶和均布荷载共同作用下的弯矩图。

先作出图（e），以该图的斜直线为基线，叠加上图（f）中各处的相应纵坐标，得图 4-16（d）即为所求弯矩图。注意，弯矩图的叠加，不是两个图形的简单叠加，而是对应点处纵坐标的相加。

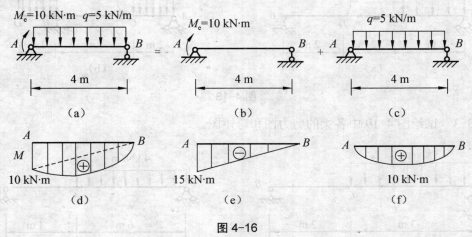

图 4-16

**思考题**

4.3-1　内力方程中自变量 *x* 的坐标原点一定在何处？

4.3-2 为什么不管用什么方法绘内力图，都必须要先分段？分段的依据是什么？

4.3-3 用截面法求梁中某截面内力时，其代数和中每一项的正负号怎样判断？

4.3-4 集中力和集中力偶处的剪力图和弯矩图各有什么特征？

4.3-5 荷载图、剪力图、弯矩图三者之间是什么关系？

4.3-6 如何确定弯矩图中的极值？极值是梁中的最大弯矩吗？

## 练习题

4.3-1 试绘图 4-17 所示各梁的剪力图和弯矩图。

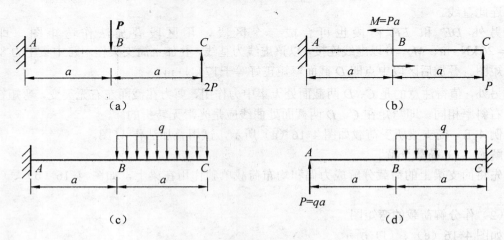

图 4-17

4.3-2 试用叠加法作图 4-18 示各梁的剪力图和弯矩图。

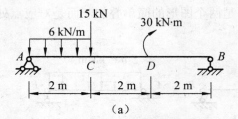

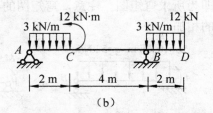

图 4-18

4.3-3 试绘图 4-19 中各梁的剪力图和弯矩图。

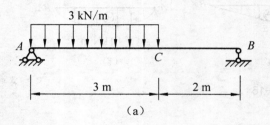

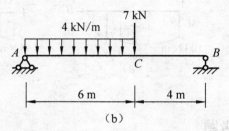

图 4-19

# 4.4　梁的应力及其强度条件

## 4.4.1　截面的几何性质

### 1. 静矩和形心

（1）静矩的概念。

平面图形如图 4-20 所示。假设其面积为 $A$，$y$ 轴和 $z$ 轴为图形所在平面内的坐标轴。在坐标为（$z$，$y$）处取微面积 $\mathrm{d}A$，将 $y\mathrm{d}A$、$z\mathrm{d}A$ 分别称为微面积 $\mathrm{d}A$ 对 $z$ 轴、$y$ 轴的静矩，整个平面图形对 $z$ 轴、$y$ 轴的静矩分别为：

$$S_z = \int_A y\mathrm{d}A \tag{4-1}$$

$$S_y = \int_A z\mathrm{d}A \tag{4-2}$$

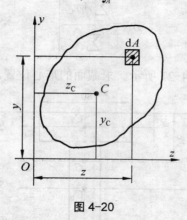

图 4-20

截面的静矩是对某一坐标轴而言的，同一截面对不同的坐标轴，其静矩不同。静矩的值可能为正，可能为负，也可能为零。

静矩的常用单位为 $\mathrm{cm}^3$ 或 $\mathrm{mm}^3$。

（2）静矩与形心坐标的关系。

如图 4-20 所示平面图形的形心坐标为（$z_C$，$y_C$），$y_C$ 和 $z_C$ 的计算公式直接给出如下

$$\left.\begin{array}{l} y_C = \dfrac{\int_A y\mathrm{d}A}{A} = \dfrac{S_z}{A} \\[3mm] z_C = \dfrac{\int_A z\mathrm{d}A}{A} = \dfrac{S_y}{A} \end{array}\right\} \tag{4-3}$$

由式（4-3）可知，若已知平面图形的形心坐标，则静矩可表示为

$$\left.\begin{array}{l} S_z = A y_C \\ S_y = A z_C \end{array}\right\} \tag{4-4}$$

由式（4-4）知，若平面图形对某一轴的静矩为零，则该轴必通过图形的形心；反之，若某一轴通过平面图形的形心，则平面图形对该轴的静矩为零。

当一个平面组合图形由若干个简单图形（如矩形、圆形等）组成时，组合图形对某一轴的静矩等于各简单图形对同一轴静矩的代数和，即

$$\left.\begin{array}{l} S_z = \sum_{i=1}^{n} S_{zi} = \sum_{i=1}^{n} A_i y_{C_i} \\[3mm] S_y = \sum_{i=1}^{n} S_{yi} = \sum_{i=1}^{n} A_i z_{C_i} \end{array}\right\} \qquad (4\text{-}5)$$

式（4-5）中，$S_{zi}$、$S_{yi}$ 分别表示各简单图形对 $z$ 轴和 $y$ 轴的静矩；$A_i$、$y_{C_i}$、$z_{C_i}$ 分别表示各简单图形的面积和形心坐标。利用式（4-3），可得组合图形的形心坐标公式为

$$\left.\begin{array}{l} z_C = \dfrac{\sum\limits_{i=1}^{n} A_i z_{C_i}}{\sum\limits_{i=1}^{n} A_i} \\[6mm] y_C = \dfrac{\sum\limits_{i=1}^{n} A_i y_{C_i}}{\sum\limits_{i=1}^{n} A_i} \end{array}\right\} \qquad (4\text{-}6)$$

**例4-9**　T 形截面，如图 4-21 所示。求截面的形心位置。

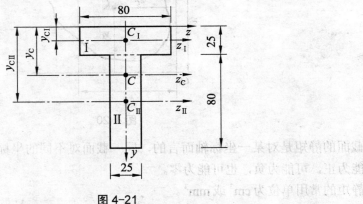

图 4-21

**解：**由于 T 形截面关于 $y$ 轴对称，形心必在 $y$ 轴上，因此 $z_C = 0$，只需计算 $y_C$。

T 形截面可看作由矩形 I 和矩形 II 组成，$C_I$、$C_{II}$ 分别为两矩形的形心。两矩形的截面面积和形心纵坐标分别为

$$A_I = A_{II} = 25 \text{ mm} \times 80 \text{ mm} = 2\,000 \text{ mm}^2$$

$$y_{C_I} = 12.5 \text{ mm} \qquad y_{C_{II}} = 65 \text{ mm}$$

由式（4-6）得

$$y_C = \frac{\sum A_i y_{C_i}}{\sum A_i} = \frac{A_I y_{C_I} + A_{II} y_{C_{II}}}{A_I + A_{II}} = \frac{2\,000 \text{ mm}^2 \times 12.5 \text{ mm} + 2\,000 \text{ mm}^2 \times 65 \text{ mm}}{2\,000 \text{ mm}^2 + 2\,000 \text{ mm}^2} = 38.75 \text{ mm}$$

故截面形心坐标（$z_C$，$y_C$）=（0，38.75）。

2. 惯性矩、惯性积、惯性半径

（1）惯性矩。

如图 4-35 所示平面图形，将 $y^2\mathrm{d}A$、$z^2\mathrm{d}A$ 分别称为微面积 $\mathrm{d}A$ 对 $z$ 轴、$y$ 轴的惯性矩，整个平面图形对 $z$ 轴、$y$ 轴的惯性矩分别为

$$I_z = \int_A y^2 \mathrm{d}A \qquad\qquad (4\text{-}7)$$

$$I_z = \int_A z^2 \mathrm{d}A \qquad\qquad (4\text{-}8)$$

截面对任一轴的惯性矩恒为正值，其常用单位为 $\mathrm{mm}^4$ 和 $\mathrm{cm}^4$。

常见简单截面的惯性矩如下所述。

矩形截面，如图 4-22 所示。计算其对形心轴 $z$ 轴的惯性矩时，可取宽为 $b$，高为 $\mathrm{d}y$ 的狭长条为微面积 $\mathrm{d}A = b\mathrm{d}y$。则由惯性矩定义得

$$I_z = \int_A y^2 \mathrm{d}A = \int_{-\frac{h}{2}}^{\frac{h}{2}} y^2 b \mathrm{d}y = \frac{bh^3}{12}$$

同理可得

$$I_y = \frac{hb^3}{12}$$

其他简单图形，如圆形、圆环形截面对其形心轴的惯性矩均可通过积分的方法计算，其结果列于表 4-2。型钢截面的几何性质可查型钢表。

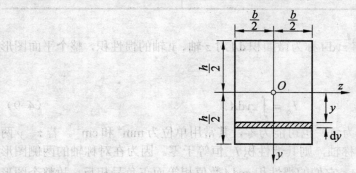

图 4-22

表 4-2 　常见简单截面的惯性矩与惯性半径

| 截面 | 惯性矩 | 惯性半径 |
| --- | --- | --- |
| 矩形 | $I_z = \dfrac{bh^3}{12}$　　$I_y = \dfrac{hb^3}{12}$ | $i_z = \dfrac{h}{2\sqrt{3}}$　　$i_y = \dfrac{b}{2\sqrt{3}}$ |

续表

| 截面 | 惯性矩 | 惯性半径 |
|---|---|---|
| 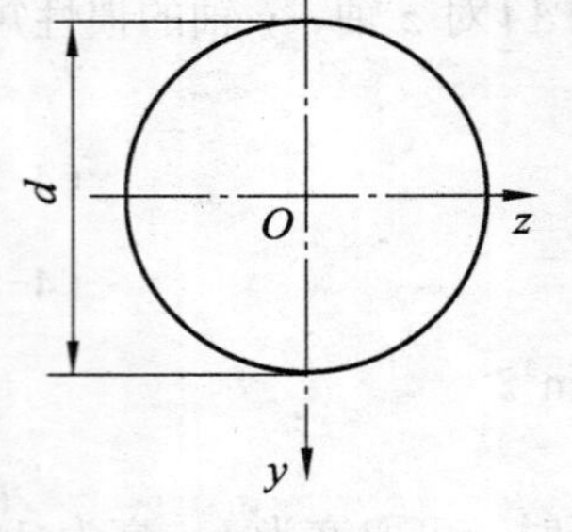 <br><br>圆形 | $I_z = I_y = \dfrac{\pi d^4}{64}$ | $i_z = i_y = \dfrac{d}{4}$ |
| 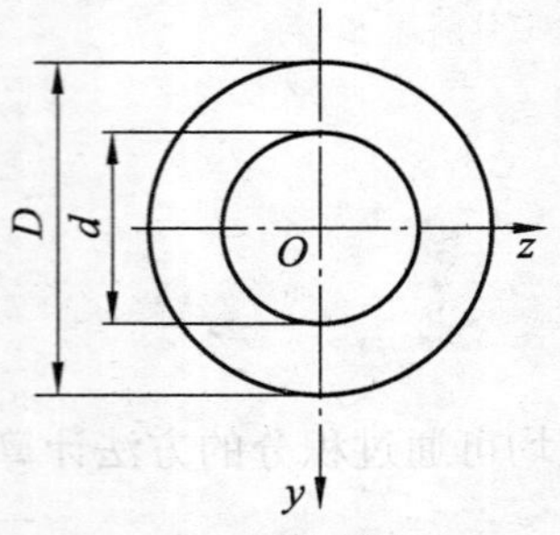 <br><br>圆环形 | $I_z = I_y = \dfrac{\pi D^4(1-a^4)}{64}$<br><br>$\left(a = \dfrac{d}{D}\right)$ | $i_z = i_y = \dfrac{D}{4}\sqrt{1+a^2}$<br><br>$\left(a = \dfrac{d}{D}\right)$ |

（2）惯性积。

如图 4-20 所示平面图形，将 $zy\mathrm{d}A$ 称为微面积 $\mathrm{d}A$ 对 $z$ 轴、$y$ 轴的惯性积，整个平面图形对 $z$ 轴、$y$ 轴的惯性积为

$$I_{zy} = \int_A zy\mathrm{d}A \tag{4-9}$$

惯性积的值可能为正，可能为负，也可能为零，其常用单位为 $mm^4$ 和 $cm^4$。若 $z$、$y$ 两坐标轴中有一个为平面图形的对称轴，则其惯性积 $I_{zy}$ 恒等于零。因为在对称轴的两侧图形上总能找到位置对称的微面积 $\mathrm{d}A$，它们的惯性积 $zy\mathrm{d}A$ 数值相等而正负号相反，故整个图形的惯性积 $I_{zy} = \int_A zy\mathrm{d}A$ 必等于零。

（3）惯性半径。

工程中常把惯性矩表示为平面图形的面积与某一长度平方的乘积，即

$$I_y = Ai_y^2 \qquad I_z = Ai_z^2 \tag{4-10}$$

式中，$i_y$、$i_z$ 分别称为平面图形对 $y$ 轴和 $z$ 轴的惯性半径，其常用单位为 cm、mm。

当平面图形的面积 $A$ 和惯性矩 $I_y$、$I_z$ 已知时，惯性半径即可从下式求得

$$i_y = \sqrt{\frac{I_y}{A}} \qquad i_z = \sqrt{\frac{I_z}{A}} \tag{4-11}$$

常用平面图形的惯性半径列于表 4-2。

3. 组合图形的惯性矩

（1）平行移轴公式。

同一平面图形对不同坐标轴的惯性矩是不同的。在工程计算中，常常通过平面图形对形心轴的惯性矩推算出该图形对与其形心轴平行的其他轴的惯性矩。

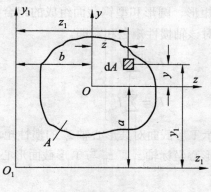

图 4-23

任意平面图形，如图 4-23 所示。其形心在 $O$ 点，$z$ 轴与 $y$ 轴为形心轴。$z_1$ 轴、$y_1$ 轴是分别与 $z$ 轴、$y$ 轴平行的轴，$a$ 与 $b$ 分别为两对平行轴的间距。其上任一微面积 $dA$ 在 $yOz$ 坐标系中的坐标为（$z$，$y$），而在 $y_1 O_1 z_1$ 坐标系中的坐标为（$z_1$，$y_1$），显然有

$$\left.\begin{array}{c} y_1 = y + a \\ z_1 = z + b \end{array}\right\} \tag{a}$$

按照定义，平面图形对形心轴 $z$ 与 $y$ 的惯性矩分别为

$$\left.\begin{array}{c} I_z = \int_A y^2 dA \\ I_y = \int_A z^2 dA \end{array}\right\} \tag{b}$$

平面图形对 $z_1$ 轴、$y_1$ 轴的惯性矩分别为

$$\left.\begin{array}{c} I_{z_1} = \int_A y_1^2 dA \\ I_{y_1} = \int_A z_1^2 dA \end{array}\right\} \tag{c}$$

将式（a）中的第一式代入式（c）的第一式，展开可得

$$I_{z_1} = \int_A (y+a)^2 dA = \int_A (y^2 + 2ya + a^2) dA$$
$$= \int_A y^2 dA + 2a \int_A y dA + a^2 \int_A dA$$

上式中的第一项 $\int_A y^2 dA$ 是平面图形对形心轴 $z$ 的惯性矩 $I_z$；第二项中的 $\int_A y dA$ 是图形对 $z$ 轴的静矩 $S_z$，由于 $z$ 轴是形心轴，所以 $S_z = \int_A y dA = 0$，即式中的第二项为零；第三项中的 $\int_A dA$ 是截面面积 $A$，故有

$$I_{z_1} = I_z + a^2 A \tag{4-12}$$

同理

$$I_{y_1} = I_y + b^2 A \qquad (4\text{-}13)$$

式（4-12）与式（4-13）称为惯性矩的平行移轴公式。使用该公式时，应注意 $I_z$、$I_y$ 是平面图形对其形心轴的惯性矩。

（2）组合图形的惯性矩。

工程实际中常会遇到由矩形、圆形和型钢截面组成的组合截面，组合截面图形对某一轴的惯性矩等于各简单图形对该轴惯性矩之和。即

$$\left.\begin{array}{l} I_z = \sum\limits_{i=1}^{n} I_{zi} \\[2mm] I_y = \sum\limits_{i=1}^{n} I_{yi} \end{array}\right\} \qquad (4\text{-}14)$$

**例 4-10** 求图 4-24 所示 T 形截面对其形心轴 $z_C$ 的惯性矩。

**解：** 设 I、II 两矩形的形心坐标轴 $z_I$、$z_{II}$ 与 T 形截面形心坐标轴 $z_C$ 的间距分别为 $a_I$、$a_{II}$。因此可得

$$a_{II} = 50 - 30 = 20 \text{ mm}$$

I、II 两矩形截面对 $z_C$ 轴的惯性矩，由平行移轴公式（4-12）得

$$I_{z_C\text{-}I} = I_{z_I\text{-}I} + a_I{}^2 A_I = \frac{60 \times 20^3}{12} + 20^2 \times 20 \times 60 = 52 \times 10^4 \text{ mm}^4$$

$$I_{z_C\text{-}II} = I_{z_{II}\text{-}II} + a_{II}{}^2 A_{II} = \frac{20 \times 60^3}{12} + 20^2 \times 20 \times 60 = 84 \times 10^4 \text{ mm}^4$$

T 形截面对形心轴 $z_C$ 的惯性矩由公式（4-14）得

$$I_{z_C} = I_{z_C\text{-}I} + I_{z_C\text{-}II} = 52 \times 10^4 + 84 \times 10^4 \text{ mm}^4 = 136 \text{ cm}^4$$

**例 4-11** 求图 4-25 所示工字形截面对其形心轴 $z$ 的惯性矩 $I_z$。

**解：** 工字形截面的形心轴 $z$ 也是面积为 $40 \times 80$ mm$^2$ 的大矩形及 I、II 两个小矩形的形心轴，故

$$I_{z_C} = I_z = \frac{40 \times 80^3}{12} - \frac{(40-10) \times 60^3}{12} = 116.7 \times 10^4 \text{ mm}^4$$

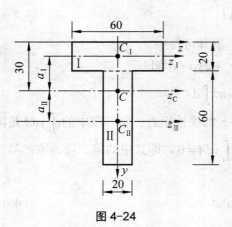

图 4-24

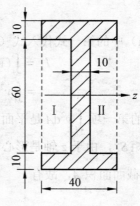

图 4-25

## 4.4.2　对称截面上的正应力

在上一节讨论了梁的内力计算及内力图的绘制。要解决梁的强度问题，还需要研究梁横截面上的应力问题。在一般情况下，梁的横截面上既有弯矩又有剪力，而在横截面上只有法向的微内力 $dM = \sigma dA \times y$ 能组成弯矩，同样在横截面上只有切向的微内力才能组成剪力，所以在梁的横截面上一般是既有正应力 $\sigma$ 又有剪应力 $\tau$。本节主要研究等直梁在平面弯曲时，横截面上这两种应力的计算以及强度计算问题。

图 4-26 所示一简支梁，在梁的 AC、BD 段的各横截面上既有剪力又有弯矩，这种弯曲称为横力弯曲（或剪切弯曲），在梁的 CD 段内，各横截面上只有弯矩，没有剪力，这种弯曲称为纯弯曲。为了便于研究，下面先对矩形截面梁纯弯曲时横截面上的正应力进行分析讨论。

### 1. 矩形截面梁纯弯曲的试验现象和假设

梁弯曲时，正应力在横截面上的分布规律不能直接观察到，因此需要研究梁的变形情况。为了观察纯弯曲梁的变形情况，先在矩形截面梁的表面画一系列与轴线平行的纵线和与轴线垂直的横向线，构成许多小矩形（图 4-26（d））。然后在梁的两端各施加一个力偶矩为 M 的外力偶，将外力偶加在梁的纵向对称面使梁发生纯弯曲（图 4-26（e））。这时，可以观察到下列现象：

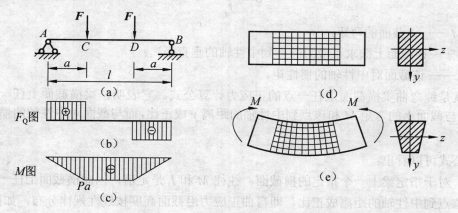

**图 4-26**

（1）所有纵向线都弯成曲线，靠近底面的纵向线伸长了，而靠近顶面的纵向线缩短了。

（2）所有的横向线仍保持为直线，只是相对倾斜了一个角度，但仍垂直于弯成曲线的纵轴。

（3）矩形截面的上部变宽了，下部变窄了。

根据上面观察的表面现象，推测梁的内部变形，作出如下的假设和推断：

（1）平面假设。在纯弯曲时，梁变形前横截面是平面，变形后仍保持为平面，且垂直于弯曲后的梁轴线。

（2）单向受力假设：将梁看成由无数纵向纤维组成，假设各纤维只受到轴向拉伸或压缩，相互之间没有挤压。

从试验现象可知，上部的纤维被压短，下部的纤维被拉长。可见在伸长与缩短之间，必有一层纤维既不伸长也不缩短，这一层纤维称为中性层，中性层与横截面的交线称为中性轴（图4-27）。

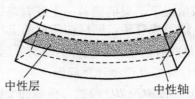

中性层　　　　　　　中性轴

**图 4-27**

根据平面假设可知，纵向纤维的伸长和缩短是由于横截面绕中性轴转动的结果。这样，弯曲变形的特点可归结为各横截面绕中性轴转动，在横截面的同一高度处，梁的纵向纤维的伸长或缩短是相等的，与它在横截面宽度上的位置无关。

2. 纯弯曲梁的正应力

梁的正应力计算公式可以从变形的几何关系、物理关系和静力学关系三方面来推导出（推导过程略）

$$\sigma = \frac{My}{I_z} \tag{4-15}$$

式中　　$M$——该截面的弯矩；

　　　　$y$——该截面上欲求正应力的点到中性轴的垂直距离；

　　　　$I_z$——该截面对中性轴的惯性矩。

这就是纯弯曲梁横截面上任一点的正应力计算公式。它表明：梁横截面上任一点的正应力 $\sigma$，与截面上的弯矩 $M$ 和该点到中性轴的距离 $y$ 成正比，而与截面对中性轴的惯性矩 $I_z$ 成反比。

从公式可以看出：

（1）对于指定梁上一个指定的横截面，往往 $M$ 和 $I_z$ 是定值，因此横截面上任一点的正应力与该点到中性轴的距离成正比，即弯曲正应力沿截面高度按线性规律分布，如图 4-28 所示。

（2）梁横截面上至中性轴等距离处各点的正应力都相等，如图 4-28 所示。

（3）由胡克定律 $\sigma = E\varepsilon \Rightarrow \varepsilon = \dfrac{\sigma}{E}$，因此横截面上任一点的纵向线应变与该点到中性轴的距离成正比。

在计算正应力时，可以代入含正负号的 $M$、$y$ 值，结果为正值时是拉应力，反之为压应力。也可将 $M$ 和 $y$ 均以绝对值代入公式，正应力的正负号（拉或压应力）直接由梁的变形来判断。以中性层为界，梁变形后凸出边的正应力为拉应力取正值，凹入边的正应力为压应力取负值（图 4-28）。在工程中，一般都按梁的变形来判断梁横截面上正应力的正负号。

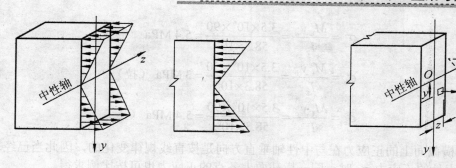

图 4-28

**例 4-12** 简支梁受均布荷载 $q$ 作用，如图 4-29 所示。已知 $q=3.5\,\text{kN/m}$，梁的跨度 $l=3\,\text{m}$，截面为矩形，$b=120\,\text{mm}$，$h=180\,\text{mm}$。试求：

（1）截面 $C$ 上 $a$、$b$、$c$ 三点处的正应力。

（2）梁的最大正应力，并说明最大拉应力和最大压应力分别发生在何处。

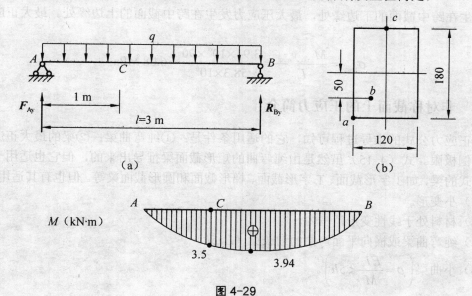

图 4-29

**解：** （1）求支座反力。

因对称

$$F_{\text{Ay}}=R_{\text{By}}=\frac{ql}{2}=\frac{3.5\times3}{2}=5.25\,\text{kN}(\uparrow)$$

计算 $C$ 截面的弯矩

$$M_{\text{C}}=F_{\text{Ay}}\times1-\frac{qx^2}{2}=5.25\times1-\frac{3.5\times1^2}{2}=3.5\,\text{kN}\cdot\text{m}$$

计算截面对中性轴 $z$ 的惯性矩

$$I_z=\frac{bh^3}{12}=\frac{120\times180^3}{12}=58.3\times10^6\,\text{mm}^4$$

按式（4-15）计算各点的正应力

$$\sigma_a = \frac{M_C y_a}{I_z} = \frac{3.5 \times 10^6 \times 90}{58.3 \times 10^6} = 5.4 \, \text{MPa} \quad (\text{拉})$$

$$\sigma_b = \frac{M_C y_b}{I_z} = \frac{3.5 \times 10^6 \times 50}{58.3 \times 10^6} = 3 \, \text{MPa} \quad (\text{拉})$$

$$\sigma_c = \frac{M_C y_c}{I_z} = \frac{3.5 \times 10^6 \times 90}{58.3 \times 10^6} = 5.4 \, \text{MPa} \quad (\text{压})$$

注意到横截面上的正应力在与中性轴垂直方向是按直线规律变化的，因此当已经求得横截面上 $a$ 点处的正应力 $\sigma_a$ 时，同一横截面上各点的正应力也可按比例求得。

（2）作出弯矩图。

由图 4-29 可知，最大弯矩发生在跨中截面，其值

$$M_{\text{max}} = \frac{ql^2}{8} = \frac{1}{8} \times 3.5 \times 3^2 = 3.94 \, \text{kN} \cdot \text{m}$$

梁的最大正应力发生在 $M_{\text{max}}$ 截面的上、下边缘处。由梁的变形情况可以判定，最大拉应力发生在跨中截面的下边缘处，最大压应力发生在跨中截面的上边缘处。最大正应力的值为

$$\sigma_{\text{max}} = \frac{M_{\text{max}} y_{\text{max}}}{I_z} = \frac{3.94 \times 10^6 \times 90}{58.3 \times 10^6} = 6.08 \, \text{MPa}$$

## *4.4.3　非对称截面上的正应力简介

由正应力公式的推导过程可知，它的适用条件是：①纯弯曲梁；②梁的最大正应力不超过比例极限。式（4-15）虽然是由纯弯曲的矩形截面梁推导出来的，但它也适用于其他截面形式的梁，如工字形截面、T 字形截面、梯形截面和圆形截面梁等。但也有其适用条件：

（1）小变形。

（2）材料处于线性变形范围内。

（3）纯弯曲梁或横向平面弯曲的细长梁（$L > 5h$）。

（4）小曲梁 $\left( \rho = \frac{EI_z}{M} < 5h \right)$。

## 4.4.4　切应力简介

在一般情况下，梁横截面上的内力既有弯矩又有剪力。因此，梁的横截面上除有因弯矩引起的正应力外，还有由剪力引起的切应力。本节将讨论梁横截面上的切应力。

1. 矩形截面梁的切应力

梁横截面上的剪力 $F_Q$ 是由该截面上微剪力 $\tau \mathrm{d}A$ 所组成的（图 4-30）。对于高度 $h$ 大于宽度 $b$ 的矩形截面梁，经过理论分析，可得出横截面上切应力的结论如下所述。

（1）横截面上各点处的切应力 $\tau$ 的方向都与剪力 $F_Q$ 的方向一致。

（2）梁横截面上至中性轴等距离处各点的切应力都相等。

（3）横截面上任一点处的剪应力计算公式（推导略）为

$$\tau = \frac{F_Q S_z^*}{I_z b} \tag{4-16}$$

式中　$F_Q$——横截面上的剪力；

$S_z^*$——以横截面上需求切应力点处的水平线为界线，远离中心轴部分的面积 $A^*$（如图 4-32）对中性轴的静矩；

$I_z$——整个横截面对中性轴的惯性矩；

$b$——欲求切应力点处横截面的宽度。

计算时，由于 $\tau$ 的方向是已知的，所以 $F_Q$ 与 $S_z^*$ 可用绝对值代入公式，求得切应力 $\tau$ 的大小。

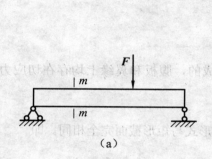

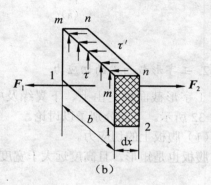

图 4-30

（4）切应力沿截面高度的分布按二次抛物线规律分布。

设矩形截面上某点 $K$（图 4-31）至中性轴的距离为 $y$，$K$ 点水平线以下面积 $A^*$ 对中性轴的静矩为

$$S_z^* = A^* y_C = b\left(\frac{h}{2} - y\right)\left[y + \frac{1}{2}\left(\frac{h}{2} - y\right)\right] = \frac{bh^2}{8}\left(1 - \frac{4y^2}{h^2}\right)$$

式中　$y_C$——面积 $A^*$ 的形心坐标。

又

$$I_z = \frac{bh^3}{12}$$

将 $S_z^*$ 和 $I_z$ 代入式（4-16），得

$$\tau = \frac{3F_Q}{2bh}\left(1 - \frac{4y^2}{h^2}\right)$$

上式表明矩形截面梁上的切应力沿截面高度按二次抛物线规律分布（图 4-31（b））。在截面的上、下边缘处，切应力为零；在中性轴处，切应力最大，最大为

$$\tau = \frac{3F_Q}{2bh} = \frac{3}{2}\frac{F_Q}{A}$$

式中的 $\frac{F_Q}{A}$ 是截面上的平均切应力。由此可知，矩形截面梁横截面上的最大切应力发生在中性轴上，其值为平均切应力的 1.5 倍。

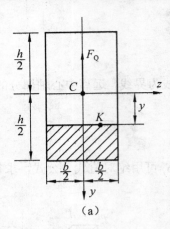
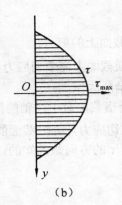

图 4-31

### 2. 工字形截面梁的切应力

工字形截面梁是由上、下翼缘及中间腹板组成的，腹板和翼缘上均存在切应力，如图 4-32 所示。下面分别予以讨论。

（1）腹板上的切应力。

腹板也是矩形，且高度远大于宽度，其公式的形式与矩形截面完全相同。即

$$\tau = \frac{F_Q S_z^*}{I_z b_1}$$

式中　　$F_Q$——横截面上的剪力；

　　　$I_z$——工字形截面对中性轴的惯性矩；

　　　$S_z^*$——欲求应力点到截面边缘间的面积 $A^*$（图 4-32（b）中的阴影面积）对中性轴的静矩；

　　　$b_1$——腹板的厚度（不是翼缘的宽度 $b$）。

对于型钢，$\dfrac{I_z}{S_{z\max}^*}$ 可以从型钢表中查得。

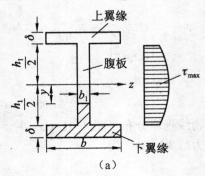
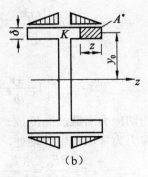
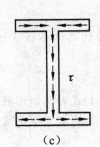

图 4-32

切应力沿腹板的分布规律如图 4-32（a）所示，仍是按抛物线规律分布，最大切应力 $\tau_{\max}$ 仍发生在截面的中性轴上。从图 4-32（a）中可看到，腹板上的最大切应力与最小切应力相

差不大，可近似地认为腹板上的切应力为均匀分布。

　　腹板所承受的剪力一般都占整个截面上剪力的很大部分，所以在工字形截面中，腹板主要承担截面上的剪力，而翼缘主要承担截面上的弯矩。

　　（2）翼缘上的切应力。

　　翼缘上切应力的情况比较复杂，既存在竖向切应力（分量），又存在水平切应力（分量）。其中竖向切应力很小，分布情况又很复杂，所以一般均不予考虑。这里只介绍水平切应力的计算方法及其方向的判定。

　　翼缘上的水平切应力可认为沿翼缘厚度是均匀分布的，其计算公式仍与矩形截面的切应力的形式相同，即

$$\tau_{水平} = \frac{F_Q S_z^*}{I_z \delta}$$

式中　　$F_Q$——截面上的剪力；

　　　　$I_z$——工字形截面对中性轴的惯性矩；

　　　　$S_z^*$——欲求应力点到翼缘边缘的面积 $A^*$（图 4-32（b）中的阴影面积）对中性轴的静矩；

　　　　$\delta$——翼缘的厚度。

　　由该式可知，对一定的截面来说，$F_Q$、$I_z$、$\delta$ 均为常量，所以 $\tau_{水平}$ 沿水平方向呈直线规律分布（图 4-32（b））。

　　翼缘上水平切应力的方向与腹板上竖向切应力的方向之间存在着一定的规律，该规律称为"剪应力流"，即截面上剪应力的方向就像水管中主干管与支管的水流方向一样。

　　例如，当知道腹板（相当于主干管）上的剪应力方向为向下时，则上、下翼缘（相当于支管）上的剪应力方向将如图 4-32（c）所示。因而，只要知道腹板上的竖向剪应力的方向，则翼缘上水平剪应力的方向很容易定出。

　　对所有开口薄壁截面，横截面的切应力方向均符合"剪应力流"的规律（见图 4-33）。

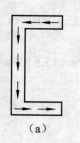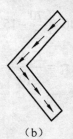

（a）　　　　　　　　　　　　　　　　（b）

图 4-33

　　**例 4-13**　一简支梁如图 4-34（a）所示，矩形截面梁的横截面尺寸如图 4-34（b）所示。集中力 $F=88$ kN，试求 1—1 截面上的最大切应力以及 $a$、$b$ 两点的切应力。

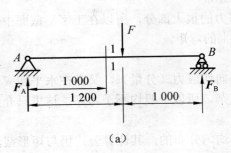
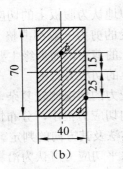

（a）　　　　　　　　　　　（b）

图 4-34

**解：** 支反力 $F_A$、$F_B$ 分别为 $F_A=40$ kN，$F_B=48$ kN。

1—1 截面上的剪力

$$F_{Q1}=F_A=40 \text{ kN}$$

截面对中性轴的惯性矩

$$I_z = \frac{40 \times 70^3}{12} \times (10^{-3})^4 \text{m}^4 = 1.143 \times 10^{-6} \text{ m}^4$$

截面上的最大切应力

$$\tau_{max} = \frac{3}{2} \frac{F_{Q1}}{A} = \frac{3 \times 40 \times 10^3}{2 \times 40 \times 70 \times 10^{-6}} \text{Pa} = 21.4 \text{ MPa}$$

$a$ 点的切应力

$$S_z^* = A_a y_a = 40 \times \left(\frac{70}{2} - 25\right) \times 10^{-6} \times \left[25 + \frac{1}{2} \times \left(\frac{70}{2} - 25\right)\right] \times 10^{-3} \text{m}^3 = 1.2 \times 10^{-5} \text{ m}^3$$

$$\tau_a = \frac{F_{Q1} S_z^*}{I_z b} = \frac{40 \times 10^3 \times 1.2 \times 10^{-5}}{1.143 \times 10^{-6} \times 40 \times 10^{-3}} \text{Pa} = 10.5 \text{ MPa}$$

$b$ 点的切应力

$$S_z^* = A_b y_b = 40 \times \left(\frac{70}{2} - 15\right) \times 10^{-6} \times \left[15 + \frac{1}{2} \times \left(\frac{70}{2} - 15\right)\right] \times 10^{-3} \text{m}^3 = 2 \times 10^{-5} \text{ m}^3$$

$$\tau_b = \frac{F_{Q1} S_z^*}{I_z b} = \frac{40 \times 10^3 \times 2 \times 10^{-5}}{1.143 \times 10^{-6} \times 40 \times 10^{-3}} \text{Pa} = 17.5 \text{ MPa}$$

### 4.4.5　强度条件

**1. 最大正应力**

在强度计算时，必须算出最大正应力，产生最大正应力的截面称为危险截面。对于等直梁，弯矩最大的截面就是危险截面。危险截面上的最大应力点称为危险点，它发生在距中性轴最远的上、下边缘处。

对于中性轴是截面对称轴的梁，最大正应力值为

$$\sigma_{max} = \frac{M_{max} y_{max}}{I_z} \qquad\qquad (4-17)$$

令 $W_z = \dfrac{I_z}{y_{max}}$，则

$$\sigma_{max} = \frac{M_{max}}{W_z}$$

式中 $W_z$ 称为抗弯截面模量或抗弯截面系数，它是一个与截面形状和尺寸有关的量。常用单位是 $m^3$ 或者 $mm^3$。

对高为 $h$、宽为 $b$ 的矩形截面，其抗弯截面模量为

$$W_z = \frac{I_z}{y_{max}} = \frac{\dfrac{bh^3}{12}}{\dfrac{h}{2}} = \frac{bh^2}{6}$$

对直径为 $d$ 的圆形截面，其抗弯截面模量为

$$W_z = \frac{I_z}{y_{max}} = \frac{\dfrac{\pi d^4}{64}}{\dfrac{d}{2}} = \frac{\pi d^3}{32}$$

各种型钢截面的抗弯截面系数可从附录一型钢规格表中查得。

对于中性轴不是截面对称轴的梁，例如图 4-35 所示的 T 形截面梁，对任意一个确定的横截面而言，在正弯矩 $M$ 作用下，梁下边缘处产生最大拉应力，上边缘处产生最大压应力，其值分别为

$$(\sigma_+)_{max} = \frac{My_1}{I_z} \qquad (\sigma_-)_{max} = \frac{My_2}{I_z}$$

令 $W_1 = \dfrac{I_z}{y_1}$、$W_2 = \dfrac{I_z}{y_2}$，则有

$$(\sigma_+)_{max} = \frac{M}{W_1} \qquad (\sigma_-)_{max} = \frac{M}{W_2}$$

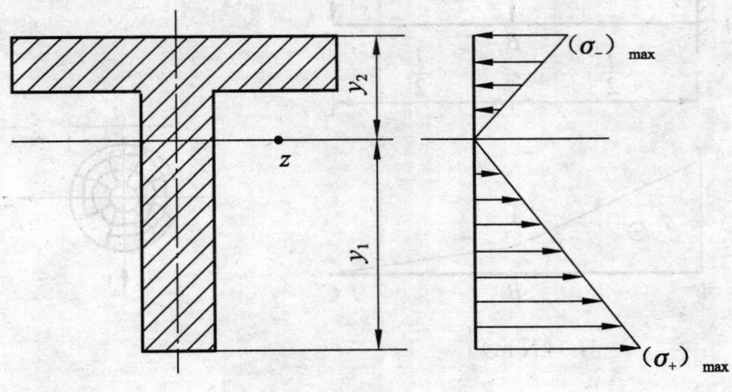

图 4-35

2. 正应力强度条件

为保证梁能正常地工作并有一定的安全储备，梁的最大正应力不能超过材料在弯曲时的许用应力 $[\sigma]$，这就是梁的正应力强度条件。分两种情况表达如下。

（1）材料的抗拉和抗压能力相同，中性轴是横截面对称轴的正应力强度条件

$$\sigma_{max} = \frac{M_{max}}{W_z} \leqslant [\sigma] \qquad (4\text{-}18)$$

（2）材料的抗拉和抗压能力不同，中性轴往往也不是对称轴时的正应力强度条件

$$\left.\begin{array}{l} (\sigma_+)_{max} \leqslant [\sigma_+] \\ (\sigma_-)_{max} \leqslant [\sigma_-] \end{array}\right\} \qquad (4\text{-}19)$$

注意：最大拉应力和最大压应力有时并不发生在同一横截面上。

根据强度条件可解决有关强度方面的三类问题。

（1）强度校核。

在已知梁的材料和横截面的形状和尺寸（即已知 $[\sigma]$、$W_z$）以及所受荷载（即已知 $M_{max}$）的情况下，可以检查梁的正应力是否满足式（4-18）和式（4-19）所示的强度条件。

（2）截面设计。

当根据荷载算出了梁的内力（即已知 $M_{max}$）和确定了所用的材料（即已知 $[\sigma]$ 时），可根据强度条件，计算所需的抗弯截面模量，即 $W_z \geqslant \dfrac{M_{max}}{[\sigma]}$，然后根据梁的截面形状进一步确定各部分的具体尺寸。

（3）确定许用荷载。

如已知梁的材料和截面尺寸（即已知 $[\sigma]$、$W_z$），则根据强度条件，先算出梁所能承受的最大弯矩，即 $M_{max} \leqslant W_z[\sigma]$，然后由 $M_{max}$ 与荷载间的关系计算出梁所能承受的最大荷载，即许用荷载 $[p]$。

**例 4-14**　某圆形截面的悬臂木梁，梁上受集中荷载作用，已知 $F_1 = 1 \text{kN} \cdot \text{m}$，$F_2 = 2 \text{kN}$，梁长 $l = 2 \text{m}$，截面直径 $d = 16 \text{cm}$，木材的弯曲许用正应力 $[\sigma] = 11 \text{ MPa}$（见图 4-36）。试校核梁的正应力强度。

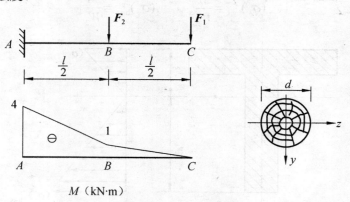

图 4-36

**解**：（1）求内力，绘 $M$ 图，由 $M$ 图知，最大弯矩发生在固定端的截面，是梁的危险截面。

$$M_{max} = 4 \text{ kN} \cdot \text{m}$$

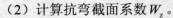

（2）计算抗弯截面系数 $W_z$。

$$W_z = \frac{\pi}{32}d^3 = \frac{\pi \times 16^3}{32} = 401.9 \text{ cm}^3$$

（3）校核正应力强度。

$$\sigma_{max} = \frac{M_{max}}{W_z} = \frac{4 \times 10^6}{401.9 \times 10^3} = 10 \text{ MPa} < [\sigma]$$

（4）结论：梁满足正应力强度条件。

**例 4-15** 矩形截面的松木梁两端搁在墙上，承受由楼板传来的荷载（图 4-37）。已知木梁的间距 $a = 1.2 \text{ m}$，梁的跨度 $l = 5 \text{ m}$，楼板的均布面荷载 $q = 3 \text{ kN/m}^2$，材料的许用应力 $[\sigma] = 10 \text{ MPa}$。试求：

（1）设截面的高宽比为 $\frac{h}{b} = 2$，试设计木梁的截面尺寸 $b$、$h$。

（2）若木梁采用 $b = 140 \text{ mm}$，$h = 210 \text{ mm}$ 的矩形截面，计算楼板的许可面荷载 $[p]$。

**解：**（1）建立力学模型，并绘 $M$ 图。

木梁支撑于墙上，可按简支梁计算。每根木梁的受荷宽度为 $a = 1.2 \text{ m}$，所以每根木梁承受的均布线荷载的集度为

$$q = Fa = 3 \times 1.2 = 3.6 \text{ kN/m}$$

最大弯矩发生在跨中截面

$$M_{max} = \frac{1}{8}ql^2 = \frac{1}{8} \times 3.6 \times 5^2 = 11.25 \text{ kN} \cdot \text{m}$$

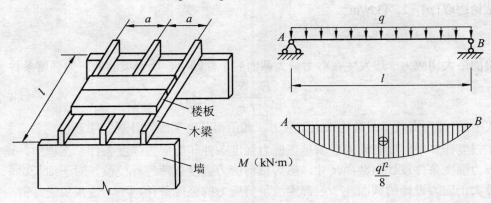

图 4-37

（2）设计木梁的截面尺寸，根据强度条件可得所需的抗弯截面模量为

$$W_z = \frac{M_{max}}{[\sigma]} = \frac{11.25 \times 10^6}{10} = 1.125 \times 10^6 \text{ mm}^3$$

由于 $\frac{h}{b} = 2$，则

$$W_z = \frac{bh^2}{6} = \frac{b(2b)^2}{6} = \frac{2}{3}b^3$$

所以

$$\frac{2}{3}b^3 \geqslant 1.125 \times 10^6$$

得

$$b \geqslant \sqrt[3]{1.125 \times 10^6 \times \left(\frac{3}{2}\right)} = 119 \text{ mm}$$

$$b = 120 \text{ mm} \qquad h = 240 \text{ mm}$$

（3）求楼板的许可面荷载$[p]$。

当木梁的截面尺寸为$b = 140$ mm、$h = 210$ mm 时，抗弯截面模量为

$$W_z = \frac{bh^2}{6} = \frac{140 \times 210^2}{6} = 1.029 \times 10^6 \text{ mm}^3$$

木梁能承受的最大弯矩为

$$M_{\max} \leqslant W_z[\sigma] = 1.029 \times 10^6 \times 10 = 10.29 \text{ kN} \cdot \text{m}$$

而

$$M_{\max} = \frac{ql^2}{8} = \frac{pal^2}{8}$$

$$\frac{pal^2}{8} \leqslant 10.29$$

得

$$p \leqslant \frac{10.29 \times 8}{1.2 \times 5^2} = 2.74 \text{ kN/m}^2$$

结论：取$[p] = 2.74$ kN/m$^2$。

### 3. 梁的切应力强度条件

梁的最大切应力一般发生在剪力最大截面的中性轴上，所以梁的剪应力强度条件为

$$\tau_{\max} = \frac{F_{Q\max} S_{z\max}^*}{I_z b_1} \leqslant [\tau] \tag{4-20}$$

式中的$[\tau]$为横向弯曲时的许用切应力，其值可从有关的设计规范中查得。

在强度计算中，梁必须同时满足正应力强度条件和剪应力强度条件。工程中，通常是按正应力强度条件设计出截面尺寸，然后按剪应力强度条件进行校核。对于细长梁，根据梁的最大正应力设计的截面，一般都能满足剪应力的强度条件，不一定需要进行剪应力的强度校核。只是在以下的几种情况，才需校核梁的剪应力强度。

（1）梁的跨度很短，又受到较大的集中力作用；或有很大的集中力作用在支座附近。在这两种情况下，梁的弯矩比较小，而在集中力作用的两侧剪力却很大。

（2）某些组合截面的梁，腹板的宽度很小，其腹板的宽度与截面高度的比小于型钢截面的相应比值。这时，横截面上的剪应力较大。

（3）木梁。由于木梁在顺纹方向抗剪能力较差，在横向弯曲时，中性轴上的剪应力较大，根据剪应力互等定理，梁的中性层上也产生大小相等的剪应力，因而可能使木梁发生顺纹方向的剪切破坏。所以木梁需要按木材在顺纹方向的许用剪应力$[\tau]$进行剪应力强度校核。

**例 4-16** 简支梁受荷载作用如图 4-38（a）所示。已知 $l=2\,\text{m}$，$a=0.2\,\text{m}$，梁上荷载 $F=200\,\text{kN}$，$q=10\,\text{kN/m}$，材料的许用应力 $[\sigma]=160\,\text{MPa}$，$[\tau]=100\,\text{MPa}$。试选择工字形钢梁的型号。

**解：**（1）画出梁的 $F_Q$、$M$ 图（图 4-38（b）、（c））。

（2）由正应力强度条件选择工字钢型号。

由 $M$ 图知，最大弯矩发生在梁的跨中的截面，其值为

$$M_{max}=45\,\text{kN}\cdot\text{m}$$

由正应力强度条件得

$$W_z\geqslant\frac{M_{max}}{[\sigma]}=\frac{45\times10^6}{160}=281\times10^3\,\text{mm}^3=281\,\text{cm}^3$$

查型钢规格表，选用型号 22a 工字钢，其 $W_z=309\,\text{cm}^3$，略大于所需的值。

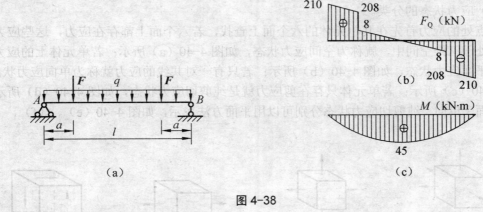

图 4-38

（3）剪应力强度校核。

从型钢规格表查得型号为 22a 工字钢，其有关数据

$$\frac{I_z}{S_z}=18.9\,\text{cm}\qquad d=7.5\,\text{mm}$$

由 $F_Q$ 图可见，最大剪力发生在支座截面，且 $F_{Q_{max}}=210\,\text{kN}$。

根据剪应力强度条件进行校核。

因 $\tau_{max}$ 远远大于 $[\tau]$，故应重新选择工字钢型号。

（4）按剪应力强度条件重选工字钢型号。

$$\frac{I_z}{S_z}d\geqslant\frac{F_{Q_{max}}}{[\tau]}=\frac{210\times10^3}{100}=2\,100\,\text{mm}^2=21\,\text{cm}^2$$

查型钢规格表得型号 25b 工字钢。

## 4.4.6 应力迹线

1. 应力状态的概念

（1）应力状态。

在同样的荷载作用下，不同方位截面的应力是不同的，如图 4-39 所示。

图 4-39

构件一般会在截面上应力最大的点处破坏，我们前面研究过横截面的应力分布特征，并能求出其值，但并不总是在横截面上存在最大应力，有时最大应力会在斜截面上，我们应当研究任一点处的应力状态。所谓一点处的应力状态是指这一点处各个不同方向截面上的应力情况的集合。

研究一点处的应力状态时，一般围绕该点选取一个微小的正六面体，称为单元体。作用在单元体各面上的应力认为是均匀分布的。

（2）应力状态的分类。

一点处的应力首先在其单元体的六个面上查找，若六个面上都存在应力，这些应力不共面，处于三维空间中，就称为空间应力状态，如图 4-40（a）所示；若单元体上的应力共面就是平面应力状态，如图 4-40（b）所示；若只有一对共线的应力就称为单向应力状态，如图 4-40（c）所示；若单元体只存在剪应力就是纯剪切应力状态，如图 4-40（d）所示。对于平面、单向、纯剪切应力状态分别可以用平面方法表示，如图 4-40（e）、（f）、（g）所示。

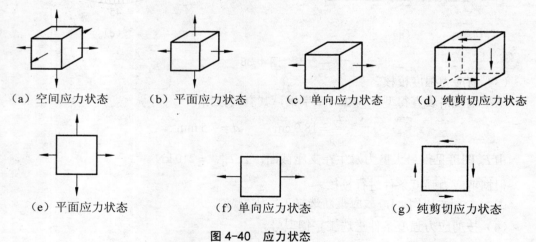

（a）空间应力状态　　（b）平面应力状态　　（c）单向应力状态　　（d）纯剪切应力状态

（e）平面应力状态　　　　（f）单向应力状态　　　　（g）纯剪切应力状态

图 4-40　应力状态

2. 平面应力状态分析

平面应力状态是较为简单的应力状态，以下研究平面应力状态。

（1）解析法分析平面应力状态。

从某构件中取一单元体，受力情况如图 4-41（a）所示。

单元体为平面应力状态，规定受力的四个面中与 $x$ 轴垂直的面称为 $x$ 面，与 $y$ 轴垂直的面称为 $y$ 面，$x$ 面上的正应力为 $\sigma_x$，剪应力为 $\tau_x$，$y$ 面上的正应力为 $\sigma_y$，剪应力为 $\tau_y$。用斜截面将单元体切开，出现斜截面 $BC$，取下面部分为隔离体，如图 4-41（b）所示。斜截

面 $BC$ 的法线为 $n$，$n$ 与 $x$ 轴的夹角为 $\alpha$，规定 $\alpha$ 由 $n$ 到 $x$ 轴逆时针为正。在面 $BC$ 上的正应力为 $\sigma_\alpha$，剪应力为 $\tau_\alpha$，并规定正应力拉为正值，压为负值；剪应力绕隔离体顺转为正，逆转为负。取切开单元体的左侧为研究对象，设斜截面 $BC$ 的面积为 $d_A$，则 $BA$ 面和 $AC$ 面的面积分别为 $d_A\cos\alpha$ 和 $d_A\sin\alpha$，取 $n$、$l$ 为新的坐标系，列出图 4-41（d）隔离体的投影平衡方程有

$$\sum l = 0$$

$$\tau_\alpha d_A - (\sigma_x d_A \cos\alpha)\sin\alpha - (\tau_x d_A \cos\alpha)\cos\alpha + (\sigma_y d_A \sin\alpha)\cos\alpha + (\tau_y d_A \sin\alpha)\sin\alpha = 0$$

$$\sum n = 0$$

$$\sigma_\alpha d_A - (\sigma_x d_A \cos\alpha)\cos\alpha + (\tau_x d_A \cos\alpha)\sin\alpha - (\sigma_y d_A \sin\alpha)\sin\alpha + (\tau_y d_A \sin\alpha)\cos\alpha = 0$$

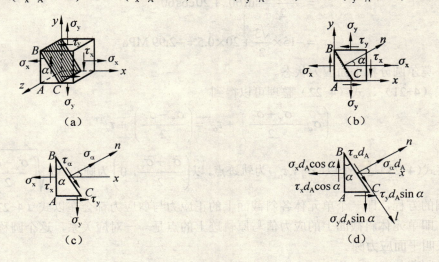

图 4-41

求解方程得到

$$\sigma_\alpha = \frac{\sigma_x + \sigma_y}{2} + \frac{\sigma_x - \sigma_y}{2}\cos 2\alpha - \tau_x \sin 2\alpha \qquad (4-21)$$

$$\tau_\alpha = \frac{\sigma_x - \sigma_y}{2}\sin 2\alpha + \tau_x \cos 2\alpha \qquad (4-22)$$

式（4-21）、式（4-22）是用于计算平面应力状态下任意斜截面上应力的公式。

**例 4-17**　如图 4-42 所示一平面单元体，求图示斜截面上的正应力和剪应力。

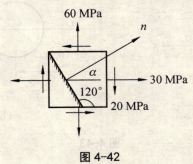

图 4-42

**解：** 由图可知 $\alpha = 30°$，代入式（4-21）、式（4-22）得到：

$$\sigma_\alpha = \frac{\sigma_x + \sigma_y}{2} + \frac{\sigma_x - \sigma_y}{2}\cos 2\alpha - \tau_x \sin 2\alpha$$

$$= \frac{30 + 60}{2} + \frac{30 - 60}{2}\cos 60° - 20\sin 60°$$

$$= 45 - 15 \times 0.5 - 20 \times \frac{\sqrt{3}}{2} = 20.18 \text{ MPa}$$

$$\tau_\alpha = \frac{\sigma_x - \sigma_y}{2}\sin 2\alpha + \tau_x \cos 2\alpha$$

$$= \frac{30 - 60}{2}\sin 60° + 20\cos 60°$$

$$= -15 \times \frac{\sqrt{3}}{2} + 20 \times 0.5 = -2.99 \text{ MPa}$$

（2）莫尔圆分析平面应力状态。

将式（4-21）、式（4-22）整理可以得到

$$\left(\sigma_\alpha - \frac{\sigma_x + \sigma_y}{2}\right)^2 + \tau_\alpha^2 = \left(\frac{\sigma_x - \sigma_y}{2}\right)^2 + \tau_x^2 \tag{4-23}$$

观察式（4-23）是一个以 $(\sigma_\alpha, \tau_\alpha)$ 为轨迹点，以 $\left(\dfrac{\sigma_x + \sigma_y}{2}, 0\right)$ 为圆心，以 $\sqrt{\left(\dfrac{\sigma_x - \sigma_y}{2}\right)^2 + \tau_x^2}$ 为半径圆的方程，即一个单元体各斜截面上的正应力与剪应力都会在以式（4-23）所确定的圆上，即单元体斜截面上的应力值与原轨迹上的点是一一对应关系，这个圆称为平面莫尔圆，又叫平面应力圆。

在绘制莫尔圆时，首先以 $\sigma$ 和 $\tau$ 为两个正交的坐标轴，其中 $\sigma$ 轴为横轴，在知道了单元体的应力状态后，就确定了 $\sigma_x$、$\sigma_y$、$\tau_x$，代入 $\left(\dfrac{\sigma_x + \sigma_y}{2}, 0\right)$ 和 $\sqrt{\left(\dfrac{\sigma_x - \sigma_y}{2}\right)^2 + \tau_x^2}$ 分别确定圆心和半径，最后在 $\sigma O \tau$ 坐标系内画出应力圆如图 4-43 所示，$A$ 点为圆心，$C_1$ 点为单元体 $x$ 面上的应力值，$C_2$ 点为单元体 $y$ 面上的应力值。

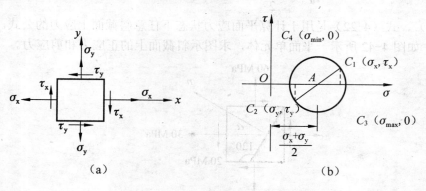

图 4-43

（3）主平面与主应力。

单元体的应力状态确定后，根据公式或莫尔圆就可以求出任一斜截面上的应力值，在这些斜截面中只存在正应力而无剪应力的面，这个面就称为主平面，此面上的正应力就是主应力。在前述条件下很容易求得主应力的大小和主平面的位置。令 $\tau_\alpha = 0$，用式（4-22）

可以得出 $\tan 2\alpha_主 = \dfrac{-2\tau_x}{\sigma_x - \sigma_y} \Rightarrow \alpha_主 = \dfrac{\arctan \dfrac{-2\tau_x}{\sigma_x - \sigma_y}}{2}$，$\alpha_主$ 就是主平面法线与单元体 $x$ 轴之间的

夹角；再由式（4-23）可以得到 $\sigma_{\substack{\max \\ \min}} = \dfrac{\sigma_x + \sigma_y}{2} \pm \sqrt{\left(\dfrac{\sigma_x - \sigma_y}{2}\right)^2 + \tau_x^2}$，$\sigma_{\substack{\max \\ \min}}$ 就分别是两个主平

面上的主应力，将 $\sigma_{\max}$ 称为第一主应力，表示为 $\sigma_1$。其具体位置和方向如图 4-43（b）所示，莫尔圆上与横坐标的两个交点 $C_3(\sigma_{\max}, 0)$、$C_4(\sigma_{\min}, 0)$。同理，在圆周的最顶部和最低

部是剪应力最大和最小值的点，它与主平面的夹角是 $45°$，$\tau_{\substack{\max \\ \min}} = \pm\sqrt{\left(\dfrac{\sigma_x - \sigma_y}{2}\right)^2 + \tau_x^2}$，由主

应力的计算公式可以导出 $\tau_{\substack{\max \\ \min}} = \pm\dfrac{\sigma_{\max} - \sigma_{\min}}{2}$。

**例 4-18**　求图 4-44 所示单元体的主应力值与主平面位置，最大剪应力值。

**解：**（1）主应力计算。

$$\sigma_{\substack{\max \\ \min}} = \frac{\sigma_x + \sigma_y}{2} \pm \sqrt{\left(\frac{\sigma_x - \sigma_y}{2}\right)^2 + \tau_x^2} = \frac{30 + 60}{2} \pm \sqrt{\left(\frac{30 - 60}{2}\right)^2 + 20^2}$$

$$\sigma_{\max} = 70 \text{ MPa}$$

$$\sigma_{\min} = 20 \text{ MPa}$$

（2）主平面计算。

$$\alpha_主 = \frac{\arctan \dfrac{-2\tau_x}{\sigma_x - \sigma_y}}{2} = \frac{\arctan \dfrac{-2 \times 20}{30 - 60}}{2} = 26.6°$$

主平面的位置如图 4-45 所示。

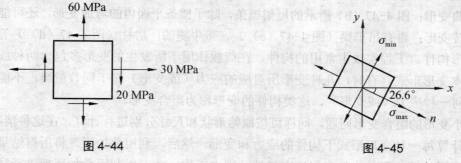

图 4-44　　　　　　　　　图 4-45

（3）最大剪应力计算。

$$\tau_{\max} = \frac{\sigma_{\max} - \sigma_{\min}}{2} = \frac{70 - 20}{2} = 25 \text{ MPa}$$

3. 梁的主应力迹线

（1）梁的主应力。

梁横截面同时受剪力和弯矩作用时，除在上下边缘只受正应力和中性轴只受剪应力外，其余各点都同时受到正应力和剪应力的共同作用，首先求出梁横截面单元体的正应力和剪应力，再求 $\sigma_{\substack{max\\min}} = \dfrac{\sigma_x + \sigma_y}{2} \pm \sqrt{\left(\dfrac{\sigma_x - \sigma_y}{2}\right)^2 + \tau_x^2}$ 和 $\alpha_{\pm} = \dfrac{\arctan\dfrac{-2\tau_x}{\sigma_x - \sigma_y}}{2}$，至此梁的每一点处主应力及方向都可以确定。

（2）主应力迹线。

在梁内任选一点画出其主应力，在主应力方向上画出相邻点的主应力方向，在这一点的主应力方向上再画出相邻点的，以此类推，这些点连成一条线，这条线称为主应力迹线，在同一截面上每一个点都对应一条主应力迹线，如图 4-46 所示的主应力迹线图，图中实线为主拉应力迹线，虚线为主压应力迹线。主应力迹线是钢筋混凝土梁配置钢筋位置和方向的依据。

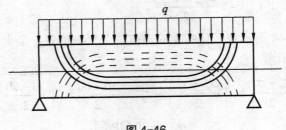

图 4-46

## *4.4.7 组合变形杆件的强度简介

前面各章中主要研究的是杆件某一种基本变形（如拉伸、压缩、弯曲）的强度和刚度的计算。实际上，在工程中某些构件承受多种荷载的作用，使其变形也较为复杂。本节主要介绍构件在斜弯曲、拉伸（压缩）与弯曲等组合变形时的应力分析与强度计算。

图 4-47（a）所示的烟囱，除由自重引起的压缩变形外，还有因水平方向的风力作用而产生的弯曲变形；图 4-47（b）所示的屋架檩条，除了檩条平面内的弯曲变形，还可能有平面外的扭转变形；再有吊车梁（图 4-47（c））、带牛腿的厂房柱（图 4-47（d））等，都是组合变形构件。工程实践中常用的构件，在荷载作用下所发生的变形多包含两种或两种以上的基本变形形式，有时，几种变形所对应的应力（或变形）属于同数量级，不能忽略其中的任何一种应力（或变形），这类构件的变形称为组合变形。

对于小变形的组合变形问题，同样可按原始形状和尺寸分别进行计算。在这种情况下，允许分别计算每一种变形形式下构件的应力和变形，然后，利用叠加原理将所得结果叠加而得组合变形的解。但是构件应保证在弹性范围内工作，才可以利用叠加原理进行计算。若构件在荷载作用下发生组合变形，由于变形较大而不能忽略初始形式或尺寸进行计算时，就不能利用本节所介绍的处理方法进行计算，因为对于这类问题不能利用叠加原理。

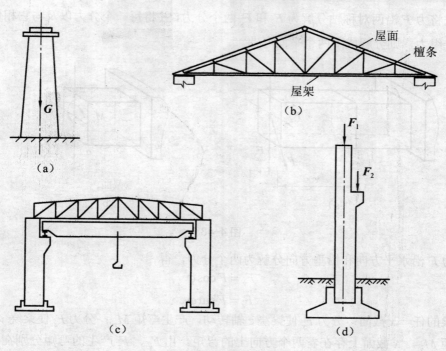

图 4-47

解决组合变形强度问题的基本方法是叠加法，其基本步骤为：

（1）将荷载进行简化或分解，使简化或分解后的静力等效荷载成为基本变形的荷载。

（2）计算杆件在每一种基本变形情况下所产生的应力和变形。

（3）将各基本变形情况下所产生的应力和变形进行叠加，即可得到原来荷载作用所引起的组合变形的应力和变形。

实践证明，只要杆件符合小变形条件，且材料在弹性范围内工作，用叠加法所计算的结果与实际情况基本上是符合的。本节将研究在工程实际中较常见的几种组合变形问题。

1. 斜弯曲

在前面我们已经学习了平面弯曲的定义，对于横截面具有对称轴的梁，当横向外力作用在梁的纵向对称面内时，梁在变形后的轴线位于外力所在的平面内，这种变形称为平面弯曲。在工程实际中有些梁，例如木屋架上的矩形截面檩条，它所承受的屋面荷载既不作用在纵向对称面内，也不通过其截面的形心。当外力作用线偏离横截面形心不远时，可以忽略由这种偏心所引起的附加扭矩作用，按外力作用线通过横截面形心来简化。理论分析及实验结果均指出，当外力不作用在矩形截面梁的纵向对称平面内时，梁在变形后的轴线不再位于外力所在平面内，这种弯曲称为斜弯曲。可将外力分解为在两个互相垂直的纵向对称面内的分力，它们分别引起平面弯曲，将两个平面弯曲的解按叠加原理来处理就可以得到斜弯曲的解。

图 4-48 为横截面具有两个对称轴的悬臂梁的计算简图，在梁的自由端，截面形心处作用有一集中力 $F$，其作用线与截面的铅垂对称轴间所夹的角度为 $\varphi$，下面结合此情况来具体说明斜弯曲问题的分析方法。

首先将力 $F$ 沿两对称轴分解为 $F_z$ 和 $F_y$ 两个分力，并将每一个分力以及与它相应的支反力看作一组力，则分解成了两个平面弯曲。

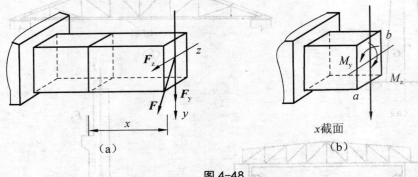

图 4-48

将力 $F$ 沿水平方向和铅垂方向分解为两个分力，得

$$F_y = F \cos\varphi$$
$$F_z = F \sin\varphi$$

取梁的任一 $x$ 截面：分力 $F_y$ 使梁绕 $z$ 轴转动，产生弯矩 $M_z$；分力 $F_z$ 使梁绕 $y$ 轴转动，产生弯矩 $M_y$。$x$ 截面上存在着两个方向上的弯矩。由 $F_y$、$F_z$ 产生的弯矩分别在铅垂平面内和水平平面内引起平面弯曲，这种组合变形称为斜弯曲。

在距自由端为 $x$ 的截面上，两个分力 $F_y$、$F_z$ 所引起的弯矩分别为

$$M_z = F_y x = Fx \cos\varphi$$
$$M_y = F_z x = Fx \sin\varphi$$

由平面弯曲的正应力计算公式，$M_z$、$M_y$ 引起的任一点的正应力分别为

$$\sigma_z = \frac{M_z y}{I_z}$$

$$\sigma_y = \frac{M_y z}{I_y}$$

应用叠加法，图 4-48 中的矩形截面上最大拉应力位于角点 $b$ 处，截面最大拉应力为

$$\sigma_{max}^{+} = \frac{M_z y}{I_z} + \frac{M_y z}{I_y}$$

$$\sigma_{max}^{-} = \left| -\frac{M_z y}{I_z} - \frac{M_y z}{I_y} \right|$$

由以上可知，斜弯曲的正应力危险点仍是截面上离中性轴最远的点。

斜弯曲进行强度计算时首先还要去确定危险截面和危险点的位置，然后计算应力并进行强度计算。

$$\sigma_{max} = \frac{M_z}{W_z} + \frac{M_y}{W_y} \leqslant [\sigma] \tag{4-24}$$

根据此强度条件，同样可以进行强度校核、截面设计和确定许用荷载。但是，在确定截面尺寸时，对于矩形截面，事先要给定截面的高宽比。选择型钢的型号时，对于抗弯截

面系数之比 $\dfrac{W_z}{W_y}$，应先假定一个值，然后依此计算并初选型钢的型号。初选型钢的型号后，

应进行强度校核，若不满足，还须重选，直到选得满足强度条件的型号为止。通常对矩形截面可取 $\dfrac{W_z}{W_y}=\dfrac{h}{b}=1.2\sim 2$，工字形截面取 $\dfrac{W_z}{W_y}=8\sim 10$，槽形截面取 $\dfrac{W_z}{W_y}=6\sim 10$。

### 2. 偏心受压

如图 4-49 所示，当外力的作用线与杆的轴线平行但不重合时，杆件将发生偏心受压。外力 $\boldsymbol{F}$ 称为偏心力，作用线与杆轴线的距离称为偏心距 $e$。

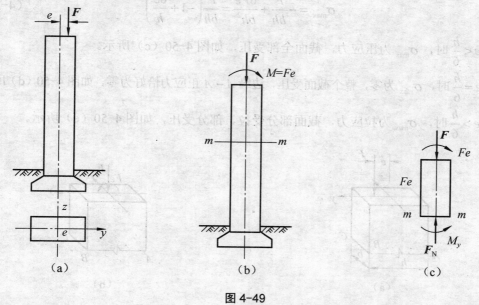

**图 4-49**

将偏心力 $\boldsymbol{F}$ 向截面形心平移，得到截面上的内力为轴向压力 $\boldsymbol{F}$ 和附加力偶矩 $M=Fe$。力 $\boldsymbol{F}$ 使杆件产生轴向压缩，力偶矩使杆件产生平面弯曲变形，所以偏心受压为轴向压缩变形与平面弯曲变形的组合。

截面上任意一点的应力求解如下所述。

轴向压缩变形下的正应力为

$$\sigma_N=-\dfrac{F}{A} \tag{4-25}$$

平面弯曲变形下的正应力为

$$\sigma_M=\pm\dfrac{M_z y}{I_z} \tag{4-26}$$

将弯曲正应力与拉伸正应力叠加，得截面的正应力为

$$\sigma=\sigma_N+\sigma_M=-\dfrac{F}{A}\pm\dfrac{M_z y}{I_z} \tag{4-27}$$

截面的最大拉应力为

$$\sigma_{max}^{+} = \sigma_N + \sigma_M = -\frac{F}{A} + \frac{M_z}{W_z} \leqslant [\sigma_+] \tag{4-28}$$

截面的最大压应力为

$$\sigma_{max}^{-} = |\sigma_N + \sigma_M| = \left| -\frac{F}{A} - \frac{M_z}{W_z} \right| \leqslant [\sigma_-] \tag{4-29}$$

将矩形截面的尺寸代入，得

$$\sigma_{max}^{-} = \left| -\frac{F}{bh} - \frac{6Fe}{bh^2} \right| = \left| \frac{F}{bh} \left( -1 - \frac{6e}{h} \right) \right| \tag{4-30}$$

$$\sigma_{max}^{+} = -\frac{F}{bh} + \frac{6Fe}{bh^2} = \frac{F}{bh} \left( -1 + \frac{6e}{h} \right) \tag{4-31}$$

当 $e < \dfrac{h}{6}$ 时，$\sigma_{max}$ 为压应力，截面全部受压，如图 4-50（c）所示。

当 $e = \dfrac{h}{6}$ 时，$\sigma_{max}$ 为零，整个截面受压，边缘 $A-A$ 正应力恰好为零，如图 4-50（d）所示。

当 $e > \dfrac{h}{6}$ 时，$\sigma_{max}$ 为拉应力，截面部分受拉、部分受压，如图 4-50（e）所示。

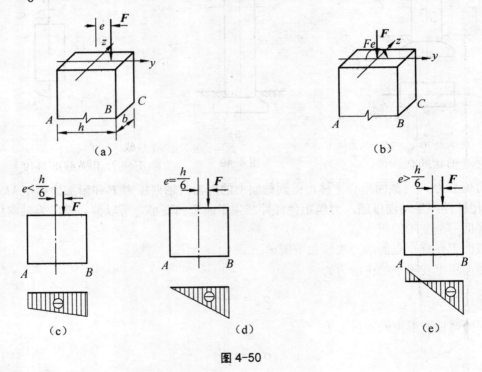

图 4-50

### 4.4.8 提高杆件抗弯能力的措施

在设计梁时，既要充分发挥材料的潜力，减少材料消耗，又要保证梁在荷载作用下能安全地工作，具有足够的强度，达到既安全又经济的要求。由于梁的弯曲强度主要是由正应力强度条件所控制，所以，提高梁的弯曲强度主要就是提高梁的弯曲正应力强度。

因为横截面上的最大正应力与该截面的弯矩 $M$ 成正比，与 $W_z$ 成反比，与抗弯截面模量 $W_z$ 成反比，所以提高梁的弯曲强度主要从提高 $W_z$ 和降低 $M$ 着手。

**1. 选择合理截面**

（1）根据抗弯截面模量与截面面积的比值 $\dfrac{W_z}{A}$ 选择截面。

梁所能承受的弯矩与抗弯截面模量 $W_z$ 成正比，而用料的多少又与截面面积大小成正比，所以合理的截面形状应该是在截面面积相同的情况下具有较大的抗弯截面模量，即比值 $\dfrac{W_z}{A}$ 大的截面形状是合理的。

现在对同高度不同形状的截面的值 $\dfrac{W_z}{A}$ 作一比较：

直径为 $h$ 的圆形截面

$$\frac{W_z}{A} = \frac{\dfrac{\pi h^3}{32}}{\dfrac{\pi h^2}{4}} = 0.125h$$

高为 $h$、宽为 $b$ 的矩形截面

$$\frac{W_z}{A} = \frac{\dfrac{bh^2}{6}}{bh} = 0.167h$$

高为 $h$ 的槽形与工字形截面

$$\frac{W_z}{A} = (0.27 \sim 0.31)h$$

可见工字形、槽形截面比矩形截面合理，矩形截面比圆形截面合理。

截面形状的合理性，可以用正应力的分布来说明。弯曲正应力沿横截面高度呈直线规律分布，在中性轴附近正应力很小，这部分材料没有得到充分的利用。为此，把中性轴附近的材料尽量减小而将大部分材料放置到距中性轴较远处，则截面形状就显得合理。所以，工程中就出现了工字形、圆环形、槽形等截面形式。建筑中常见的空心板和箱梁也是根据同样的道理制作的。

（2）根据材料特性选择合理截面。

对于抗拉和抗压强度相等的塑性材料，一般采用对称于中性轴的截面，如矩形、工字形、槽形等截面，使得上、下边缘的最大拉应力和最大压应力相等，能同时达到材料的许用应力值，比较合理。

对于抗拉强度和抗压强度不相等的脆性材料，最好选择不对称于中性轴的截面，如 T 字形、槽形（平放）等截面，使得截面受拉、受压的边缘到中性轴的距离与材料的抗拉、抗压的许用应力成正比（图 4-51），即

$$\frac{y_+}{y_-} = \frac{[\sigma_+]}{[\sigma_-]}$$

这样，截面上的最大拉应力和最大压应力将同时达到许用应力。

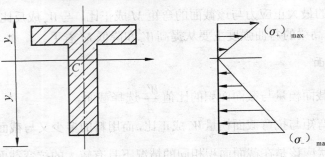

图 4-51

### 2. 合理布置梁的外力情况

合理布置梁的外力情况的目的是降低弯矩最大值。

（1）合理布置梁的支座。

以简支梁受均布荷载作用为例（图 4-52（a）），跨中截面最大弯矩 $M_{max} = \frac{1}{8}ql^2 = 0.125ql^2$，若将两端支座各向中间移动 $0.2l$（图 4-52（b）），则最大弯矩将减小为 $M_{max} = \frac{1}{40}ql^2 = 0.025ql^2$，仅是前者的 $\frac{1}{5}$。即按图 4-52（b）布置，梁的承载能力还可以提高 4 倍。

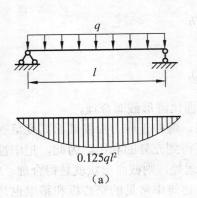

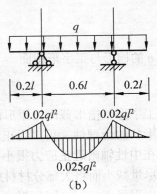

图 4-52

（2）适当增加梁的支座。

由于梁的最大弯矩与梁的跨度有关，所以适当增加梁的支座，可以减小梁的跨度，从而降低最大弯矩值。例如在简支梁中间增加一个支座（图 4-53），则 $M_{max} = 0.031\,25ql^2$，这是原来梁的 $\frac{1}{4}$。

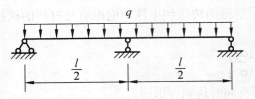

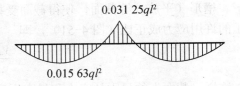

图 4-53

（3）将集中力分散并合理布置荷载作用位置。

在可能的条件下，还可以采用将集中力分散为均布荷载或分散为几个较小的集中荷载的办法来减小弯矩值。如简支梁在跨中受一集中力 $F$ 作用，则 $M_{max} = \frac{1}{4}Fl$，若在梁上对称地安置一长为 $\frac{l}{2}$ 的短梁，则梁的 $M_{max} = \frac{1}{8}Pl$，只有原来的 $\frac{1}{2}$。若将集中力 $P$ 分散为均布荷载 $\frac{P}{l}$，则 $M_{max} = \frac{1}{8}Pl$。

（4）采用变截面梁。

等截面梁的强度计算，都是根据危险截面上的最大弯矩值来确定截面尺寸的。这时，梁内其他截面上的弯矩值都小于最大弯矩值，这些截面处的材料未能充分利用。为了充分发挥材料的潜力，应当在弯矩较大的部位采用较大的截面，而在弯矩较小的部位采用较小的截面，这种截面随梁轴线变化的梁称为变截面梁。若使每一截面上的最大正应力都恰好等于材料的许用应力，这样的梁称为等强度梁。

从强度观点看，等强度梁是最理想的，但这种梁的施工和制作较困难。因此，在工程中常采用形状较简单而接近等强度梁的变截面梁。例如在房屋建筑中的阳台及雨篷挑梁便是变截面梁的典型实例。

## 思考题

4.4-1　整个图形对形心轴的静矩是否一定等于零？

4.4-2　同一截面图形，现有两根相互平行的轴 $Z_1$ 和 $Z_2$，其中 $Z_1$ 是形心轴，问 $I_{Z_1}$ 和 $I_{Z_2}$ 哪个大？

4.4-3　何谓中性层？何谓中和轴？

4.4-4　怎样根据弯矩图确定正应力的正负号？

4.4-5　矩形截面梁和工字形截面梁的横截面上剪应力是怎样分布的？

4.4-6　提高梁强度的措施有哪些？何谓合理截面？

## 练习题

4.4-1　找出图 4-54 所示图形的形心主轴，并求出对形心主轴的惯性矩 $I_z$、$I_y$。

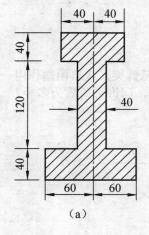

（a）

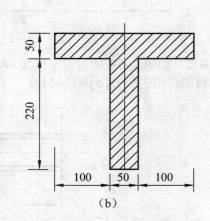

（b）

图 4-54

4.4-2 简支梁及荷载情况如图 4-55 所示。试求 1—1 截面上 A、B 两点处的正应力。

4.4-3 试求图 4-56 所示各梁的最大正应力。

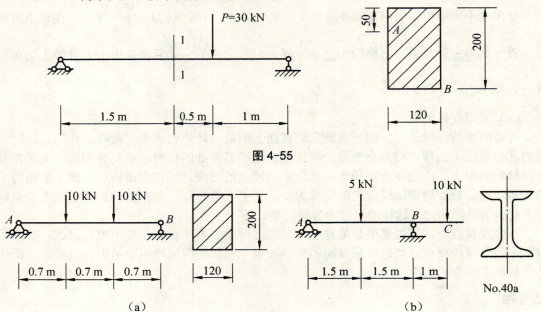

图 4-55

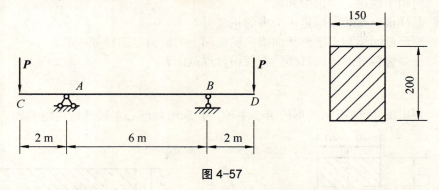

（a）　　　　　　　　　　　（b）

图 4-56

4.4-4 一矩形截面外伸梁，荷载作用如图 4-57 所示，弯曲时材料的许用应力 $[\sigma]=10\,\text{MPa}$，求梁许可荷载。

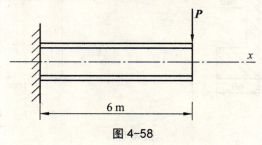

图 4-57

4.4-5 如图 4-58 所示为一根 No.40a 工字钢制成的悬臂梁，在自由端作用一集中荷载 $P$，钢材的许用正应力 $[\sigma]=150\,\text{MPa}$。若考虑自重的影响，问许可荷载为多少？

图 4-58

例如求图 4-62（a）所示梁的挠度 $y_C$ 时，可先分别计算 $q$ 与 $F$ 单独作用下（图 4-62（b）、（c））的跨中挠度 $y_{C1}$ 和 $y_{C2}$，由表 4-3 查得

$$y_{C1} = \frac{5ql^4}{384EI_z}$$

$$y_{C2} = \frac{Fl^3}{48EI_z}$$

$q$ 与 $F$ 共同作用下的梁跨中挠度为

$$y_C = y_{C1} + y_{C2} = \frac{5ql^4}{384EI_z} + \frac{Fl^3}{48EI_z}$$

同样，也可求得 $A$ 截面的转角为

$$\theta_A = \theta_{A1} + \theta_{A2} = \frac{ql^3}{24EI_z} + \frac{Fl^2}{16EI_z}$$

只要梁的变形是微小的（即小变形），材料处于弹性阶段且服从胡克定律（即材料在线弹性范围内工作），则位移均与梁上荷载成线性关系。此时，均可用叠加法。

表 4-3　简单荷载作用下梁的转角和挠度

| 支承和荷载情况 | 梁端转角 | 最大挠度 | 挠曲线方程式 |
|---|---|---|---|
| | $\theta_B = \dfrac{Fl^2}{2EI_z}$ | $y_{max} = \dfrac{Fl^3}{3EI_z}$ | $y = \dfrac{Fx^2}{6EI_z}(3l - x)$ |
| | $\theta_B = \dfrac{Fa^2}{2EI_z}$ | $y_{max} = \dfrac{Fa^3}{6EI_z}(3l - a)$ | $y = \dfrac{Fx^2}{6EI_z}(3a - x),\ 0 \leqslant x \leqslant a$ <br> $y = \dfrac{Fa^2}{6EI_z}(3x - a),\ a \leqslant x \leqslant l$ |
| | $\theta_B = \dfrac{ql^3}{6EI_z}$ | $y_{max} = \dfrac{ql^4}{8EI_z}$ | $y = \dfrac{qx^2}{24EI_z}(x^2 + 6l^2 - 4lx)$ |
| | $\theta_B = \dfrac{M_c l}{EI_z}$ | $y_{max} = \dfrac{M_c x^2}{2EI_z}$ | $y = \dfrac{M_c x^2}{2EI_z}$ |
| | $\theta_A = -\theta_B = \dfrac{Fl^2}{16EI_z}$ | $y_{max} = \dfrac{Fl^3}{48EI_z}$ | $y = \dfrac{Fx}{48EI_z}(3l^2 - 4x^2),$ <br> $0 \leqslant x \leqslant \dfrac{l}{2}$ |
| | $\theta_A = -\theta_B = \dfrac{ql^3}{24EI_z}$ | $y_{max} = \dfrac{5ql^4}{384EI_z}$ | $y = \dfrac{qx}{24EI_z}(l^2 - 2lx^2 + x^3)$ |

续表

| 支承和荷载情况 | 梁端转角 | 最大挠度 | 挠曲线方程式 |
|---|---|---|---|
| 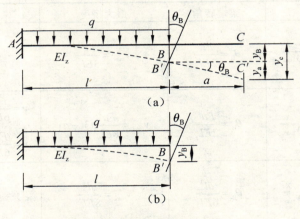 | $\theta_A = \dfrac{Fab(l+b)}{6lEI_z}$ $\theta_B = \dfrac{-Fab(l+a)}{6lEI_z}$ | $y_{\max} = \dfrac{Fb}{9\sqrt{3}lEI_z} \times$ $(l^2-b^2)^{3/2}$ 在 $x = \dfrac{\sqrt{l^2-b^2}}{3}$ 处 | $y = \dfrac{Fbx}{6lEI_z}(l^2-b^2-x^2)x,$ $0 \leqslant x \leqslant a$ $y = \dfrac{F}{EI_z}\left[\dfrac{b}{6l}(l^2-b^2-x^2)x + \dfrac{1}{6}(x-a)^3\right],\ a \leqslant x \leqslant l$ |
|  | $\theta_A = \dfrac{M_c l}{6EI_z}$ $\theta_B = \dfrac{M_c l}{3EI_z}$ | $y_{\max} = \dfrac{M_c l^2}{9\sqrt{3}EI_z}$ 在 $x = \dfrac{l}{\sqrt{3}}$ 处 | $y = \dfrac{M_c x}{6lEI_z}(l^2-x^2)$ |

　　叠加法实际上就是利用图表上的公式计算位移，但有时会出现欲求之位移从形式上看图表中没有的情况。此时，常常需在加以分析和处理后，才可利用图表中的公式。

　　**例 4-19**　一悬臂梁，梁上荷载如图 4-63（a）所示，梁的弯曲刚度为 $EI_z$，求自由端截面的转角和挠度。

图 4-63

　　**解：**梁在荷载作用下的挠曲线如图 4-63（a）所示中之虚线所示，其中 $B'C'$ 段为直线，因为 $C$、$B$ 两截面的转角相同。

$$\theta_C = \theta_B = \frac{ql^3}{6EI_z}$$

　　$C$ 截面的挠度可视为由两部分组成，一部分为 $y_B$（即 $B$ 截面的挠度，按图 4-63 之简图求之），另一部分为 $B$ 截面转过 $\theta_B$ 角而引起的 $C$ 截面之位移 $y_a$（$B'C'$ 段相当于刚体向下平移 $y_B$，再绕 $B'$ 点转过 $\theta_B$ 角）。因梁的变形很小，$y_a$ 用 $a\theta_B$ 来表示。$\theta_B$，$y_B$ 值可由表 4-3 查得$\left(\theta_B = \dfrac{ql^3}{6EI_z},\ y_B = \dfrac{ql^4}{8EI_z}\right)$。$C$ 截面的挠度为

$$y_C = y_B + a\theta_B = \frac{ql^4}{8EI_z} + a\frac{ql^3}{6EI_z} = \frac{ql^3}{2EI_z}\left(\frac{l}{4} + \frac{a}{3}\right)(\downarrow)$$

**例 4-20** 一悬臂梁，其抗弯刚度为 $EI_z$，梁上荷载如图 4-64 所示，求截面 $C$ 的挠度。

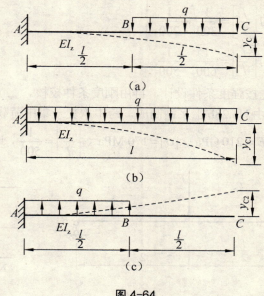

（a）

（b）

（c）

**图 4-64**

**解：** 表 4-3 中没有图 4-64（a）所示情况的计算公式，但此题仍可用叠加法计算。图 4-64（a）的情况相当于图 4-64（b）、（c）两种情况的叠加。图 4-64（b）中截面 $C$ 的挠度为 $y_{C1}$，其值为

$$y_{C1} = \frac{ql^4}{8EI_z}$$

图 4-64（c）截面 $C$ 的挠度为 $y_{C2}$，其值为

$$y_{C2} = -\left[\frac{q\left(\frac{l}{2}\right)^4}{8EI_z} + \frac{l}{2}\frac{q\left(\frac{l}{2}\right)^3}{6EI_z}\right] = -\frac{7ql^4}{384EI_z}$$

截面 $C$ 的挠度为

$$y_C = y_{C1} + y_{C2} = \frac{ql^4}{8EI_z} - \frac{7ql^4}{384EI_z} = \frac{41ql^4}{384EI_z}(\downarrow)$$

### 4.5.3 梁的刚度条件

在建筑工程中，通常只校核梁的最大挠度。通常是以挠度的许用值 $[f]$ 与梁跨长 $l$ 的比值 $\left[\frac{f}{l}\right]$ 作为校核的标准。即梁在荷载作用下产生的最大挠度 $f = y_{\max}$ 与跨长 $l$ 的比值不能超过 $\left[\frac{f}{l}\right]$。

$$\frac{f}{l} = \frac{y_{max}}{l} \leqslant \left[\frac{f}{l}\right] \qquad (4\text{-}32)$$

式（4-32）就是梁的刚度条件。

一般钢筋混凝土梁的 $\left[\dfrac{f}{l}\right] = \dfrac{1}{300} \sim \dfrac{1}{200}$。

钢筋混凝土吊车梁的 $\left[\dfrac{f}{l}\right] = \dfrac{1}{600} \sim \dfrac{1}{500}$。

工程设计中，一般先按强度条件设计，再用刚度条件校核。

**例 4-21**　一简支梁由 No.28b 工字钢制成，跨中承受一集中荷载，如图 4-65 所示。已知 $F = 20\,kN$、$l = 9\,m$、$E = 210\,GPa$、$[\sigma] = 170\,MPa$、$\left[\dfrac{f}{l}\right] = \dfrac{1}{500}$，试校核梁的强度和刚度。

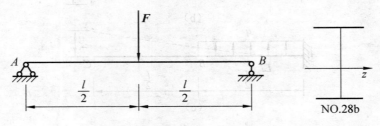

图 4-65

**解：**（1）计算最大弯矩。

$$M_{max} = \frac{Fl}{4} = \frac{20 \times 9}{4} = 45\,kN \cdot m$$

（2）由型钢规格表查得 No.28b 工字钢的有关数据。

$$W_z = 534\,cm^3$$
$$I_z = 7\,480\,cm^4$$

（3）校核强度。

$$\sigma_{max} = \frac{M_{max}}{W_z} = \frac{45 \times 10^6}{534 \times 10^3} = 84.2\,MPa < [\sigma] = 170\,MPa$$

梁满足强度条件。

（4）校核刚度。

$$\frac{f}{l} = \frac{Fl^2}{48EI_z} = \frac{20 \times 10^3 \times (9 \times 10^3)^2}{48 \times 210 \times 10^3 \times 7\,480 \times 10^4} = \frac{1}{465} \geqslant \left[\frac{f}{l}\right] = \frac{1}{500}$$

梁不满足刚度条件，需增大截面。试改用 No.32a 工字钢，其 $I_z = 11\,100\,cm^4$，则

$$\frac{f}{l} = \frac{Fl^2}{48EI_z} = \frac{20 \times 10^3 \times (9 \times 10^3)^2}{48 \times 210 \times 10^3 \times 11\,100 \times 10^4} = \frac{1}{691} \leqslant \left[\frac{f}{l}\right] = \frac{1}{500}$$

改用 No.32a 工字钢，满足刚度条件。

### 4.5.4　最大挠度的影响因素

从表 4-3 可知，梁的最大挠度与梁的荷载、跨度 $l$、抗弯刚度 $EI_z$ 等情况有关。因此，

要提高梁的刚度，需从以下几方面考虑。

**1. 提高梁的抗弯刚度 $EI$**

梁的变形与 $EI$ 成反比，增大梁的 $EI$ 将使梁的变形减小。由于同类材料的 $E$ 值不变，因而只能设法增大梁横截面的惯性矩 $I$。在面积不变的情况下，采用合理的截面形状，例如采用工字形、箱形及圆环形等截面，可提高惯性矩 $I$，从而也就提高了 $EI$。

**2. 减小梁的跨度**

设法减小梁的跨度，将会有效地减小梁的变形。例如将简支梁的支座向中间适当移动变成外伸梁，或在梁的中间增加支座，都是减小梁变形的有效措施。

**3. 改善荷载的分布情况**

在结构允许的条件下，合理地调整荷载的作用位置及分布情况，以降低最大弯矩，从而减小梁的变形。例如将集中力分散或改为分布荷载等都可起到降低弯矩、减小变形的作用。

## 思考题

4.5-1  用叠加法计算梁的变形有哪些步骤？

4.5-2  试举例说明梁的合理截面形状。

4.5-3  如何提高梁的刚度？

4.5-4  梁的刚度条件如何？

4.5-5  梁的最大挠度位置如何确定？

## 练习题

4.5-1  试用叠加法求图 4-66 所示梁的自由端横截面的挠度和转角。

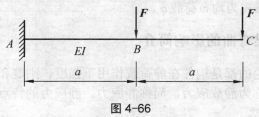

图 4-66

4.5-2  一简支梁用型号为 No.28b 的工字钢制成，承受荷载如图 4-67 所示，已知 $l = 6\,\text{m}$、$q = 4\,\text{kN/m}$、$F = 10\,\text{kN}$、$\left[\dfrac{f}{l}\right] = \dfrac{1}{400}$、钢材的弹性模量 $E = 200\,\text{GPa}$，试校核梁的刚度。

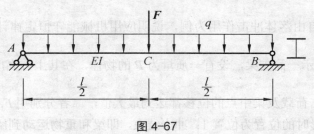

图 4-67

# 4.6  直梁弯曲在工程中的应用

## 4.6.1  应用实例

直梁弯曲在建筑工程中的应用是很多的。例如在工程实际中，常常根据弯矩沿梁轴的变化情况，梁相应地设计成变截面。在弯矩较大处，宜采用大截面。在弯矩较小处，宜选用小截面。这就是前面我们学习过的变截面梁。

图 4-68 所示的梁是建筑工程中比较常见的几种变截面梁的例子。对于像阳台梁或者雨篷梁等悬臂梁，沿梁长采用图 4-68（a）所示的形式；对于跨中弯矩大，两边弯矩小，从跨中到支座，弯矩逐渐减小的简支梁，常采用图 4-68（b）所示的工字形组合钢梁，在梁的中段增加了盖板。

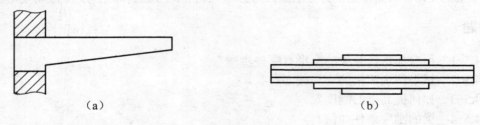

（a）　　　　　　　　　　　　　　　　（b）

图 4-68

另外，合理安排梁的约束和加载方式，从而提高梁的承载能力，也是直梁弯曲在工程中的应用。

施工中起吊钢筋混凝土构件时，便是根据上述原理选择起吊位置的。起吊时构件所受的力是它本身的自重，可视为均布荷载 $q$。

## *4.6.2  动荷载对直梁弯曲的影响简介

本书前面各章所讨论的都是构件在静荷载作用下强度、刚度和稳定性的计算问题。静荷载作用下产生的应力称为静载应力，简称静应力。静应力的特点：一是与加速度无关；二是不随时间改变而变化。

而在工程中一些高速旋转或者以很高的加速度运动的构件，以及承受冲击物作用的构件，其上作用的荷载称为动荷载，构件上由于动荷载作用产生的应力称为动应力。一般情况下，动应力会达到很高的数值，大大高于数值相同的静荷载引起的静应力，从而导致构件或结构失效。

现以简支梁受自由落体冲击作用为例，说明应用机械能守恒定律计算冲击荷载的近似方法。

如图 4-69 中所示一简支梁，设有一质量为 $P$ 的物体，在其上方高度为 $h$ 处自由下落，冲击在梁的中点。

冲击瞬间，冲击荷载及梁中点的位移都达到最大值，二者分别用 $F_d$ 和 $\Delta_d$ 表示，设冲击前，梁没有发生变形时的位置为位置 1；冲击结束，即梁和重物运动到梁的最大变形位置为位置 2，考察这两个位置时系统的动能和势能。

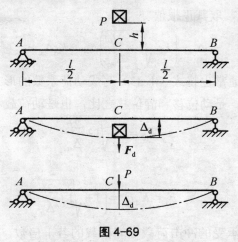

图 4-69

重物下落前和冲击结束时，其速度均为零，因而在位置 1 和位置 2，系统的动能均为零，即

$$E_{k1} = E_{k2} = 0 \qquad (a)$$

以位置 1 为重力势能零点，即系统在位置 1 的重力势能为零

$$E_{p1} = 0 \qquad (b)$$

则重物在位置 2 时的重力势能为

$$E_{p2} = -P(h + \Delta_d) \qquad (c)$$

重物位置 1 时的系统无变形，应变势能 $V_{e1}$ 为零

$$V_{e1} = 0 \qquad (d)$$

梁在位置 2 时的应变势能 $V_{e2}$ 等于冲击荷载 $F_d$ 在冲击过程中所作的功，假设在冲击过程中，被冲击构件仍在弹性范围内，由于冲击过程中 $F_d$ 和 $\Delta_d$ 都是由零开始增加到最终值，所以

$$V_{e2} = \frac{1}{2} F_d \Delta_d \qquad (e)$$

而且，冲击力 $F_d$ 和冲击位移 $\Delta_d$ 之间存在线性关系，即

$$F_d = k\Delta_d \qquad (f)$$

$k$ 为刚度系数，动荷载与静荷载的刚度系数相同，所以

$$V_{e2} = \frac{1}{2} k\Delta_d^2 \qquad (g)$$

根据机械能守恒定律，重物下落前和冲击后，系统的机械能守恒，即

$$E_{k1} + E_{p1} + V_{e1} = E_{k2} + E_{p2} + V_{e2} \qquad (h)$$

将式（a）至式（g）代入式（h）后，有

$$P(h + \Delta_d) = \frac{1}{2} k\Delta_d^2$$

考虑到静荷载时，$F_{st} = P$，且 $F_{st} = k\Delta_{st}$，$\Delta_{st}$ 是重物 $P$ 作为静荷载作用时的静位移，将 $k\Delta_{st}$ 代入上式，消去系数 $k$，整理得到 $\Delta_d$ 的一元二次方程

$$\Delta_{\mathrm{d}}^2 - 2\Delta_{\mathrm{st}}\Delta_{\mathrm{d}} - 2\Delta_{\mathrm{st}}h = 0$$

由此解出 $\Delta_{\mathrm{d}}$ 的两个根，取其正根值

$$\Delta_{\mathrm{d}} = \left(1 + \sqrt{1 + \frac{2h}{\Delta_{\mathrm{st}}}}\right)\Delta_{\mathrm{st}} = K_{\mathrm{d}}\Delta_{\mathrm{st}} \tag{4-33}$$

为计算方便，工程上通常也将式（4-33）写成动荷系数的形式，$K_{\mathrm{d}}$ 为简支梁受自由落体冲击作用时的动荷系数，是动位移和静位移之比，也是动荷载和静荷载之比

$$K_{\mathrm{d}} = 1 + \sqrt{1 + \frac{2h}{\Delta_{\mathrm{st}}}} \tag{4-34}$$

动荷载可写作

$$F_{\mathrm{d}} = K_{\mathrm{d}}F_{\mathrm{st}} = \left(1 + \sqrt{1 + \frac{2h}{\Delta_{\mathrm{st}}}}\right)P \tag{4-35}$$

这一结果表明，构件承受的冲击荷载是静荷载的若干倍数，最大冲击荷载与静位移有关，即与梁的刚度有关，梁的刚度愈小，静位移愈大，冲击荷载将相应的减少。设计承受冲击荷载的构件时，应当充分利用这一特性，以减少构件所承受的冲击力。

若令式（4-35）中 $h=0$，得到

$$F_{\mathrm{d}} = 2P \tag{4-36}$$

这等于将重物突然放置在梁上，这时梁上的实际荷载是重物重量的两倍。这种荷载称为突加荷载。

由冲击荷载引起的应力也可以用动荷系数表示

$$\sigma_{\mathrm{d}} = K_{\mathrm{d}}\sigma_{\mathrm{st}} \tag{4-37}$$

当冲击开始瞬间，冲击物的速度为 $v$，那么式（4-35）中的 $h$ 可以用 $\dfrac{v^2}{(2g)}$ 来代替，则

$$K_{\mathrm{d}} = 1 + \sqrt{1 + \frac{v^2}{g\Delta_{\mathrm{st}}}} \tag{4-38}$$

上述计算过程，不考虑有任何其他形式能量的损失，所以冲击荷载较实际高，依此进行强度计算结果偏于安全。

**思考题**

4.6-1 什么是动荷载？它与静荷载有什么不同？

4.6-2 动荷载是否一定大于静荷载？为什么？

4.6-3 什么是动荷系数？

**练习题**

4.6 如图 4-70 所示，一悬臂梁，$A$ 端固定，自由端 $B$ 的上方有一重物自由落下，撞击自由端。梁的弹性模量为 $E=10\,\mathrm{GPa}$，梁长 $l=2\,\mathrm{m}$，截面为 $120\,\mathrm{mm}\times200\,\mathrm{mm}$ 的矩形，重物高度为 $40\,\mathrm{mm}$，重量为 $P=1\,\mathrm{kN}$。求：（1）梁所受的冲击载荷；（2）梁横截面上的最大冲击正应力与最大冲击挠度。

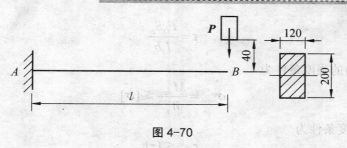

图 4-70

# 小　结

1．以弯曲变形为主要变形的构件称为梁。平面弯曲是杆件的基本变形之一，其受力特点是外力、外力偶作用平面与梁的纵向对称面重合，变形特点是梁轴线在受力平面内由直线变成一条平面曲线。静定梁有三种形式，即简支梁、悬臂梁和外伸梁。

2．在横向平面力系作用下，梁的横截面上一般有两种内力，即剪力和弯矩。剪力是横截面上与梁轴线垂直的内力，用 $F_Q$ 表示，其正负号规定为：绕研究对象顺时针转向为正，反之为负。弯矩是横截面上的内力偶，其作用平面与梁的纵向对称面重合，用 $M$ 表示，其正负号规定为：使梁的下侧受拉为正，反之为负。

3．剪力图正值画在基线上方，负值画在基线下方。弯矩图正值画在基线下方，负值画在基线上方。内力图是反映杆件全部横截面上内力情况的图形，是求解强度问题、刚度问题的依据。

4．截面法是求内力的基本方法。其派生方法为：

（1）梁中某截面剪力，等于该截面任一侧与杆轴线垂直之外力的代数和，每一项的正负号为绕该截面顺时针转向为正，反之为负。

（2）梁中某截面弯矩，等于该截面任一侧外力、外力偶对该截面力矩之代数和，每一项的正负号规定为：视该截面为固定端，使梁下侧受拉为正，反之为负。

5．叠加法是求梁内力的一种简便方法，即先分别单独计算各简单荷载作用下的内力，再将内力图相加。

6．利用荷载图、剪力图、弯矩图三者之间的关系，绘制梁的剪力图和弯矩图是比较便捷的方法，应用这种方法画内力图要遵循两个约定：

（1）荷载图、剪力图、弯矩图三图要上下对齐。

（2）自左向右画图。

7．平面弯曲梁，其横截面上一般存在着两种应力，即正应力和剪应力。

一般情况下，中性轴是梁横截面上的形心主轴之一，与横截面的竖向对称轴垂直。中性轴将截面分为受拉区和受压区。正应力在横截面上沿梁高按直线规律分布，中性轴上正应力等于零，距中性轴最远的上、下边缘有最大正应力。正应力的计算公式为

$$\sigma = \frac{My}{I_z}$$

矩形截面梁横截面上的切应力，沿截面高度按抛物线分布，中性轴处有最大切应力，上、下边缘处切应力等于零。切应力的计算公式为

$$\tau = \frac{F_Q S_z^*}{I_z b}$$

8. 梁正应力的强度条件为

$$\sigma_{max} = \frac{M_{max}}{W_z} \leqslant [\sigma]$$

切应力的强度条件为

$$\tau_{max} \leqslant [\tau]$$

土木工程中，一般先按正应力强度条件设计截面，再按切应力强度条件进行校核。

应用强度条件可以解决强度校核、设计截面和确定许用荷载三类强度问题。

9. 提高梁强度的措施是根据正应力强度条件提出的，一方面通过缩短跨长、分散集中力、增加支座等措施，使最大弯矩降低；另一方面通过选择合理截面，即在不加大截面面积的前提下获得较大的抗弯截面系数。

10. 梁横截面的竖向位移称为挠度，用 $y$ 表示，向下为正，向上为负；横截面绕中性轴转过的角度称为转角，用 $\theta$ 表示，顺时针为正，逆时针为负。梁弯曲变形后的轴线是一条光滑微弯的曲线，称梁的挠曲线。

11. 查表叠加法是工程中求梁变形及位移的常用方法之一，先分别单独求出各简单荷载作用下的位移，然后再将同一位移代数相加。当遇到表中未直接给出的位移时，可将位移看作由两部分组成，一部分是由表中给出的由变形引起的位移，另一部分是由刚体位移引起的位移，将两部分位移代数相加就是所要求的位移。

# 第 5 章　受压构件的稳定性

## 引　言

前面讨论了构件承载能力的强度、刚度两个方面的问题。本章主要讨论受压构件的稳定性问题。在实际工程中，有不少的工程事故往往是由于受压直杆突然变弯而丧失稳定性造成的。1907 年 8 月 9 日，在加拿大离魁北克城 14.4 km 横跨圣劳伦斯河的 500 m 大铁桥在施工中倒塌，灾变发生在当日收工前 15 分钟，桥上 74 人坠河遇难，原因是在施工中悬臂桁架西侧的下弦杆有两节失稳所致。为了防止受压直杆突然失稳而引起工程结构的毁坏，对于细长压杆进行稳定性的分析是非常重要的。在前面讨论压杆的强度问题时，认为只要满足直杆受压时的强度和刚度条件，就能保证压杆的正常工作。这个结论只适用于粗短压杆。而细长压杆在轴向压力作用下，其破坏的形式与强度问题截然不同。在本章中重点介绍压杆稳定的概念、临界载荷以及临界应力的概念，讨论压杆的稳定计算问题。

## 教学目标

理解压杆稳定和压杆失稳的基本概念；懂得细长压杆在承受轴向压力时的平衡形式可能是稳定的，也可能是不稳定的，这主要取决于轴向压力的大小；理解受压细长压杆在临界力作用下的平衡形式由稳定平衡过渡到不稳定平衡时临界力的变化及其确定的方法；熟悉欧拉公式中各个力学量的含义及支承对临界力的影响；理解柔度的概念，了解临界应力随压杆柔度变化的临界应力总图的意义，掌握欧拉公式的适用条件；了解折减系数法对受压直杆进行稳定校核、确定允许荷载；了解提高受压直杆稳定性的措施，以及如何选择合理的压杆截面形状。

# 5.1　受压构件平衡状态的稳定性

## 5.1.1　受压构件稳定性的概念

受轴向压力的直杆称为压杆。压杆在轴向压力作用下保持其原有平衡状态的能力，称为压杆的稳定性。在前面讨论压杆的强度问题时，认为只要满足直杆受压时的强度条件，就能保证压杆的正常工作，这个结论只适用于粗短压杆。而细长压杆在轴向压力作用下，其破坏的形式与强度问题截然不同。

如图 5-1（a）所示的等直细长杆，在其两端施加轴向压力 $F$，使杆在直线状态下处于平衡，此时，如果给杆以微小的侧向干扰力，使杆发生微小的弯曲，然后撤去干扰力，则当杆承受的轴向压力数值不同时，其结果也截然不同。当杆承受的轴向压力数值 $F$ 小于某一数值 $F_{cr}$ 时，在撤去干扰力以后，杆能自动恢复到原有的直线平衡状态而保持平衡，如图 5-1（a）、（b）所示，这种能保持原有直线平衡状态的平衡称为稳定平衡；当杆承受的轴向压力数值 $F$ 逐渐增大到（甚至超过）某一数值 $F_{cr}$ 时，即使撤去干扰力，杆仍然处于微弯形状，不能自动恢复到原有直线平衡状态，如图 5-1（c）、（d）所示，这种不能保持原有直线平衡状态的平衡称为不稳定平衡。如果力 $F$ 继续增大，则杆继续弯曲，产生显著的变形，发生突然破坏。

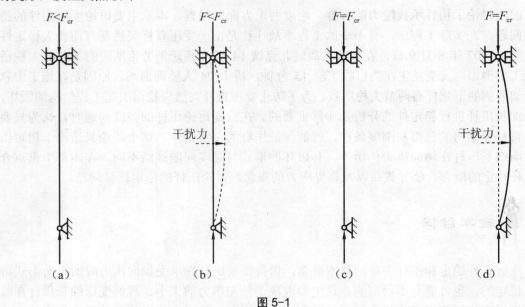

图 5-1

上述现象表明，在轴向压力 $F$ 由小逐渐增大的过程中，压杆由稳定的平衡转变为不稳定的平衡，这种现象称为压杆丧失稳定性或者压杆失稳。显然压杆是否失稳取决于轴向压力的数值大小，压杆在直线状态下的平衡，由稳定平衡过渡到不稳定平衡时，所对应的过度轴向压力，称为压杆的临界压力或临界力，用 $F_{cr}$ 表示。当压杆所受的轴向压力 $F$ 小于临界力 $F_{cr}$ 时，杆件就能够保持稳定的平衡，这种性能称为压杆具有稳定性；而当压杆所受的轴向压力 $F$ 等于或者大于 $F_{cr}$ 时，杆件就不能保持稳定平衡而失稳。

### 5.1.2 受压构件的三种平衡状态

压杆的平衡状态也可以分为三种。图 5-2 中一根直线形状的压杆，当压力 $F$ 不太大时，用一个微小的横向力干扰它，压杆就微微弯曲。当横向力撤去后，压杆能恢复原来的直线位置（图 5-2（b））。这时的直线形状的平衡是稳定的平衡状态。当压力 $F$ 增大到某一特定值 $F_{cr}$ 时，微小的横向力干扰撤去后，杆件维持干扰后的微弯曲状态不变，不再回到原来的直线位置，而在微弯状态下维持新的平衡（图 5-2（c））。这时的直线形状的平衡状态叫做临界平衡状态，这个轴向压力的特定值 $F_{cr}$ 叫做临界力。在压力 $F$ 超过临界力 $F_{cr}$ 后，干扰力作用下的微弯曲会继续增大甚至使压杆弯断。这时的直线形状的平衡状态（图 5-2 （c）），即压杆丧失了稳定性。压杆的稳定性与轴向压力的大小有关：当轴向压力小于临界力 $F_{cr}$ 时，压杆是稳定的；当轴向压力等于或大于临界力 $F_{cr}$ 时，压杆是不稳定的。因此，压杆稳定的关键，是确定各种压杆的临界力，要使压杆承受的轴向压力小于临界力，保证压杆的稳定性。

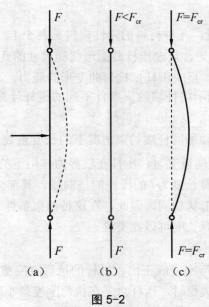

图 5-2

**思考题**

5.1-1　如何区分压杆的稳定平衡和不稳定平衡？

5.1-2　什么叫压杆的临界状态？它和哪些因素有关？

5.1-3　什么叫压杆失稳？

5.1-4　如何区别压杆的稳定平衡与不稳定平衡？

**练习题**

5.1　作图：将受压构件的三种平衡状态绘在作业本上。

# 5.2　影响受压构件稳定性的因素

## 5.2.1　细长压杆临界力计算公式

从上面的讨论可知，压杆在临界力作用下，其直线状态的平衡将由稳定的平衡转变为不稳定的平衡。此时，即使撤去侧向干扰力，压杆仍然将保持在微弯状态下的平衡。当然，如果压力超过这个临界力，弯曲变形将明显增大。所以，上面使压杆在微弯状态下保持平

衡的最小的轴向压力，即为压杆的临界力。经验表明，不同约束条件下细长压杆临界力计算公式——欧拉公式为

$$F_{cr} = \frac{\pi^2 EI}{(\mu l)^2} \qquad (5-1)$$

式中　$F_{cr}$——临界力。

$l$——压杆长度。

$E$——材料的弹性模量，几种材料的弹性模量见表 5-1。

$I$——截面的最小惯性矩，反映压杆截面形状和尺寸的几何量。

$EI$——杆的抗弯刚度，反映压杆抵抗弯曲变形的能力。

$\mu l$——折算长度。表示将杆端约束条件不同的压杆计算长度 $l$ 折算成两端铰支压杆的长度。

$\mu$——长度系数。几种不同杆端约束情况下的长度系数 $\mu$ 值列于表 5-2 中。

从表 5-2 可以看出，两端铰支时，压杆在临界力作用下的挠曲线为半波正弦曲线；而一端固定、另一端铰支，计算长度为 $l$ 的压杆的挠曲线，其部分挠曲线（0.7$l$）与长为 $l$ 的两端铰支的压杆的挠曲线的形状相同。因此，在这种约束条件下，折算长度为 0.7$l$。其他约束条件下的长度系数和折算长度可以此类推。

欧拉公式反映了：

（1）临界力与压杆的抗弯刚度成正比。压杆的抗弯刚度愈大，临界压力愈大，就越不容易丧失稳定性。而且压杆失稳时，压杆总是在抗弯刚度最小的方向发生弯曲。

（2）临界力与压杆的计算长度平方成反比。计算长度综合反映了压杆的长度和支座约束情况对临界力的影响。压杆的稳定性随压杆计算长度的增加而急剧下降。

关于细长杆临界荷载的计算公式，还有几个问题需要说明：

（1）在推导上述各细长压杆的临界荷载公式时，压杆都是理想状态的，即匀质的直杆受轴向压力作用。而实际工程中压杆，将不可避免地存在材料不均匀、有微小的初曲率及荷载偏心等因素。

（2）在推导临界荷载公式时，均假定杆已因存在失稳而弯曲，实际上杆的失稳方向与杆端约束和截面抗弯刚度 $EI$ 有关。

（3）以上讨论的是比较典型的压杆杆端约束情况。实际工程中的压杆，其杆端约束还可能是弹性支座或介于铰支和固定端之间等，应根据实际情况选择合适的长度系数 $\mu$ 值。

表 5-1　几种材料的弹性模量 $E$ 　　　　　　　　　　　　　　　　　GPa

| 材料 | 弹性模量 | 材料 | 弹性模量 |
|---|---|---|---|
| 低碳钢 | 200～220 | 花岗岩 | 49 |
| 16锰钢 | 200～220 | 混凝土 | 14.6～36 |
| 铝及硬铝合金 | 71 | 木材 | 10～12 |
| 灰口铸铁 | 115～160 | | |

表 5-2　不同杆端约束情况下的长度系数

| 支承情况 | 两端铰支 | 一端固定，另端铰支 | 两端固定 | 一端固定，另端自由 | 两端固定，但可沿横向相对移动 |
|---|---|---|---|---|---|
| 失稳时挠曲线形状 | | | | C、D——挠曲线拐点 | C——挠曲线拐点 |
| | | C——挠曲线拐点 | | | |
| 临界力 $F_{cr}$ | $F_{cr} = \dfrac{\pi EI}{l^2}$ | $F_{cr} \approx \dfrac{\pi^2 EI}{(0.7l)^2}$ | $F_{cr} = \dfrac{\pi^2 EI}{(0.5l)^2}$ | $F_{cr} = \dfrac{\pi^2 EI}{(2l)^2}$ | $F_{cr} = \dfrac{\pi^2 EI}{l^2}$ |
| 长度系数 | $\mu = 1$ | $\mu \approx 0.7$ | $\mu = 0.5$ | $\mu = 2$ | $\mu = 1$ |

**例 5-1**　一圆截面细长柱，长 $l=3.5$ m，直径 $d=200$ mm，材料的弹性模量 $E=20$ GPa，若两端铰支；一端固定，一端自由。试分别求其临界力。

**解：** 截面的惯性矩 $I = \dfrac{\pi d^4}{64} = \dfrac{\pi \times 200^4}{64} = 7.85 \times 10^7\, \text{mm}^4 = 7.85 \times 10^{-5}\, \text{m}^4$

两端铰支时：长度系数 $\mu = 1$，临界力

$$F_{cr} = \frac{\pi^2 EI}{l^2} = \frac{\pi^2 \times 10 \times 10^9 \times 7.85 \times 10^{-5}}{3.5^2} = 6.32 \times 10^5\,\text{N} = 632\,\text{kN}$$

一端固定，一端自由：长度系数 $\mu = 2$，临界力

$$F_{cr} = \frac{\pi^2 EI}{(2l)^2} = \frac{\pi^2 \times 10 \times 10^9 \times 7.85 \times 10^{-5}}{(2 \times 3.5)^2} = 1.58 \times 10^5\,\text{N} = 158\,\text{kN}$$

**例 5-2**　钢筋混凝土柱，高 6 m，下端与基础固结，上端与屋架铰结，柱的截面为 250 mm × 600 mm，弹性模量 $E=26$ GPa。试计算该柱的临界力。

**解：** 柱子截面的最小惯性矩为

$$I_{min} = \frac{hb^3}{12} = \frac{600 \times 250^3}{12} = 781.3 \times 10^6\, \text{mm}^4$$

一端固定一端铰支时的长度系数 $\mu = 0.7$，由欧拉公式得

$$F_{cr} = \frac{\pi^2 EI}{(\mu l)^2} = \frac{\pi^2 \times 26 \times 10^9 \times 781.3 \times 10^{-6}}{(0.7 \times 6)^2} = 113\,54\,\text{kN}$$

### 5.2.2 影响受压构件稳定性的因素

为了使压杆能正常工作而不失稳，压杆所受的轴向压力 $F$ 必须小于临界荷载 $F_{cr}$，或压杆的压应力必须小于临界应力。对于工程上的压杆，由于存在种种不利因素，还需要有一定的安全储备，所以要有足够的安全系数 $n_{st}$。将临界力和临界应力除以稳定安全系数 $n_{st}$ 得到稳定许用荷载和稳定许用应力。于是，压杆稳定条件可写为

$$[\sigma_{cr}] = \frac{\sigma_{cr}}{n_{st}} \tag{5-2}$$

式中 $n_{st}$ 为稳定安全系数。

稳定安全系数一般都大于强度计算时的安全系数，这是因为在确定稳定安全系数时，除了应遵循确定安全系数的一般原则以外，还必须考虑实际压杆并非理想的轴向压杆这一情况。例如，在制造过程中，杆件不可避免地存在微小的弯曲（即存在初曲率）；同时外力的作用线也不可能绝对准确地与杆件轴线相重合（即存在初偏心）；另外，也必须考虑杆件的细长程度，杆件越细长，稳定安全性越重要，稳定安全系数应越大等，这些因素都应在稳定安全系数中加以考虑。

除了要考虑在选取强度安全系数时的因素外，还要考虑影响压杆失稳的不利因素，如不可避免地存在初曲率、材料并非绝对均匀、荷载偏心等。这些对稳定的影响大于强度的影响。如一般铸铁压杆 $n_{st}$ 取 $5.0\sim5.5$，木材 $n_{st}$ 取 $2.8\sim3.2$。

但是，工程上的压杆由于构造或其他原因，有时截面会受到局部削弱，如杆中有小孔或槽等，这种减弱并不严重时，对压杆稳定影响小，可以不考虑。但是，局部截面削弱较大时，应作强度校核。

### 5.2.3 提高受压构件稳定性的措施

提高压杆的稳定性，就是要提高压杆的临界力。从临界力或临界应力的公式可以看出，影响临界力的主要因素不外乎如下几个方面：压杆的截面形状、压杆的长度、杆端约束情况及材料弹性模量等性质。下面分别加以讨论。

#### 1. 选择合理的截面形状

压杆的临界力与其横截面的惯性矩成正比。因此，应该选择截面惯性矩较大的截面形状。并且，当杆端各方向约束相同时，应尽可能使杆截面在各方向的惯性矩相等。如图 5-3 所示的两种压杆截面，在面积相同的情况下，图（b）比图（a）合理，因为截面（b）的惯性矩大。由槽钢制成的压杆，有两种摆放形式，如图 5-4 所示，图（b）比图（a）合理，因为图（a）中截面对竖轴的惯性矩比另一方向小很多，降低了杆的临界力。

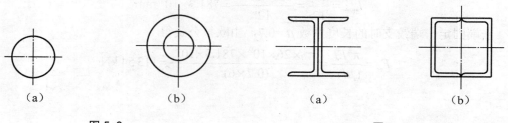

| (a) | (b) | (a) | (b) |

图 5-3　　　　　　　　　　　　　　　　图 5-4

2. 减小压杆长度和增强杆端约束

欧拉公式表明，临界力与压杆长度的平方成反比。所以，应尽量减小压杆的长度，或设置中间支座以减小跨长，达到提高稳定性的目的。

此外，增强杆端约束，既减小长度系数 $\mu$ 值，也可以提高压杆的稳定性。例如，在支座处焊接钢板支撑，以增强支座的刚性，从而减小 $\mu$ 值。

3. 改善约束条件

对细长压杆来说，临界力与反映杆端约束条件的长度系数 $\mu$ 的平方成反比。通过加强杆端约束的紧固程度，可以降低 $\mu$ 值，从而提高压杆的临界力。

4. 合理选择材料

欧拉公式表明，临界力与压杆材料的弹性模量成正比。弹性模量高的材料制成的压杆，其稳定性好。合金钢等优质钢材虽然强度指标比普通低碳钢高，但其弹性模量与低碳钢的相差无几。所以，大柔度杆选用优质钢材对提高压杆的稳定性作用不大。而对中小柔度杆，其临界力与材料的强度指标有关，强度高的材料，其临界力也大，所以选择高强度材料对提高中小柔度杆的稳定性有一定作用。

## 思考题

5.2-1　何谓压杆柔度？要减小柔度有哪些措施？

5.2-2　试述失稳破坏与强度破坏的区别。

5.2-3　在材质、杆长、支撑情况相同的条件下，压杆的横截面面积越大，则临界力是否越大？

5.2-4　什么是压杆的长度系数？支承情况不同的压杆，长度系数有何不同？

5.2-5　为什么欧拉公式在实用上受到限制？它的适用范围如何？

5.2-6　什么叫折减系数？它有什么用途？它的数值与什么有关？

## 练习题

5.2-1　截面为 120 mm×120 mm 的受压杆件，长 $l=7$ m，材料的弹性模量 $E=10$ GPa，若两端固定支撑，试用欧拉公式计算其临界力。若两端铰支，临界力是多大？

5.2-2　一端固定、一端铰支的圆截面松木压杆，直径 $d=150$ mm，长 $l=4$ m，已知松木的弹性模量 $E=10$ GPa。求此松木压杆的临界力是多少？

5.2-3　在横截面面积相等和其他条件均相同的条件下，压杆采用如图 5-5 所示截面形状，（　　）稳定性最好。

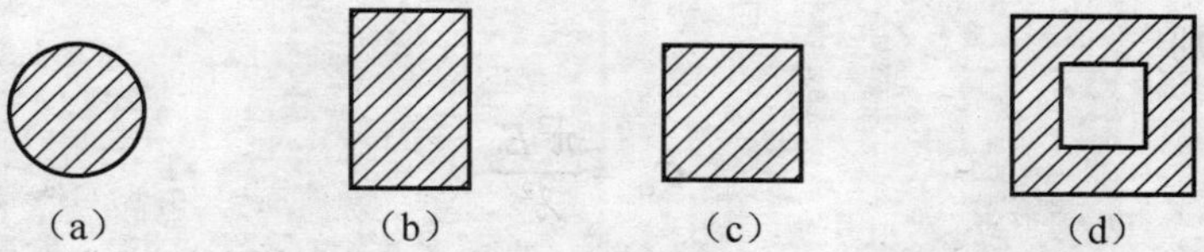

　　（a）　　　　　　（b）　　　　　　（c）　　　　　　（d）

图 5-5

5.2-4　对于不同柔度的塑性材料压杆，其最大临界应力将不超过材料的_____。

5.2-5　理想均匀直杆的轴向压力 $P=P_{cr}$ 时处于直线平衡状态。当其受到一微小横向干扰力作用后发生微小弯曲变形，若此时解除干扰力，则压杆（　　）。

A. 弯曲变形消失，恢复直线形状　　　　B. 弯曲变形减小，不能恢复直线形状

C. 微弯变形状态不变　　　　　　　　　D. 弯曲变形继续增大

5.2-6　两根细长压杆的长度、横截面面积、约束状态及材料均相同，若 $a$、$b$ 杆的横截面形状分别为正方形和圆形，则两根压杆的临界压力 $F_a$ 和 $F_b$ 的关系为（　　）。

A. $F_a < F_b$　　　　B. $F_a > F_b$　　　　C. $F_a = F_b$　　　　D. 不可确定

5.2-7　细长杆承受轴向压力 $F$ 的作用，其临界压力与（　　）无关。

A. 杆的材质　　　　　　　　　　　　C. 杆承受压力的大小

B. 杆的长度　　　　　　　　　　　　D. 杆的横截面形状和尺寸

# 5.3　受压构件的稳定性问题

## 5.3.1　三类受压构件稳定的条件

### 1. 临界应力和柔度

有了计算细长压杆临界力的欧拉公式，在进行压杆的稳定计算时，需要知道临界应力，当压杆在临界力 $F_{cr}$ 作用下处于直线临界状态平衡时，其横截面上的压应力等于临界力 $F_{cr}$ 除以横截面面积 $A$，称为临界应力，用 $\sigma_{cr}$ 表示，即

$$\sigma_{cr} = \frac{F_{cr}}{A}$$

将式（5-1）代入上式，得

$$\sigma_{cr} = \frac{\pi^2 EI}{(\mu l)^2 A} \tag{5-3}$$

若将压杆的惯性矩 $I$ 写成

$$I = i^2 A \ \text{或} \ i = \sqrt{\frac{I}{A}} \tag{5-4}$$

式中 $i$ 称为压杆横截面的惯性半径。

于是，临界应力可写为

$$\sigma_{cr} = \frac{\pi^2 E i^2}{(\mu l)^2} = \frac{\pi^2 E}{\left(\dfrac{\mu l}{i}\right)} \tag{5-5}$$

令 $\lambda = \dfrac{\mu l}{i}$，则

$$\sigma_{cr} = \frac{\pi^2 E}{\lambda^2} \tag{5-6}$$

上式为计算压杆临界应力的欧拉公式，式中 $\lambda$ 称为压杆的柔度（或称长细比）。则

$$\lambda = \frac{\mu l}{i} \tag{5-7}$$

柔度 $\lambda$ 是一个无量纲的量，其大小与压杆的长度系数 $\mu$、杆长 $l$ 及惯性半径 $i$ 有关。由于压杆的长度系数 $\mu$ 决定于压杆的支承情况，惯性半径 $i$ 决定于截面的形状与尺寸。所以，从物理意义上看，柔度 $\lambda$ 综合地反映了压杆的长度、截面的形状与尺寸以及支承情况对临界力的影响。从式（5-6）还可以看出，如果压杆的柔度值越大，则其临界应力越小，压杆就越容易失稳。

**2. 欧拉公式的适用范围**

欧拉公式是根据挠曲线近似微分方程导出的，而应用此微分方程时，材料必须服从胡克定律。因此，欧拉公式的适用范围应当是压杆的临界应力 $\sigma_{cr}$ 不超过材料的比例极限 $\sigma_P$，即

$$\sigma_{cr} = \frac{\pi^2 E}{\lambda^2} \leqslant \sigma_P \tag{5-8}$$

有

$$\lambda_P \geqslant \pi \sqrt{\frac{E}{\sigma_P}}$$

若设 $\lambda_P$ 为压杆的临界应力达到材料的比例极限时的柔度值，即

$$\lambda_P = \pi \sqrt{\frac{E}{\sigma_P}} \tag{5-9}$$

则欧拉公式的适用范围为

$$\lambda \geqslant \lambda_P \tag{5-10}$$

上式表明，当压杆的柔度不小于 $\lambda_P$ 时，才可以应用欧拉公式计算临界力或临界应力。这类压杆称为大柔度杆或细长杆，欧拉公式只适用于较细长的大柔度杆。从式（5-9）可知，$\lambda_P$ 值取决于材料性质，不同的材料都有自己的 $E$ 值和 $\sigma_P$ 值，所以，不同材料制成的压杆，其 $\lambda_P$ 也不同。例如 Q235 钢，$\lambda_P = 200\ \text{MPa}$，$E = 200\ \text{GPa}$，由式（5-9）即可求得，$\lambda_P = 100$。

$\lambda$ 称为柔度或长细比，集中反映了压杆的长度、约束条件、截面尺寸、形状对临界应力的影响。

以柔度 $\lambda$ 将压杆分为三类：细长杆（大柔度杆）、中长杆（中柔度杆）和短粗杆（小柔度杆）。

注意：欧拉公式仅适用细长杆临界压力和临界应力计算。

（1）细长杆（大柔度杆）。

欧拉公式导出

$$\sigma_{cr} \leqslant \sigma_P$$

即

$$\lambda \geqslant \lambda_1$$

此时压杆称为细长杆或大柔度杆。这就是欧拉公式的适用范围。

注意：$\lambda_1$ 称为第一界限柔度，由公式可知它与材料性质有关，即不同的材料 $\lambda_1$ 不同。

（2）中长杆（中柔度杆）。

若 $\lambda < \lambda_1$，临界应力 $\sigma_{cr}$ 会大于材料的比例极限，欧拉公式已不能适用，属于超过比例极限 $\sigma_P$ 的压杆稳定问题。一般采用经验公式：直线公式和抛物线公式。

直线公式

$$\sigma_{cr} = a - b\lambda$$

其中 $a$、$b$ 为与材料有关的常数。

则

$$\lambda \geq \lambda_2$$

可用经验公式，符合 $\lambda_2 \leq \lambda \leq \lambda_1$ 的称为中柔度杆。

（3）短粗杆（小柔度杆）。

$$\lambda < \lambda_2$$

$$\left.\begin{array}{l} \sigma_{cr} = \sigma_s \\ \sigma_{cr} = \sigma_b \end{array}\right\}$$

综上所述，临界应力 $\sigma_{cr}$ 随压杆柔度 $\lambda$ 而不同，即不同的柔度，临界应力 $\sigma_{cr}$ 应按相应的公式来计算，见表 5-3。

表 5-3　临界应力 $\sigma_{cr}$ 计算公式

| 杆件性质 | 适用范围 | 计算公式 | |
|---|---|---|---|
| 大柔杆 | $\lambda \geq \lambda_1$ | $\sigma_{cr} = \dfrac{\pi^2 E}{\lambda^2}$ | $\lambda = \dfrac{\mu l}{i}$ |
| 中柔杆 | $\lambda_2 \leq \lambda \leq \lambda_1$ | $\sigma_{cr} = a - b\lambda$ | $\lambda_1 = \sqrt{\dfrac{\pi^2 E}{\sigma_p}}$ |
| 小柔杆 | $\lambda \leq \lambda_2$ | $\sigma_{cr} = \sigma_s(\sigma_b)$ | $\lambda_2 = \dfrac{a - \sigma_s}{b}(\sigma_b)$ |

临界应力 $\sigma_{cr}$ 随柔度 $\lambda$ 变化的图线称为临界应力总图，如图 5-6 所示。

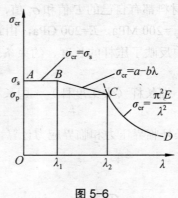

图 5-6

临界压力

$$F_{cr} = \sigma_{cr} A \qquad\qquad (5-11)$$

**注意**：失稳是考虑杆的整体变形，局部削弱（如螺钉孔等）对整体变形影响很小，计算 $A$、$I$ 时可忽略削弱的尺寸。

**例 5-3**　某厂自制简易起重机如图 5-7 所示。压杆 BD 为 20 号槽钢，材料为 Q235 钢，$\lambda_1 = 100$，$\lambda_2 = 62$。起重机的最大起重量 $P = 40$ kN。若规定 $n_{st} = 5$，试求 BD 杆的临界压力。

**解：**（1）受力分析。

以梁 $AC$ 为研究对象，由静力平衡方程可求得

$$N_{BD} = 106.7 \text{ kN}$$

（2）$BD$ 压杆的柔度。

查型钢规格表，20 号槽钢

$$A = 32.831 \text{ cm}^2, \quad i_y = 2.09 \text{ cm}, \quad I_y = 144 \text{ cm}^4$$

$$\mu = 1, \quad t = \frac{1.5}{\cos 30°} = 1.732 \text{ m}$$

$$\lambda = \frac{\mu t}{i_y} = 82.87$$

可知 $\lambda_2 < \lambda < \lambda_1$，所以 $BD$ 杆为中长杆。

（3）计算临界压力。

$$F_{cr} = \sigma_{cr} A = (a - b\lambda) A = 693.3 \text{ kN}$$

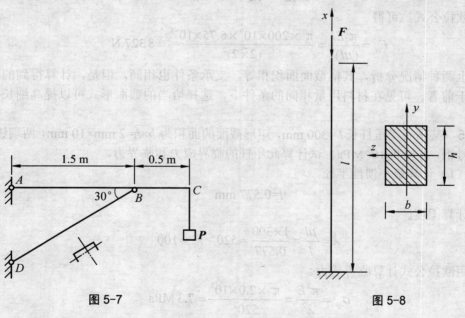

图 5-7　　　　　　　　　　　　　　　　图 5-8

**例 5-4**　如图 5-8 所示，一端固定另一端自由的细长压杆，其杆长 $l = 2$ m，截面形状为矩形，$b = 20$ mm、$h = 45$ mm，材料的弹性模量 $E = 200$ GPa。试计算该压杆的临界力。若把截面改为 $b = h = 30$ mm，而保持长度不变，则该压杆的临界力又为多大？

**解：**（1）当 $b = 20$ mm、$h = 45$ mm 时。

① 计算压杆的柔度。

$$\lambda = \frac{\mu l}{i} = \frac{2 \times 2\,000}{\dfrac{20}{\sqrt{12}}} = 692.8 > \lambda_c = 123 \quad \text{（所以是大柔度杆，可应用欧拉公式）}$$

② 计算截面的惯性矩。

由前述可知，该压杆必在 $xy$ 平面内失稳，故计算惯性矩

$$I_y = \frac{hb^3}{12} = \frac{45 \times 20^3}{12} = 3.0 \times 10^4 \text{ mm}^4$$

③ 计算临界力。

查表 5-1 得 $\mu = 2$，因此临界力为

$$F_{cr} = \frac{\pi^2 EI}{(\mu l)^2} = \frac{\pi^2 \times 200 \times 10^9 \times 3 \times 10^{-8}}{(2 \times 2)^2} = 3701 \text{ N} \approx 3.70 \text{ kN}$$

（2）当截面改为 $b = h = 30$ mm 时。

① 计算压杆的柔度。

$$\lambda = \frac{\mu l}{i} = \frac{2 \times 2\,000}{\dfrac{30}{\sqrt{12}}} = 461.9 > \lambda_c = 123 \quad (\text{所以是大柔度杆，可应用欧拉公式})$$

② 计算截面的惯性矩。

$$I_y = I_z = \frac{bh^3}{12} = \frac{30^4}{12} = 6.75 \times 10^4 \text{ mm}^4$$

代入欧拉公式，可得

$$F_{cr} = \frac{\pi^2 EI}{(\mu l)^2} = \frac{\pi^2 \times 200 \times 10^9 \times 6.75 \times 10^{-8}}{(2 \times 2)^2} = 8\,327 \text{ N}$$

从以上两种情况分析，其横截面面积相等，支承条件也相同，但是，计算得到的临界力后者大于前者。可见在材料用量相同的条件下，选择恰当的截面形式可以提高细长压杆的临界力。

**例 5-5**　某轴心受压杆长 $l = 300$ mm，矩形截面的面积为 $b \times h = 2$ mm×10 mm，两端铰支，材料为 3 号钢，$E = 2.0 \times 10^5$ MPa。试计算此压杆的临界应力和临界力。

**解：**（1）计算最小惯性半径。

$$I = 0.577 \text{ mm}$$

（2）计算柔度。

$$\lambda = \frac{\mu l}{I} = \frac{1 \times 300}{0.577} = 520 > \lambda_p = 100$$

（3）用欧拉公式计算临界应力。

$$\sigma_{cr} = \frac{\pi^2 E}{\lambda^2} = \frac{\pi^2 \times 2.0 \times 10^5}{520^2} = 7.3 \text{ MPa}$$

（4）计算临界力。

$$F_{cr} = \sigma_{cr} \times A = 7.3 \times 2 \times 10 = 146 \text{ N}$$

## 5.3.2　折减系数法

压杆稳定计算的内容与强度计算相类似，包括校核稳定性、设计截面和确定许可荷载三个方面。在压杆的稳定计算中，通常用折减系数法。

当压杆中的应力达到（或超过）其临界应力时，压杆会丧失稳定。所以，在工程中，为确保压杆的正常工作，并具有足够的稳定性，其横截面上的应力应小于临界应力。同时还必须考虑一定的安全储备，这就要求横截面上的应力，不能超过压杆的临界应力的许用值 $[\sigma_{cr}]$，即

$$\sigma = \frac{F_{\mathrm{N}}}{A} \leqslant [\sigma_{\mathrm{cr}}] \qquad\qquad (5\text{-}12)$$

$[\sigma_{\mathrm{cr}}]$ 为临界应力的许用值，其值为

$$[\sigma_{\mathrm{cr}}] = \frac{\sigma_{\mathrm{cr}}}{n_{\mathrm{st}}} \qquad\qquad （a）$$

式中 $n_{\mathrm{st}}$ 为稳定安全系数。

为了计算上的方便，将临界应力的允许值，写成如下形式

$$[\sigma_{\mathrm{cr}}] = \frac{\sigma_{\mathrm{cr}}}{n_{\mathrm{st}}} = \varphi[\sigma] \qquad\qquad （b）$$

从上式可知，$\varphi$ 值为

$$\varphi = \frac{\sigma_{\mathrm{cr}}}{n_{\mathrm{st}}[\sigma]} \qquad\qquad （c）$$

式中的 $\varphi$ 称为折减系数，其值小于 1，是一个随 $\lambda$ 而变化的变量。

由式（c）可知，当 $[\sigma]$ 一定时，$\varphi$ 取决于 $\sigma_{\mathrm{cr}}$ 与 $n_{\mathrm{st}}$。由于临界应力 $\sigma_{\mathrm{cr}}$ 值随压杆的柔度而改变，而不同柔度的压杆一般又规定不同的稳定安全系数，所以折减系数 $\varphi$ 是柔度 $\lambda$ 的函数。当材料一定时，$\varphi$ 值取决于柔度 $\lambda$ 的值。

表 5-4 给出了几种材料的折减系数 $\varphi$ 与柔度 $\lambda$ 的值。供学习中使用。

表 5-4　折减系数表

| $\lambda$ | $\varphi$ | | | $\lambda$ | $\varphi$ | | |
|---|---|---|---|---|---|---|---|
| | Q235钢 | 16锰钢 | 木材 | | Q235钢 | 16锰钢 | 木材 |
| 0 | 1.000 | 1.000 | 1.000 | 110 | 0.536 | 0.384 | 0.248 |
| 10 | 0.995 | 0.993 | 0.971 | 120 | 0.466 | 0.325 | 0.208 |
| 20 | 0.981 | 0.973 | 0.932 | 130 | 0.401 | 0.279 | 0.178 |
| 30 | 0.958 | 0.940 | 0.883 | 140 | 0.349 | 0.242 | 0.153 |
| 40 | 0.927 | 0.895 | 0.822 | 150 | 0.306 | 0.213 | 0.133 |
| 50 | 0.888 | 0.840 | 0.751 | 160 | 0.272 | 0.188 | 0.117 |
| 60 | 0.842 | 0.776 | 0.668 | 170 | 0.243 | 0.168 | 0.104 |
| 70 | 0.789 | 0.705 | 0.575 | 180 | 0.218 | 0.151 | 0.093 |
| 80 | 0.731 | 0.627 | 0.470 | 190 | 0.197 | 0.136 | 0.083 |
| 90 | 0.669 | 0.546 | 0.370 | 200 | 0.180 | 0.124 | 0.075 |
| 100 | 0.604 | 0.462 | 0.300 | | | | |

$$\sigma = \frac{F}{A} \leqslant \varphi[\sigma] \quad 或 \quad \sigma = \frac{F}{A\varphi} \leqslant [\sigma] \qquad\qquad (5\text{-}13)$$

上式即为压杆需要满足的稳定性条件。由于折减系数 $\varphi$ 可按 $\lambda$ 的值直接从表 5-4 中查到，因此，按式 $\sigma = \dfrac{F}{A} \leqslant \varphi[\sigma]$ 的稳定条件进行压杆的稳定计算，十分方便。因此，该方法也称为实用计算方法。

应当指出，在稳定性计算中，压杆的横截面面积 $A$ 均采用毛截面面积计算，即当压杆在局部有横截面削弱（如钻孔、开口等）时，可不予考虑。因为压杆的稳定性取决于整个杆件的弯曲刚度，而局部的截面削弱对整个杆件的整体刚度来说，影响甚微。但是，对截面的削弱处，则应当进行强度验算。

应用压杆的稳定条件，可以进行三个方面的问题计算。

（1）稳定性校核。

即已知压杆的几何尺寸、所用材料、支承条件以及承受的压力，验算是否满足公式 $\sigma = \dfrac{F}{A} \leqslant \varphi[\sigma]$ 的稳定条件。

这类问题，一般应首先计算出压杆的柔度 $\lambda$，根据 $\lambda$ 查出相应的折减系数 $\varphi$，再按照公式 $\sigma = \dfrac{F}{A} \leqslant \varphi[\sigma]$ 进行校核。

（2）计算稳定性时的许用荷载。

即已知压杆的几何尺寸、所用材料及支承条件，按稳定条件计算其能够承受的许用荷载 $F$ 值。

这类问题，一般也要首先计算出压杆的柔度 $\lambda$，根据 $\lambda$ 查出相应的折减系数 $\varphi$，再按照式 $F \leqslant A\varphi[\sigma]$ 进行计算。

（3）进行截面设计。

即已知压杆的长度、所用材料、支承条件以及承受的压力 $F$，按照稳定性条件计算压杆所需的截面尺寸。

这类问题，一般采用"试算法"。这是因为在稳定条件 $\sigma = \dfrac{F}{A} \leqslant \varphi[\sigma]$ 中，折减系数 $\varphi$ 是根据压杆的柔度 $\lambda$ 查表得到的，而在压杆的截面尺寸尚未确定之前，压杆的柔度 $\lambda$ 不能确定，所以也就不能确定折减系数 $\varphi$。因此，只能采用试算法，首先假定一折减系数 $\varphi$ 值（0 与 1 之间一般采用 0.45），由稳定性条件计算所需要的截面面积 $A$，然后计算出压杆的柔度 $\lambda$，根据压杆的柔度 $\lambda$ 查表得到折减系数 $\varphi$，再按照公式 $\sigma = \dfrac{F}{A} \leqslant \varphi[\sigma]$ 验算是否满足稳定性条件。如果不满足稳定性条件，则应重新假定折减系数 $\varphi$ 值，重复上述过程，直到满足稳定条件为止。

**例 5-6** 如图 5-9 所示支架，杆 $BD$ 为正方形截面的木杆，其长度 $l = 2\,\text{m}$，截面边长 $a = 0.1\,\text{m}$，木材的许用应力 $[\sigma] = 10\,\text{MPa}$，试从满足杆 $BD$ 的稳定性条件考虑，计算该支架能承受的最大荷载 $F_{\max}$。

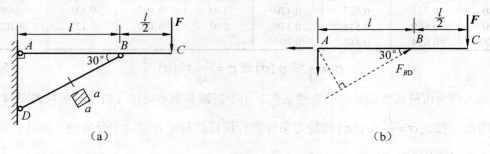

图 5-9

**解：**（1）计算杆 $BD$ 的柔度。

$$l_{BD} = \frac{l}{\cos 30°} = \frac{2}{\dfrac{\sqrt{3}}{2}} = 2.31\,\text{m}$$

$$\lambda_{BD} = \frac{\mu l_{BD}}{i} = \frac{\mu l_{BD}}{\sqrt{\dfrac{I}{A}}} = \frac{\mu l_{BD}}{a\sqrt{\dfrac{1}{12}}} = \frac{1\times 2.31}{0.1\times\sqrt{\dfrac{1}{12}}} = 80$$

（2）求杆 $BD$ 能承受的最大压力。

根据柔度 $\lambda_{BD}$ 查表，得 $\varphi_{BD} = 0.470$，则杆 $BD$ 能承受的最大压力为

$$F_{BD\max} = A\varphi[\sigma] = 0.1^2\times 0.470\times 10\times 10^6 = 47.0\times 10^3 \text{ N}$$

（3）根据外力 $F$ 与杆 $BD$ 所承受压力之间的关系，求出该支架能承受的最大荷载 $F_{\max}$。

考虑杆 $AC$ 的平衡，可得

$$\sum M_A = 0, \quad F_{BD}\cdot\frac{l}{2} - F\cdot\frac{3}{2}l = 0$$

从而可求得

$$F = \frac{1}{3}F_{BD}$$

因此，该支架能承受的最大荷载 $F_{\max}$ 为

$$F_{\max} = \frac{1}{3}F_{BD\max} = \frac{1}{3}\times 47.0\times 10^3 = 15.7\times 10^3 \text{ N}$$

该支架能承受的最大荷载取值为

$$F_{\max} = 15 \text{ kN}$$

**例5-7**　如图 5-10 所示的压杆，端为球铰约束，杆长 $l$=2.4 m，压杆由两根 125 mm×125 mm ×12 mm 的等边角钢铆接而成，铆钉孔直径为 23 mm。若所受压力为 $F$=800 kN，材料为 Q235 钢，稳定安全因数 $n_{st}$=1.48，许用压应力 $[\sigma]$=160 MPa。试校核此压杆是否安全。

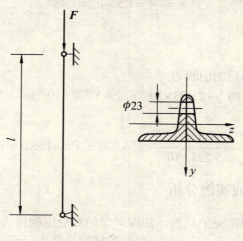

图 5-10

**解：** 因为铆接时在角钢上开孔，所以此压杆可能发生两种失效：一是屈曲失效，这时整体平衡状态发生突然转变（由直变弯）；二是强度失效，即在开有铆钉孔的横截面上其应力由于截面削弱将增加，有可能超过许用应力值。现分别对这两类问题校核如下。

（1）稳定性校核。

因为两端为球铰，各个方向的约束相同，$\mu$=1；又因为两根角钢铆接在一起，所以在

屈服时，二者将形成一整体而弯曲，其截面将绕惯性矩最小的主轴（图中 $z$ 轴）转动。根据已知条件

$$I_z = 2I_{z1}, \quad A = 2A_1$$

$$i_z = \sqrt{\frac{I_z}{A}} = \sqrt{\frac{2I_{z1}}{2A_1}} = \sqrt{\frac{I_{z1}}{A_1}} = i_{z1}$$

其中 $I_{z1}$、$i_{z1}$ 和 $A_1$ 分别为单根角钢截面对 $z$ 轴的惯性矩。惯性半径和横截面面积，均可由型钢规格表中查到。现由型钢表中查得 125 mm×125 mm×12 mm 的等边角钢

$$i_{z1} = 3.83 \text{ cm} = 38.3 \text{ mm}, \quad A_1 = 28.9 \text{ cm}^2 = 2.89 \times 10^3 \text{ mm}^2$$

于是有 $i_z = i_{z1} = 38.3$mm，由此计算出给定压杆的柔度

$$\lambda = \frac{\mu l}{i_z} = 62.66$$

对于 Q235 钢，$\sigma_s = 235 \text{ MPa}$，$E = 206 \text{ GPa}$，$\lambda_p = 132$，$\lambda < \lambda_p$ 用抛物线公式计算临界应力

$$\sigma_{cr} = (235 - 6.8 \times 10^{-3} \times 62.66^2) \times 10^6$$
$$= 208.3 \times 10^6 \text{ Pa} = 208.3 \text{ MPa}$$

该压杆的临界荷载为

$$F_{cr} = \sigma_{cr} A = 208.3 \times 10^6 \times 2 \times 2.89 \times 10^{-3}$$
$$= 1\ 204 \times 10^3 \text{ N} = 1\ 204 \text{ kN}$$

压杆的工作安全系数为

$$n = \frac{F_{cr}}{F} = 1.5 > n_{st} = 1.48$$

故压杆稳定性是安全的。

（2）强度校核。

角钢由于铆钉孔削弱后的面积为

$$A_n = 2 \times 28.9 \times 10^{-4} - 2 \times 23 \times 10^{-6} \times 12 = 5.228 \times 10^{-3} \text{ m}^2 = 5.228 \times 10^3 \text{ mm}^2$$

该截面上的应力为

$$\sigma = \frac{F}{A_n} = \frac{800 \times 10^3}{5.228 \times 10^{-3}} = 153.0 \times 10^6 \text{ Pa} = 153.0 \text{ MPa} < [\sigma]$$

### 5.3.3 受压构件失稳的实例分析

我们来看几个工程中常见的问题，加深同学们对受压构件失稳的理解和运用。

**例 5-8** 钢杆 $AB$ 如图 5-11 所示，已知的杆的长度 $l_{AB} = 80 \text{ cm}$，$\lambda_p = 100$，$\lambda_s = 57$，经验公式 $\sigma_{cr} = 304 - 1.12\lambda$，$n_{st} = 2$，试校核杆 $AB$。

**解：** （1）杆 $AB$ 的工作压力。

分析梁 $CBD$ 的受力，据其平衡方程可得

$$F_{AB} = 159 \text{ kN}$$

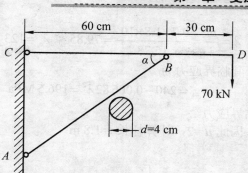

图 5-11

（2）杆 $AB$ 的临界压力。

压杆的柔度

$$\lambda = \frac{\mu l}{i} = \frac{1 \times 80}{\dfrac{4}{4}} = 80$$

可知 $\lambda_p > \lambda > \lambda_s$，用经验公式计算压杆的临界应力

$$\sigma_{cr} = 304 - 1.12 \times 80 = 214.4 \text{ MPa}$$

压杆的临界压力

$$F_{cr} = \sigma_{cr} A = 270 \text{ kN}$$

（3）计算压杆的工作安全系数，进行稳定校核。

由压杆的稳定条件

$$n = \frac{F_{cr}}{F} = \frac{270}{159} = 1.69 \leqslant n_{st} = 2$$

所以，杆 $AB$ 不安全。

指导：请读者思考，若校核整个结构，如何求解？

若由杆 $AB$ 确定整个结构的许用外荷载，如何求解？

我们来看另一个工程问题。

**例 5-9**  某施工现场脚手架搭设的情况有两种，一种搭设是有扫地杆形式，如图 5-12（a）所示，第二种搭设是无扫地杆形式，如图 5-12（b）所示。压杆采用外径为 48 mm，内径为 41 mm 的焊接钢管，材料的弹性模量 $E = 200$ GPa，排距为 1.8 m。现比较两种情况下压杆的临界应力。

**解：**（1）第一种情况的临界应力。

一端固定一端铰支  因此 $\mu = 0.7$，计算杆长 $l = 1.8$ m。

惯性半径

$$i = \sqrt{\frac{I}{A}} = \sqrt{\frac{\dfrac{\pi D^4}{64}(1-\alpha^4)}{\dfrac{\pi D^2}{4}(1-\alpha^2)}} = \frac{d}{4}\sqrt{(1+\alpha^2)} = \frac{48}{4}\sqrt{\left[1+\left(\frac{41}{48}\right)^2\right]} = 15.78 \text{ mm}$$

柔度

$$\lambda = \frac{\mu l}{i} = \frac{0.7 \times 1.8 \times 10^3}{15.78} = 79.85 < \lambda_c = 123$$

所以压杆为中粗杆，其临界应力为

$$\sigma_{cr1} = 240 - 0.006\,82\lambda^2 = 196.5 \text{ MPa}$$

（2）第二种情况的临界应力。

一端固定一端自由　因此 $\mu = 2$，计算杆长 $l = 1.8$ m。

惯性半径

$$i = \sqrt{\frac{I}{A}} = 15.78 \text{ mm}$$

柔度

$$\lambda = \frac{\mu l}{i} = \frac{2 \times 1.8 \times 10^3}{15.78} = 228.1 > \lambda_c = 123$$

所以是大柔度杆，可应用欧拉公式，其临界应力为

$$\sigma_{cr2} = \frac{\pi^2 E}{\lambda^2} = \frac{3.14^2 \times 2 \times 10^5}{228.1^2} = 37.94 \text{ MPa}$$

（3）比较两种情况下压杆的临界应力。

$$\frac{\sigma_{cr1} - \sigma_{cr2}}{\sigma_{cr1}} \times 100\% = \frac{196.5 - 37.94}{196.5} \times 100\% = 80.6\%$$

上述说明有、无扫地杆的脚手架搭设是完全不同的情况，在施工过程中要注意这一类问题。

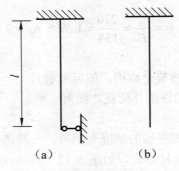

图 5-12

## 思考题

5.3-1　实心截面改为空心截面能增大截面的惯性矩从而能提高压杆的稳定性，是否可以把材料无限制地加工成使其远离截面形心的截面，以提高压杆的稳定性？

5.3-2　只要保证压杆的稳定性就能够保证其承载能力，这种说法是否正确？

5.3-3　请你用日常生活中碰到的实例来说明压稳问题的存在。

## 练习题

5.3-1　三根圆截面钢压杆，直径均为 $d = 160$ mm，弹性模量 $E = 200$ MPa，屈服极限

$\sigma_s = 240\ \text{MPa}$。两端均为铰支，长度分别为 $l_1$、$l_2$ 和 $l_3$，且 $l_1 = 2l_2 = 4l_3 = 5\ \text{m}$。求各杆的临界力。

5.3-2　某轴心受压杆长 $l = 300\ \text{mm}$，矩形截面的面积为 $b \times h = 2\ \text{mm} \times 10\ \text{mm}$，两端铰支，材料为 3 号钢，$E = 2.0 \times 10^5\ \text{MPa}$。试计算此压杆的临界应力和临界力。

# 小　结

1. 压杆稳定的概念。

（1）压杆稳定。若处于平衡的构件，当受到一微小的干扰力后，构件偏离原平衡位置，而干扰力解除以后，又能恢复到原平衡状态时，这种平衡称为稳定平衡。

（2）临界压力。由稳定平衡过渡到不稳定平衡的压力的临界值称为临界压力（或临界力），用 $F_{cr}$ 表示。

2. 两端铰支细长压杆的临界压力。

$$F_{cr} = \frac{\pi^2 EI}{l}$$

3. 其他支座条件下细长压杆的临界压力。

$$F_{cr} = \frac{\pi^2 EI}{(\mu l)^2}$$

式中 $\mu$ 称为长度系数，它表示杆端约束对临界压力影响，随杆端约束而异。两端铰支，$\mu = 1$；一端固定、另一端自由，$\mu = 2$；两端固定，$\mu = 0.5$；一端固定、另一端铰支，$\mu = 0.7$。$\mu l$ 表示把压杆折算成相当于两端铰支压杆时的长度，称为相当长度。

4. 欧拉公式的适用范围、经验公式。

（1）大柔度压杆（欧拉公式）：即当 $\lambda \geqslant \lambda_1$，其中 $\lambda_1 = \sqrt{\dfrac{\pi^2 E}{\sigma_P}}$ 时，$\sigma_{cr} = \dfrac{\pi^2 E}{\lambda^2}$。

（2）中等柔度压杆（经验公式）：即当 $\lambda_2 \leqslant \lambda \leqslant \lambda_1$，其中 $\lambda_2 = \dfrac{a - \sigma_s}{b}$ 时，$\sigma_{cr} = a - b\lambda$。

（3）小柔度压杆（强度计算公式）：即当 $\lambda < \lambda_2$ 时，$\sigma_{cr} = \dfrac{F}{A} \leqslant \sigma_s$。

5. 压杆的稳定校核。

（1）压杆的许用压力 $[\sigma_{cr}] = \dfrac{\sigma_{cr}}{n_{st}}$，其中 $n_{st}$ 为稳定安全系数。

（2）压杆的稳定条件为 $\sigma_{cr} \leqslant [\sigma_{cr}] = \dfrac{F}{A\varphi}$。

6. 提高压杆稳定性的措施。
（1）选择合理的截面形状。
（2）减少压杆长度和增强杆端约束。
（3）改善压杆的约束条件。
（4）合理选择材料。

# 选学模块

# 第6章 工程中常见结构简介

## 引 言

前面主要介绍了单个构件的平衡条件、强度、刚度和稳定性问题，而工程中的实际平面结构由多个构件组成，结构是用来承受荷载和传递荷载的并起骨架作用的。那么首先结构内的这些杆件组合成结构之后不发生相对运动，即杆件与杆件之间搭接成几何不可变体系，这就是下面要研究的结构的几何组成分析内容。再就是各杆件应具有足够的强度、刚度和稳定性，要确定其强度、刚度和稳定性，必须先计算出各杆件的内力。这就是下面主要研究的内容——结构的内力计算。它包括常见静定结构简介和工程中常见超静定结构简介两部分。

## 教学目标

了解几何不变、几何可变体系的概念；了解铰接三角形规则，能运用该规则对简单的工程实例进行几何组成分析；了解静定、超静定结构的概念；认识静定多跨梁、刚架、三铰拱、桁架的内力分布情况，了解相应的受力特征；结合工程实例，认识超静定梁、刚架的内力分布情况，了解相应受力特征，能对静定结构与超静定结构进行比较。

## 6.1 平面结构的几何组成分析

### 6.1.1 几何组成的基本知识

由若干杆件按一定方式互相连接组成的杆件体系简称体系。为了能够承受荷载，体系的几何形状必须是不能改变的，这样的体系可作为结构使用。如果一个体系的几何形状是可以改变的，就不能用作结构。因此，从几何构造的角度看，体系能不能用作结构，首先应对体系进行几何组成分析，判断其几何形状能不能改变。

### 1. 几何不变体系和几何可变体系

如图 6-1（a）所示为由两根竖杆和一根横杆绑扎而成的平面体系。假定竖杆在地里埋得较浅，因而可将支点 C 和 D 简化为铰支座，结点 A 和 B 简化为铰结点，其计算简图如图 6-1（b）所示。显然这个体系是不稳固的，在任意力的作用下很容易倾倒，如图中虚线所示，即不能承受荷载，因而不能作为结构来使用。像这种在外力作用下，不考虑材料的应变，位置和形状可以改变的体系，称为几何可变体系。但若在该体系中加上一根斜撑 AD（图 6-1（c）），体系将变为一个牢固的平面杆件体系。像这种在外力作用下，不考虑材料的应变，位置和形状都不改变的体系，称为几何不变体系。

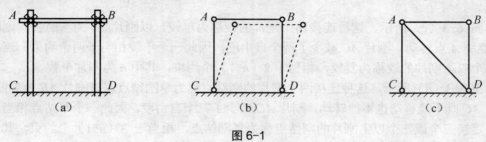

图 6-1

对体系作几何组成分析时，由于不考虑材料的应变，所以认为各个构件没有变形。于是，可以把一根梁、一根链杆或体系中已经肯定为几何不变的某个部分称为一个刚体，简称为刚片。

### 2. 运动自由度和约束

如图 6-2（a）所示平面内一点 A 的运动。该点在坐标所在平面内可以沿水平方向平行移动，也可以沿竖直方向平行移动，也就是说，坐标平面内一点有两种独立运动方式。因此，一点在平面内有两个运动自由度。

如图 6-2（b）所示，坐标所在平面内一个刚片，可以沿水平方向平行移动，也可以沿竖直方向平行移动，同时也可以绕点 A 转动，且与 A、B 两点的连线形成夹角 $\varphi$。换句话说，所在坐标平面内一个刚片有三种独立运动方式。因此，一个刚片有三个运动自由度。

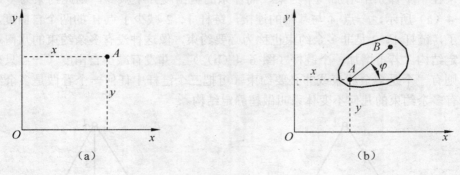

图 6-2

运动是相对的，因此参照物的运动自由度为零。如图 6-2 中的坐标原点 O。对于建筑结构来说，参照物——地基的运动自由度也为零。

综上所述：运动自由度简称自由度，是指该体系运动时，独立运动方程的数目或用来确定其位置所需的独立坐标（或参变量）的数目。

关于约束的概念，在第一章中根据当时所讲的内容已做了定义，在此可根据此处所讲的内容定义为：阻止或限制体系的运动以减少自由度的装置，称为约束。凡能减少一个自由度的装置，称为一个约束或一个联系。

如图 6-3（a）所示，用一根链杆与刚片相连，链杆限制刚片沿链杆方向的运动，所以刚片减少了一个自由度，因此一根链杆相当一个约束。

如图 6-3（b）所示，两根链杆形成的装置与刚片相接，使刚片不能左右，上下平行移动，只能绕铰 $A$ 转动，即该刚片减少了两个自由度，因此该装置（固定铰支座）相当于两个约束。

如图 6-3（c）所示，这种连接两个刚片的铰称为单铰。以刚片 $AB$ 为参照物，则刚片 $AC$ 只能绕 $A$ 点转动，刚片 $AC$ 减少了两个自由度，因此一个单铰相当于两个约束。连接三个或三个以上刚片的铰称为复铰，相当于 $2(n-1)$ 个约束，其中 $n$ 为刚片个数。

如图 6-3（d）所示，这种连接两个刚片的刚结点称为单刚结点。以刚片 $AB$ 为参照物，则刚片 $AC$ 既不能移动也不能转动，刚片 $AC$ 减少了三个自由度，因此一个单结点相当三个约束。连接三个或三个以上刚片的刚结点称为复刚结点，相当于 $3(n-1)$ 个约束，其中 $n$ 为刚片个数。

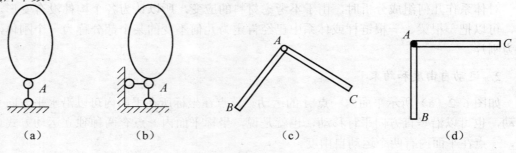

| (a) | (b) | (c) | (d) |

图 6-3

对于参照物——例如地基不仅自由度为零，而且也无多余约束。

如果在一个体系中增加一个约束，而体系的自由度并不减少，则此约束为多余约束。如图 6-4（a）所示，一点 $A$ 与基础的连接，链杆 1、2 减少了点 $A$ 的两个自由度，即点 $A$ 被固定了，链杆 1、2 是非多余约束也称为必要约束，像这种没有多余约束的几何不变体系叫做静定结构。若再增加一个链杆（图 6-4（b）），并没有减少自由度（一点只有两个约束），则有一个是多余约束或非必要约束（可把三个链杆中任何一个看做是多余约束），像这种有多余约束的几何不变体系叫做超静定结构。

| (a) | (b) |

图 6-4

实际上，任何一个体系都是由若干个刚片通过多个约束组成的。如果在组成体系的各刚片之间恰当地加入足够的约束，就能使各刚片之间不能发生相对运动，从而使该体系成为几何不变体系。

如图 6-5 (a) 所示，两刚片 I、II 用两根不平行且不直接相交的链杆 $ab$、$cd$ 相连接。若以刚片 I 为参照物，则刚片 II 将绕 $ab$、$cd$ 两杆延长线的交点 $O$ 转动，显然，随着刚片 II 的运动，交点 $O$ 在不断改变位置。$O$ 点称为瞬时转动中心（即瞬心）。这时，刚片 II 的瞬时运动情况与刚片 II 在 $O$ 点用铰与参照物刚片 I 连接时的运动情况完全相同。因此，两根链杆所起的约束作用相当于在链杆交点处的一个铰所起的约束作用，这个铰称为瞬铰，也叫虚铰。当两刚片 I、II 用两根相互平行的链杆相连时，如图 6-5 (b) 所示，这两个链杆的作用相当于一个无穷远的"铰"，我们把两平行链杆延长线的无穷远处称为无穷远虚铰。在几何组成分析中，虚铰、两刚片直接连接的铰、由链杆直接相交形成的铰都有具有相同的性质。

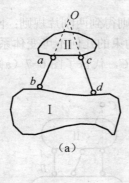 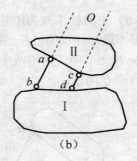

（a）　　　　　　　　　　　　　　（b）

图 6-5

## 6.1.2　几何组成的基本规律

如图 6-6 (a) 所示，由杆 1、2、3 用三个铰 $A$、$B$、$C$ 连接在一起的三角形体系，其几何组成分析可看作是在杆 3 的基础上，以点 $C$ 为圆心、杆 1 长为半径，和以点 $B$ 为圆心、杆 2 长为半径的两个圆弧的交点 $A$ 处，把 1、2 两杆铰接起来而组成的铰接三角形体系。由于交点 $A$ 是唯一的，因此铰接三角形体系的几何形状是确定的，即为无多余约束几何不变体系。如果将铰接三角形中的链杆依次用刚片来等效替换，那么可得到组成几何不变体系的组成规则。

### 1. 二元体规则

将图 6-6 (a) 中的杆 3 视为刚片 I，则铰接三角形就变成：在刚片 I 上用两根不共线的链杆与一个点 $A$ 连接，组成无多余约束的不可变体系，如图 6-6 (b) 所示。于是铰接三角形规则可表述为二元体规则：一个点和一个刚片用两根不共线的链杆相连接，则组成一个无多余约束的几何不变体系。在工程中常将两根不共线的链杆通过一个铰连接成的这种装置称为二元体，如图 6-6 (b) 虚线所示。二元体的性质是：在任意体系上增加二元体或减少二元体不改变该体系的几何组成性质。即：如果原体系是几何不可变体系，增加二元体或减少二元体后，还是几何不可变体系；如果原体系是几何可变体系，增加二元体或减少二元体后，还是几何可变体系。

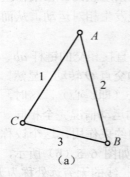
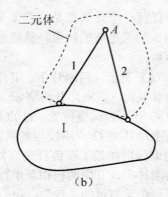

图 6-6

### 2. 两刚片规则

将图 6-6（b）中的杆 1 视为刚片Ⅱ，由二元体规则得到两刚片规则：刚片Ⅰ和刚片Ⅱ用一个铰和一根不通过该铰的链杆连接，组成无多余约束的几何不可变体系，如图 6-7（a）所示。而在图 6-7（b）中，是用两个链杆形成的虚铰 $C$，代替了图 6-7（a）中刚片Ⅰ和刚片Ⅱ直接连接的铰 $C$ 而已。

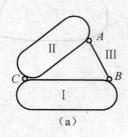
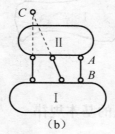

图 6-7

### 3. 三刚片规则

将图 6-7（a）中的 $AB$ 杆视为刚片Ⅲ，由两刚片规则得到三刚片规则：刚片Ⅰ、刚片Ⅱ和刚片Ⅲ通过不在同一条直线上的三个铰两两分别相接，组成无多余约束的几何不可变体系，如图 6-8（a）所示。在图 6-8（b）中，是用三虚铰 $A$、$B$ 和 $C$ 分别代替了图 6-8（a）中刚片Ⅱ和刚Ⅲ片之间的铰 $A$、刚片Ⅰ和刚片Ⅲ之间的铰 $B$、刚片Ⅰ和刚片Ⅱ之间的铰 $C$ 而已。

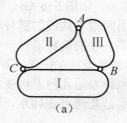
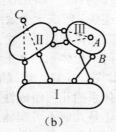

图 6-8

### 4. 瞬变体系

上述几何组成规则中，皆有一定的限制条件，如果不能满足这些条件，则将会出现如下情况。

如图 6-9 所示，三刚片（刚片 $AC$、刚片 $CB$、大地）用位于同一直线的三铰相连，此时 $C$ 点同时可以绕 $B$ 点和 $A$ 点转动，$C$ 点在两圆弧有公切线，所以 $C$ 点在公切线方向的运动是可能发生的，体系在此时是瞬时几何可变的。当体系微小运动产生后，三个铰不再在同一直线上，运动也就不再继续，即体系变成几何不变体系。这种原来为几何可变体系、经过微小位移后又成为几何不变体系的体系称为瞬变体系。

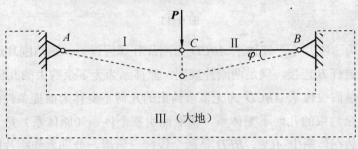

图 6-9

## 6.1.3　几何组成分析举例

利用前述的三个规则分析体系的几何组成，判断是否为几何不变体系，有无多余约束等的过程，称为几何组成分析。分析中可根据铰接三角形规则或二元体规则来简化体系。

几何构造分析步骤：

（1）对于杆件较少的体系，直接利用两刚片或三刚片的组成规则进行分析。注意恰当地选择刚片和链杆，以适合组成规则。

（2）对于杆件较多的复杂体系，需首先利用二元体规则对体系进行简化。简化的方法有"合并"和"撤除"两种：前者是将直接观察出的几何不变部分当作大刚片；后者是撤除二元体，使体系的组成简化，以便利用简单组成规则来分析。

**例 6-1**　分析图 6-10 所示体系的几何组成。

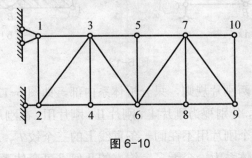

图 6-10

**解：** 方法 1：依次撤除二元体 7—10—9、7—9—8、7—8—6、5—7—6、3—5—6、3—6—4、3—4—2、1—3—2。此时，剩下部分的 1—2 杆件和地基分别为刚片 Ⅰ 和刚片 Ⅱ，满足两刚片规则。因此，原体系为一个无多余约束的几何不可变体系。

方法2：视地基为一刚片，在其上增加二元体固定结点1，然后增加二元体固定结点2、3、4、6、5、7、8、9、10。因此，原体系为无多余约束的几何不变体系。

**例6-2** 分析图6-11所示体系的几何组成。

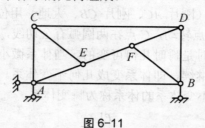

图6-11

**解**：视地基为一刚片 I，视体系 *ABCD* 为刚片 II（假设），则两刚片通过一个铰 *A* 和一个不过该铰的链杆 *B* 连接，满足两刚片规则，原体系为无多余约束的几何不变体系。

上面的结论是假设体系 *ABCD* 为无多余约束的几何不变体为前提条件的，现在只要证明该体系是无多余约束的几何不变体系，就能证明整个体系（原体系）是无多余约束的几何不变体系。显然在体系中 *ACE*、*BFD* 是两个铰接三角形，分别看作刚片 III 和刚片 IV。两刚片通过链杆 *AB* 和 *EF* 的延长线形成虚铰 *A*，*CD* 链杆的延长线不过铰虚铰 *A*，因此满足两刚片规则，该体系为无多余约束的几何不变体系。

所以原体系为无多余约束的几何不变体系。

通过本例的分析可得到结论：如果地基与体系满足两刚片规则，只分析体系内部即可，下面举例说明。

**例6-3** 分析图6-12（a）所示体系的几何组成。

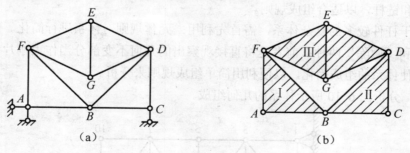

（a）　　　　　　（b）

图6-12

**解**：地基与体系满足两刚片规则，只分析体系内部，如图6-12（b）所示，显然 *FBA*、*DCB*、*FEG* 是铰接三角形，分别视为刚片 I、刚片 II、刚片 III，在刚片 III 上增加二元体 *EDG*，形成扩大的刚片 III，则三个刚片用不在同一条直线上的三个铰 *F*、*D*、*B* 两两分别连接，满足三刚片规则。因此，原体系为一个无多余约束的几何不可变体系。

例 6-4　分析图 6-13 所示体系的几何组成。

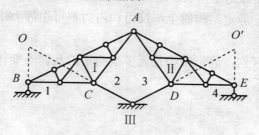

图 6-13

**解：** 地基与体系不满足两刚片规则，但 ABC、ADE 都是无多余约束的几何不变部分，分别视为刚片Ⅰ和刚片Ⅱ，将基础看作刚片Ⅲ，此时刚片Ⅰ和Ⅲ用虚铰 O 相连接，刚片Ⅱ和刚片Ⅲ用虚铰 O′ 相连接，刚片Ⅰ和刚片Ⅱ用铰 A 相连接，此三铰 O、O′、A 不在同一条直线上，由三刚片规则可知，原体系为无多余约束的几何不可变体系。

通过本例的分析可得到结论：如果地基与体系不满足两刚片规则，往往要用三刚片规则分析，此时地基常常是一刚片，下面举例说明。

例 6-5　分析图 6-14（a）所示体系的几何组成。

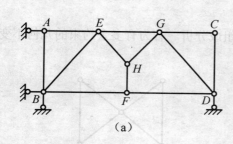
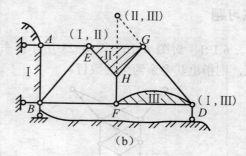

（a）　　　　　　　　　　　　　（b）

图 6-14

**解：** 首先去掉二元体 G—C—D，再将杆 AB 与基础组成的几何不变部分视为刚片Ⅰ，将铰接三角形 EHG 视为刚片Ⅱ，杆 FD 视为刚片Ⅲ，三刚片间彼此用铰（或虚铰）连接，且三铰不在同一条直线上，满足三刚片规则，原体系为无多余约束的几何不可变体系。

## 6.1.4　静定和超静定结构的区别

如图 6-15（a）所示的简支梁。从受力上分析：它的全部反力和内力都可由静力平衡条件确定。从几何构造上分析：它是无多余约束的结构，这类结构称为静定结构。

如图 6-15（b）所示的连续梁。从受力上分析：其支座反力共有 4 个，而静力平衡条件只有三个，仅利用三个静力平衡方程无法求得其全部反力，从而也就不能求得它的全部内力，这类结构称为超静定结构。从几何构造上分析：它是有一个多余约束的结构。

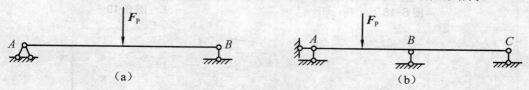

（a）　　　　　　　　　　　　　　（b）

图 6-15

因此，静定结构和超静定结构从下述两方面区别。

（1）从受力上区别：静定结构的全部反力和内力都可由静力平衡条件完全唯一确定，而超静定结构不能。

（2）从几何构造上区别：静定结构是无多余约束的几何不变体系，而超静定结构是有多余约束的几何不变体系。

## 思考题

6.1-1　几何不变体系与几何可变体系有什么异同点？

6.1-2　链杆能否视为刚片？刚片能否视为链杆？二者有何区别？

6.1-3　什么是必要约束？什么是多余约束，多余约束从哪个角度来看才是多余的？

6.1-4　几何组成不变体系的三个规则之间有何联系？为什么说它们实质是同一规则？

6.1-5　三个基本规则中都有限制条件，若几何组成分析时发现该体系满足三个基本规则相应限制条件的相反条件，这个体系是什么体系（可变体系、不可变体系、瞬变体系）？

6.1-6　瞬变体系与可变体系各有何特征？

## 练习题

6.1-1　对图 6-16～图 6-23 所示体系作几何组成分析。若为有多余约束的几何不变体系，则指出其多余约束的数目。

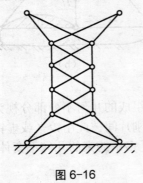

图 6-16

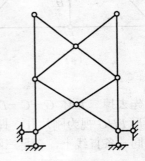

图 6-17

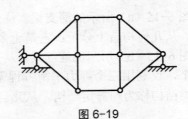

图 6-18

图 6-19

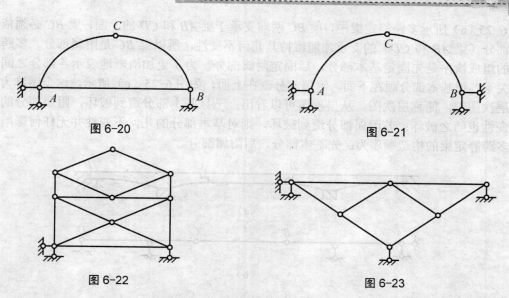

图 6-20

图 6-21

图 6-22

图 6-23

6.1-2　如图 6-24 所示，用增减约束或改变约束布置的方法，使体系成为几何不变且无多余约束的体系。

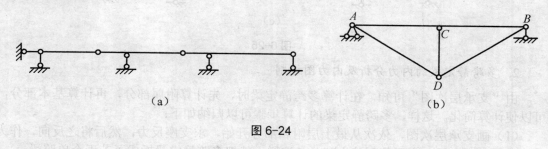

（a）

（b）

图 6-24

# 6.2　工程中常见静定结构简介

## 6.2.1　多跨静定梁

### 1. 多跨静定梁的几何组成特点

简支梁、悬臂梁和外伸梁是静定结构中最简单的情况。多跨静定梁是由若干单跨静定梁用铰连接而成的静定结构。由于其受力性能较好，在工程结构中常用来跨越几个相连的跨度，多用于桥梁、渡槽和屋盖系统。如图 6-25（a）所示公路桥梁的主要承重结构就采用这种结构形式。

从几何构造上来看，它们都是无多余约束的几何不变体系，均为静定结构，多跨静定梁由以下两部分构成。

（1）基本部分：不依赖于其他部分本身就能独立地承受荷载并能保持平衡的梁段部分。图 6-25（a）所示多跨静定梁中，梁 AB 和 CD 由支座直接固定于基础，是几何不变的，并能独立承担荷载，所以梁 AB 和 CD 是基本部分。

（2）附属部分：必须依赖于其他部分的存在，才能承受荷载而维持平衡的梁段部分。

图 6-25（a）所示多跨静定梁中，梁 BC 两端支承于梁 AB 和 CD 的上面，梁 BC 必须依靠基本部分（梁 AB 和 CD）的支承才能维持其几何不变性，所以梁 BC 是附属部分。多跨静定梁的组成次序是先固定基本部分，后固定附属部分。为了更加清晰地表示各部分之间的支承关系，把基本部分画在下面，附属部分画在上面，如图 6-25（c）所示，这个图称为"支承层次图"，简称层次图。从层次图可以看出：一旦基本部分遭到破坏，附属部分的几何不变性也随之破坏；若附属部分遭到破坏，则对基本部分的几何不变性并无任何影响。因此多跨静定梁的构造顺序为：先基本部分，后附属部分。

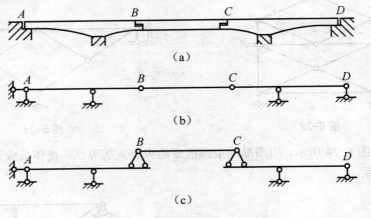

图 6-25

**2. 多跨静定梁的内力分析及内力图绘制**

由"支承层次图"可知，在计算多跨静定梁时，先计算附属部分，再计算基本部分，可以使计算简化。这样，多跨静定梁的计算步骤可以归纳如下：

（1）画支承层次图，依次从最上层附属部分开始，求支座反力，然后将之反向，作为荷载作用于下一层，直至传到基本部分。这样，就把多跨静定梁拆成了若干个单跨梁。

（2）作内力图。按前述简支梁的计算和作图方法。首先，分别作出各个单跨梁的内力图；然后，将它们连在一起就成为多跨静定梁的内力图。

**例 6-6** 试作图 6-26（a）所示多跨静定梁的内力图。

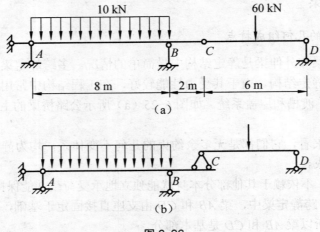

图 6-26

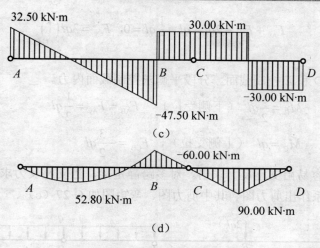

图 6-26（续）

**解：** （1）作层次图。

先进行梁的组成分析：梁 $AC$ 是基本部分，$CD$ 是附属部分，它们的层次图如图 6-26（b）所示。此时应先求解附属的 $CD$ 部分，将 $C$ 点的反力求出后（反作用于梁 $AC$ 的 $C$ 点），再解梁 $AC$。

（2）求支座反力。

由梁 $CD$ 的平衡条件可得

$$F_{Cy} = F_{Dy} = 30\,\text{kN}\ （↑）$$

由梁 $AC$ 的平衡条件可得

$$\sum F_y = 0,\ \ F_{Ay} + F_{By} = 110\,\text{kN}$$

$$\sum M_A = 0,\ \ F_{By} = 77.5\,\text{kN}(↑)$$

求得　　　　　$F_{Ay} = 32.5\,\text{kN}$（↑）　　　$F_{By} = 77.5\,\text{kN}$（↑）

（3）画剪力图和弯矩图。支座反力及铰 $C$ 处的相互作用力求出后，再画出剪力图和弯矩图（图 6-26（c）、（d））。

**例 6-7**　试作图 6-27（a）所示多跨静定梁的内力图。

**解：** （1）作层次图。

先进行梁支承层次分析：梁 $ABCD$ 是基本部分，$DE$ 是附属部分，附属部分相当于简支梁，它们的层次图如图 6-27（b）所示。

（2）求支座反力。

显然有

$$F_{Dy} = F_{Ay} = \frac{1}{2}ql$$

基本部分为外伸梁，由整体平衡，$M_C = 0$ 得

$$F_{Ay} \times 2l - 2ql \times l + \frac{1}{2}ql^2 + \frac{1}{2}ql^2 = 0,\ \ F_{Ay} = \frac{1}{2}ql(↑)$$

$$\sum F_y = 0,\ \ 得$$

$$F_{Ay} + F_{Cy} - 2ql - ql - \frac{1}{2}ql = 0, \quad F_{Cy} = 3ql(\uparrow)$$

（3）作内力图。

选 A、B、C、D 和 E 控制截面。分段平衡求控制截面内力。

AB 段：
$$M_B = \frac{1}{2}ql^2 \text{（下侧受拉）}, \quad F_{AB} = F_{Ay} = \frac{1}{2}ql$$

CA 段：
$$M_C = ql^2 \text{（上侧受拉）}, \quad F_{CB} = -\frac{3}{2}ql$$

其余各段内力容易由支座反力求出。对多跨静定梁，当支座反力求出以后，还可按反力与荷载的升降关系作出剪力图。其中剪力图、弯矩图如 6-27（c）、（d）所示。

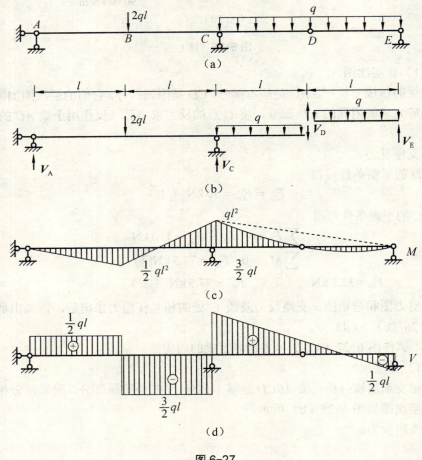

图 6-27

## 3. 多跨静定梁的受力特征

多跨静定梁由外伸梁和短梁组合成，短梁的跨度小于简支梁，所以弯矩也小；外伸梁由于外伸部分的负弯矩，使跨中弯矩也小于相同跨度的简支。图 6-28（a）、图 6-28（b）是相互独立的系列简支梁在均布荷载 q 作用下的弯矩图，图 6-29（a）、图 6-29（b）是与系列简支梁具有相同跨度、相同荷载作用下的多跨静定梁及其弯矩图。比较两个弯矩图可以看出，系列简支梁的最大弯矩大于多跨静定梁的最大弯矩。因而，系列简支梁虽然结构较简单，但弯矩较大；多跨静定梁的承载能力大于系列简支梁，用料比较节省，但多跨静定梁的构造比较复杂，需要全面考虑。

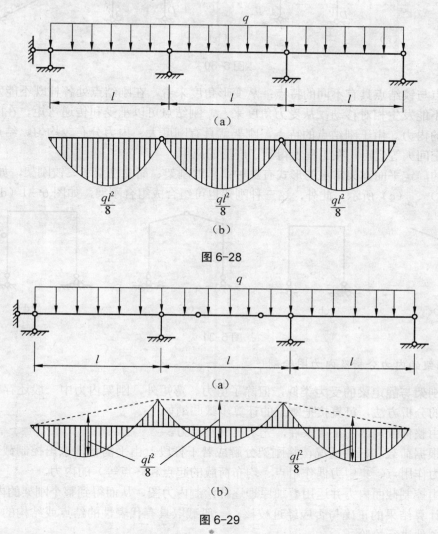

图 6-28

图 6-29

## 6.2.2　静定刚架

### 1. 刚架的特点和类型

刚架是由若干不同方向直杆（梁和柱）全部或部分用刚结点连接而成的结构。图 6-30（a）所示一个刚架，结点 B、C 都是刚结点。荷载作用后，交于刚结点的各杆间的夹角保持不变，如图 6-30（a）中虚线所示。如果把刚架中的刚结点变成铰结点（图 6-30（b）），就会成为几何可变体系，此时需要增加支杆才能维持体系平衡，如图 6-30（c）所示。

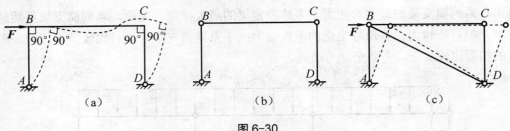

（a）　　　　　　　　（b）　　　　　　　　（c）

图 6-30

刚结点与铰结点具有不同的特点：从变形角度来看，在刚结点处各杆既不能发生相对转动，也不能发生相对移动；从受力角度来看，刚结点可以承受和传递弯矩，在刚架中弯矩是主要的内力。由于刚结点的特点，刚架就具有刚度大、内力分布较均匀、结点构造简单和内部空间大等优点，在工程上得到了广泛的应用。

常见的静定平面刚架常见的形式有三种：悬臂刚架、简支刚架和三铰刚架，如图 6-31（a）、（b）、（c）所示。此外，这三种刚架也可组合成组合刚架，如图 6-31（d）所示。

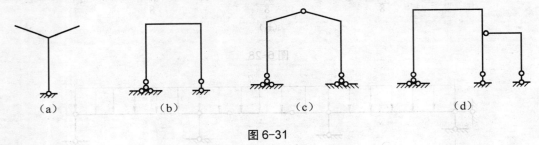

（a）　　　　　（b）　　　　　　（c）　　　　　　　（d）

图 6-31

### 2. 刚架的内力分析及内力图绘制

静定刚架与静定梁的受力类似，但除了剪力、弯矩外，刚架内力中一般还存在轴力。按静定梁的分析方法，可直接把刚架的计算步骤归纳如下：

（1）由整体或局部的平衡条件，先求出支座反力。

（2）根据荷载和杆件情况，将刚架分解成若干杆段，由平衡条件求出控制截面（如杆端、集中力作用点、集中力偶作用点、均布荷载的起点和终点等）的内力。

（3）由控制截面内力并运用叠加原理逐杆绘制内力图，从而得到整个刚架的内力。

（4）计算结果的正确与否应经过校核。一般截取具有代表性的结点或结构的一部分，利用平衡条件进行检验。

刚架内力值的正负号规定：剪力规定以对杆端顺时针转动为正，反之为负。弯矩图画在杆件受拉一侧，图中不标正负号。剪力和轴力的正负号规定与静定梁相同。剪力图和轴力图可绘在杆件的任一侧，但必须标明正负号。为避免内力符号出现差错，在建立隔离体画受力图时，不管内力的实际方向如何，均假设指定截面上的内力是正向的。为了明确表示各杆端的内力，规定在内力符号的右下方加用两个角标来标明该内力所属的杆件，其中第一个角标表示该内力所属杆端，第二个角标表示同一杆件的另一端。如 $AB$ 杆的 $A$ 端弯矩写作 $M_{AB}$，$B$ 端弯矩写作 $M_{BA}$。下面通过例题说明刚架内力图的做法。

**例 6-8**　试作出图 6-32（a）中悬臂刚架的内力图。

**解：**（1）计算支座反力。利用刚架整体的平衡条件（图 6-32（b)）得

$$\sum F_x = 0, \qquad F_{Ax} = 0$$
$$\sum F_y = 0, \qquad F_{Ay} = 10 \text{ kN} \quad (\uparrow)$$

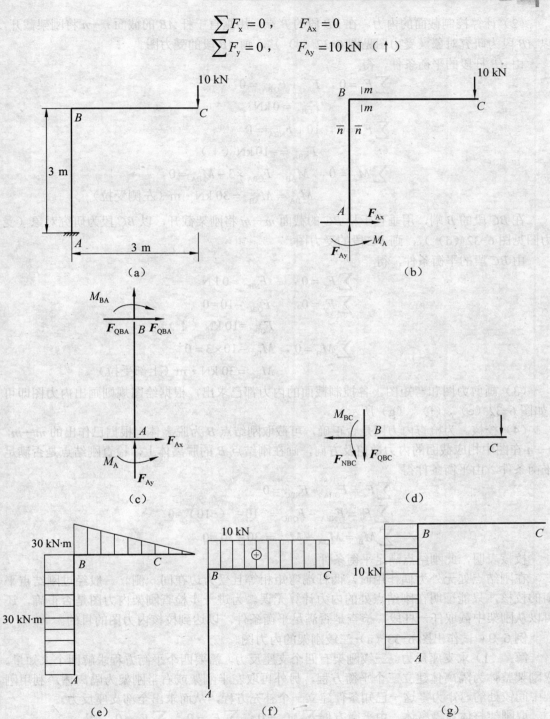

图 6-32

$$\sum M_A = 0, \quad M_A + 10 \times 3 = 0$$
$$M_A = 30 \text{ kN} \cdot \text{m}（左侧受拉）$$

（2）计算控制截面的内力。在 $AB$ 段的 $B$ 端，用垂直于杆 $AB$ 的截面 $n—n$ 将刚架截开，以 $AB$ 段为研究对象（受力图见图 6-32（c）），画 $AB$ 段的受力图。

由 $AB$ 杆段的平衡条件，得

$$\sum F_x = 0 , \quad F_{Ax} + F_{QBA} = 0$$
$$F_{QBA} = 0 \, kN$$
$$\sum F_y = 0 , \quad 10 + F_{NBA} = 0$$
$$F_{NBA} = -10 \, kN \ (\downarrow)$$
$$\sum M_A = 0 , \quad M_{AB} - F_{QBA} \times 3 - M_{BA} = 0$$
$$M_{BA} = M_{AB} = 30 \, kN \cdot m （左侧受拉）$$

在 $BC$ 段的 $B$ 端，用垂直于杆 $BC$ 的截面 $m—m$ 将刚架截开，以 $BC$ 段为研究对象（受力图见图 6-32（d）），画 $BC$ 段的受力图。

由 $BC$ 段的平衡条件，得

$$\sum F_x = 0 , \quad F_{NBC} = 0 \, kN$$
$$\sum F_y = 0, \quad F_{QBC} - 10 = 0$$
$$F_{QBC} = 10 \, kN \ (\uparrow)$$
$$\sum M_B = 0 , \quad M_{BC} - 10 \times 3 = 0$$
$$M_{BC} = 30 \, kN \cdot m （上部受拉）$$

（3）画剪力图和弯矩图。各控制截面的内力都已求出，根据绘图规则画出内力图即可（如图 6-32（e）、（f）、（g）所示）。

（4）校核。为检查内力图是否正确，可截取刚结点 $B$ 为脱离体。根据已作出的 $m—m$、$n—n$ 在图中相应截面的内力数值及方向，画在刚结点 $B$ 的脱离体上，检查刚结点是否满足平衡条件。由平衡条件得

$$\sum F_x = F_{QBA} - F_{NBC} = 0$$
$$\sum F_y = F_{NBA} - F_{QBC} = -10 - (-10) = 0$$
$$\sum M_B = M_{BA} - M_{BC} = 30 - 30 = 0$$

校核表明，此刚结点满足平衡条件。

在刚结点处无外力偶作用时，两杆端弯矩相等且受力边在同一侧。一般经过刚结点平衡的校核，只能证明在刚结点处的内力计算无误。为进一步检查刚架内力图是否正确，还可以从刚架中截取任一杆段，检查是否满足平衡条件，以达到校核内力图的目的。

例 6-9  试作出图 6-33（a）三铰刚架的内力图。

解：（1）求支座反力。三铰刚架有四个支座反力，需要四个平衡方程求解四个未知量。取刚架整体为隔离体建立三个平衡方程，另外再取左半刚架或右半刚架为隔离体，利用刚架中间铰处的弯矩为零这一已知条件建立一个补充方程，从而求出全部支座反力。

取刚架整体为隔离体，由平衡方程 $\sum M_A = 0$、$\sum F_y = 0$、$\sum F_x = 0$，得

$$F_{By} = 75 \, kN$$
$$F_{Ay} = 25 \, kN$$
$$F_{Ax} = F_{Bx}$$

再取刚架的左半部分为隔离体，由平衡方程 $\sum M_C = 0$、$\sum F_y = 0$、$\sum F_x = 0$，得

$$F_{Ax} = F_{Bx} = 20.8 \text{ kN}$$

$$F_{Cx} = -20.8 \text{ kN}$$

$$F_{Cy} = -25 \text{ kN}$$

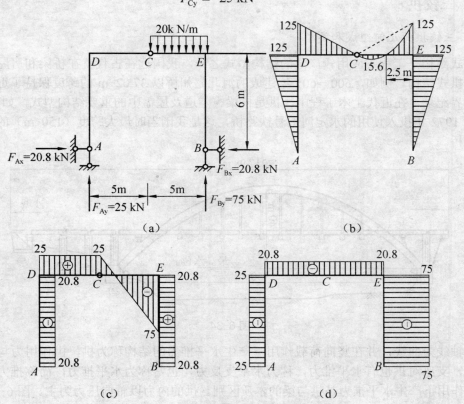

图 6-33

（2）求杆端的内力。杆端内力为

$$\dot{M}_{AD} = 0$$

$$F_{QDA} = F_{QAD} = -20.8 \text{ kN}$$

$$F_{NDA} = F_{NAD} = -25 \text{ kN}$$

$$M_{DA} = -20.8 \times 6 = -125 \text{ kN} \cdot \text{m（左侧受拉）}$$

$$M_{DC} = M_{DA} = -125 \text{ kN} \cdot \text{m（上侧受拉）}$$

$$F_{QDC} = F_{QCD} = F_{QCE} = 25 \text{ kN}$$

$$F_{NDC} = F_{NCD} = F_{NCE} = F_{NEC} = -20.8 \text{ kN}$$

$$M_{CD} = M_{CE} = 0$$

$$F_{QEC} = -75 \text{ kN}$$

$$M_{BC} = -20.8 \times 6 = -125 \text{ kN} \cdot \text{m（上侧受拉）}$$

$$M_{EB} = -125 \text{ kN} \cdot \text{m（右侧受拉）}$$

$$F_{QEB} = F_{QBE} = 20.8 \text{ kN}$$

$$F_{NEB} = F_{NBE} = -75 \text{ kN}$$

（3）绘制内力图。根据以上求出的各杆端的内力，绘出刚架的弯矩图、剪力图和轴力图分别如图 6-33（b）、（c）、（d）所示。

### 6.2.3 三铰拱

1. 三铰拱的几何组成和类型

拱式结构是工程中应用较广泛的结构型式之一，我国远在古代就在桥梁和房屋建筑中采用了拱式结构。例如，600—605 年建成的河北赵州桥以 37.02 m 的跨度保持了近十个世纪的世界纪录。在近代土木工程中，拱是桥梁、隧道及屋盖中的重要结构型式，如图 6-34 所示为 1972 年投入使用的永定河七号铁路桥，这是我国当时最大跨度（150 m）的钢筋混凝土拱桥。

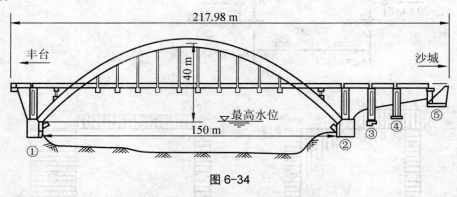

图 6-34

杆轴线为曲线，并在竖向荷载作用下产生水平推力的结构称为拱，由作用力与反作用力可知，支座对拱也有水平推力，称为水平支反力，也常称为水平推力，简称推力。在竖向荷载作用下产生水平推力是拱与梁的本质区别。拱的内力以轴向压力为主。图 6-35 中的结构都是曲杆。其中，图 6-35（a）中的结构在竖向荷载作用下没有水平推力，它的弯矩与相应的简支梁（荷载和跨度相同的梁）相等。这种结构不是拱，而是曲梁。图 6-35（b）中的结构在竖向荷载作用下产生水平推力，是拱结构。

常见的拱结构有无铰拱（图 6-36（a））、两铰拱（图 6-36（b））和三铰拱（图 6-36（c））。三铰拱是静定的，两铰拱和无铰拱是超静定的。本节讨论静定拱的受力分析。

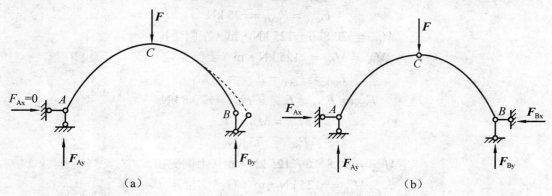

（a）                          （b）

图 6-35

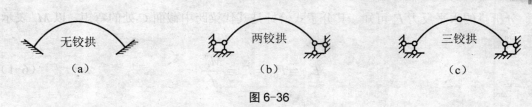

無鉸拱　　　　　両鉸拱　　　　　三鉸拱
（a）　　　　　　（b）　　　　　　（c）

图 6-36

拱的各部分名称如图 6-37 所示。拱身各截面形心的连线称为拱轴线；拱轴的最高处称为拱顶；拱的两端支座处称为拱趾；两个拱趾间的水平距离 $l$ 称为拱跨度；由拱顶到拱趾连线的竖向距离 $f$ 称为拱高或矢高；拱高与跨度之比 $\dfrac{f}{l}$ 称为高跨比；两个拱趾在同一水平线上的称为平拱，不在同一水平线上的称为斜拱。本节主要讨论平拱。

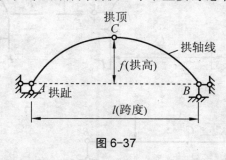

图 6-37

**2. 三铰拱的支座反力**

三铰拱支座反力的计算方法与三铰刚架支座反力的计算方法相同。图 6-38（a）所示三铰拱，有四个支座反力 $F_{Ax}$、$F_{Ay}$、$F_{Bx}$、$F_{By}$。取拱的整体为隔离体，由 $\sum M_B = 0$，得

$$F_{Ay} = \frac{1}{l}(F_1 b_1 + F_2 b_2) = \frac{\sum F_i b_i}{l} \quad (\uparrow)$$

由 $\sum M_A = 0$，得

$$F_{By} = \frac{1}{l}(F_1 a_1 + F_2 a_2) = \frac{\sum F_i a_i}{l} \quad (\uparrow)$$

由 $\sum F_x = 0$，得

$$F_{Ax} - F_{Bx} = 0 \quad F_{Ax} = F_{Bx} = F_x$$

再取左半拱为隔离体，由 $\sum M_C = 0$，得

$$F_{Ax} = \frac{F_{Ay} \dfrac{l}{2} - F_1\left(\dfrac{l}{2} - a_1\right)}{f} \quad (\rightarrow)$$

为了便于比较，现取一个跨度与荷载及其作用位置都与三铰拱相同的简支梁（图 6-38（b）），这样的简支梁称为拱式结构的"代"梁。其支座反力分别以 $F_{Ay}^0$、$F_{By}^0$ 表示。由"代"梁的平衡条件可得

$$F_{Ay}^0 = F_{Ay}$$

$$F_{By}^0 = F_{By}$$

由以上二式可见，在竖向荷载作用下，三铰拱的竖向支座反力与其代梁的支座反力相

同。分析拱的水平反力 $F_x$ 可知，其分子式恰好是其代梁跨中截面 $C$ 处的弯矩，以 $M_C^0$ 表示。

则

$$F_{Ax} = F_{Bx} = F_x = \frac{M_C^0}{f} \qquad (6-1)$$

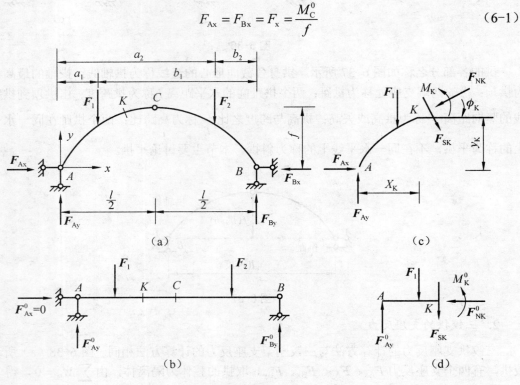

图 6-38

通过上面的表述，三铰拱的支座反力有如下的特点：

（1）在竖向荷载作用下，三铰拱的竖向支反力与拱轴线形状无关，而与其对应的简支梁的竖向支反力值相等。

（2）三铰拱的水平推力等于对应简支梁 $C$ 截面的弯矩 $M_C^0$ 除以拱高 $f$，即拱的水平推力 $F_x$ 与拱高 $f$ 成反比，也就是说拱越高水平推力愈小。反之，拱越低水平推力愈大。如果 $f \to 0$，推力趋于无穷大，此时 $A$、$B$、$C$ 三个铰在一条直线上，根据几何组成分析，此时结构将变成瞬变体系。即使 $f$ 不为零，但较小时，水平推力也是非常大的，这就会给基础相当大的推力，因此应根据地基的耐推能力来选定拱的矢高。

（3）在竖向荷载作用下拱对支座有水平推力，而梁没有。这是拱和梁的根本区别。

3. 三铰拱的内力

由于拱轴线为曲线，使得三铰拱的内力计算较为复杂，但内力计算方法仍然是截面法。在求某截面的内力时，可用垂直于拱轴线的截面 $K$ 将拱截成两半，取其一部分为研究对象，再用静力平衡方程求截面的内力（图 6-38（c））。由于拱轴线是曲线，每个截面的 $y$ 坐标都要由拱轴线方程 $y=f(x)$ 确定；垂直于拱轴的截面都有一定的倾斜，即不与 $x$ 轴垂直。但可以借助其相应简支梁的内力计算结果，三铰拱的内力计算公式如下所述。

（1）弯矩。弯矩的计算公式如下

$$M_K = M_K^0 - F_x y \qquad (6-2)$$

从上式可以看出，三铰拱任一截面的弯矩，等于对应简支梁相应截面的弯矩减去由水平推力产生的弯矩。所以，三铰拱的弯矩总是小于对应简支梁的弯矩，这是水平推力产生的影响。

（2）剪力。剪力的计算公式如下

$$F_Q = F_Q^0 \cos\phi - F_x \sin\phi \qquad (6-3)$$

从上式可以看出，三铰拱截面上的剪力总是小于对应简支梁上的剪力。

（3）轴力。轴力的计算公式如下

$$F_N = F_N^0 \sin\phi + F_x \cos\phi \qquad (6-4)$$

从上式可以看出，拱截面有轴力，且为压力。

### 4．讨论

以上介绍了三铰拱的支座反力和内力计算。在竖向荷载作用下，拱结构存在水平推力。为了克服水平推力对支撑结构（如墙、柱）的影响，常常在三铰拱支座间加一根拉杆，让拉杆承受水平推力，这样的结构叫做拉杆拱。为了减少拉杆的挠度，还常设置吊杆，计算时可不考虑吊杆的作用，如图 6-39 所示。

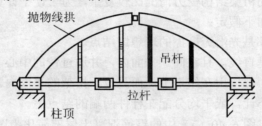

图 6-39

由前面三铰拱的内力计算中可以看出，拱的任意截面上既存在着弯矩、剪力，也存在着轴力。为了充分发挥材料抗压强度高、抗拉强度较低的性能，我们可以通过调整拱的轴线，使拱在任何确定的荷载作用下各截面上的弯矩值为零。这时拱截面上只有通过截面形心的轴向压力作用，其压应力沿截面均匀分布，此时的材料使用最为经济，这种在固定荷载作用下，使拱处于无弯矩状态时的相应拱轴线称为该荷载作用下的合理拱轴线。

由计算表明，在满跨竖向均布荷载作用下，三铰拱的合理轴线是一根抛物线。房屋建筑中拱的轴线常采用抛物线。

## 6.2.4　静定桁架

### 1．桁架的特点和组成

桁架是由若干直杆在两端用铰连接而成的一种几何不变的结构。这种结构当荷载作用在各结点上时，各杆的截面内力主要是轴力，弯矩和剪力都很小，可以忽略不计。因此，桁架是大跨度结构中应用得非常广泛的一种型式，如民用房屋和工业厂房中的屋架、托架，大跨度的铁路和公路桥梁，起重设备中的塔架，以及建筑施工中的支架等。图 6-40（a）

所示为钢筋混凝土屋架的示意图。

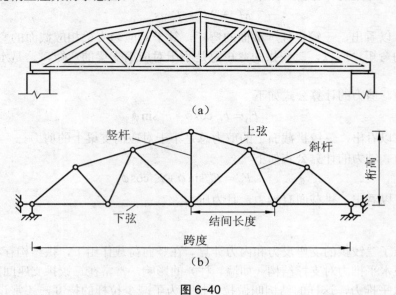

图 6-40

通常，工程实际中的桁架结构受力情况比较复杂，为了便于计算，突出主要受力特点，一般对实际桁架结构作如下假定：

（1）桁架的各结点都是光滑无摩擦的理想铰结点。

（2）各杆的轴线都是直线，且在同一平面内，并通过铰的中心。

（3）荷载和支座反力都作用在结点上，而且位于桁架的平面内。

（4）各杆重量略去不计，或平均分配在杆件两端的结点上。

根据以上假设，可将图 6-40（a）中的钢筋混凝土屋架简化为图 6-40（b）的形式。

在符合上述假定的理想情况下，桁架中的各杆均为两端铰接的直杆，并且只在杆的两端承受荷载，因而各杆内力只有轴力，这种完全由二力杆构成的桁架称为理想桁架。然而，工程实际中的桁架与理想桁架有着较大的差别。如在图 6-40（a）钢筋混凝土屋架中，各杆的连接处是直接浇注在一起的，结点具有很大刚性。所以，结点的构造不可能完全符合理想铰的情况。此外，各杆的轴线不可能绝对平直，各杆的轴线也不可能完全交于一点，荷载也不可能绝对地作用在结点上。因而，桁架中的杆件也不可能是绝对意义上的二力杆。通常把桁架在理想状态下计算出的内力称为主内力，把由于实际情况与理想情况不完全相符而产生的附加内力称为次内力。在本书中只讨论主内力的计算。

桁架中的杆件，依其所在位置的不同，可分为弦杆和腹杆两大类。弦杆是指桁架上下边缘的杆件，上边缘的杆件称为上弦杆，下边缘的杆件称为下弦杆。桁架上弦杆和下弦杆之间的杆件称为腹杆。腹杆又分为竖杆和斜杆。弦杆上两相邻结点之间称为结间，其间距称为结间长度。桁架的高度叫做桁高。两支座间的距离 $l$ 叫做跨度，如图 6-40（b）所示。

根据桁架的几何构造特点，可将桁架分为下述三类。

（1）简单桁架：由基础或一个基本铰结三角形开始，依次增加二元体组成（图 6-41（a）、（b））。

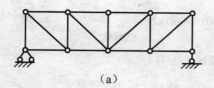

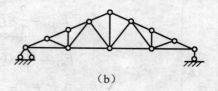

（a）　　　　　　　　　　　　　　　　　　　（b）

图 6-41

（2）联合桁架：由几个简单桁架按照几何不变体系的简单组成规则连接成一个桁架（图 6-42）。

（3）复杂桁架：凡是不属于以上两类的桁架，都属于复杂桁架（图 6-43）。

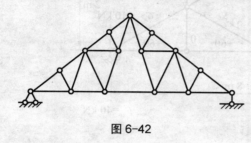

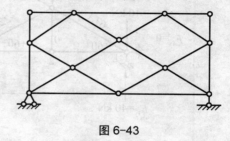

图 6-42　　　　　　　　　　　　　　　　　　图 6-43

2. 计算桁架的轴力

计算桁架的轴力主要有两种方法：结点法和截面法。

（1）结点法。

结点法是用一闭合截面截取桁架的某一结点作为隔离体，根据结点的平衡条件建立平衡方程，从而求出未知的杆件内力。

因为桁架各杆件仅承受轴力，作用于任一结点的各力（包括荷载、反力和杆件轴力）组成一个平面汇交力系，所以对每一结点仅能建立两个独立的平衡方程。在实际计算中，一般从未知力不超过两个的结点开始，依次推算。结点法适用于简单桁架的轴力计算。

**例 6-10**　试用结点法分析图 6-44（a）所示桁架各杆的轴力。

**解：**由于桁架和荷载都是对称的，相应的杆件轴力和支座反力也必然是对称的，故取半个桁架计算即可。

①　计算支座反力。

$$F_{1x} = 0$$

$$F_{1y} = F_{8y} = \frac{1}{2}(10+20+20+20+10) = 40 \text{ kN （↑）}$$

②　计算各杆轴力。

支座反力求出后，可截取各结点计算各杆的轴力。从只含两个未知力的结点开始，这里有 1、8 两个结点，现在计算左半桁架，从结点 1 开始，然后依次分析相邻结点。取结点 1 为隔离体，如图 6-44（b）所示。由平衡条件得

$$\sum F_y = 0, \quad F_{N13y} = -30 \text{ kN （↓）}$$

利用比例关系，得

$$F_{N13x} = \frac{2}{1} \times F_{N13y} = 2 \times (-30) = -60\,\text{kN}$$

$$F_{N13} = \frac{\sqrt{5}}{1} \times (-30) = -67.1\,\text{kN}（压力）$$

$$\sum F_x = 0, \quad F_{N12} = -F_{N13x} = -(-60) = 60\,\text{kN}（拉力）$$

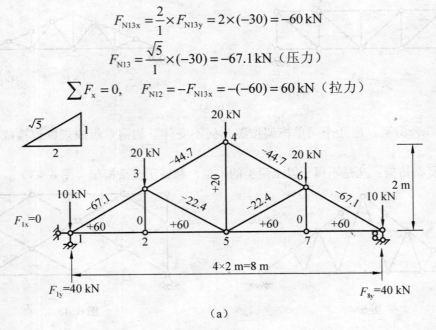

（a）

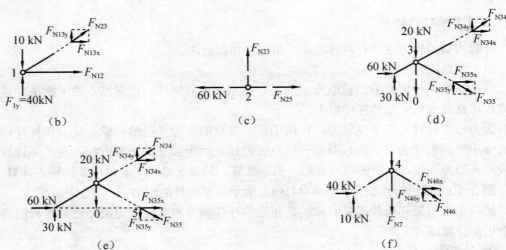

（b）  （c）  （d）

（e）  （f）

图 6-44

取结点 2 为隔离体，如图 6-44（c）所示。图中将前面已求出的 $F_{N12}$ 按实际方向画出，不再标正负号，只标数值。由平衡方程式，得

$$\sum F_x = 0, \quad F_{N25} = 60\,\text{kN}（拉力）$$

$$\sum F_y = 0, \quad F_{N23} = 0$$

取结点 3 为隔离体，如图 6-44（d）所示。图中将前面已求出的 $F_{N13}$、$F_{N23}$ 或其分力均按实际方向画出，同样不标正负号，只标数值。由平衡方程式，得

$$\sum F_x = 0, \quad F_{N34x} + F_{N35x} + 60 = 0$$

$$\sum F_y = 0, \quad F_{N34y} - F_{N35y} - 20 + 30 = 0$$

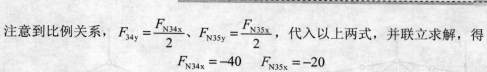

注意到比例关系，$F_{34y}=\dfrac{F_{N34x}}{2}$、$F_{N35y}=\dfrac{F_{N35x}}{2}$，代入以上两式，并联立求解，得

$$F_{N34x}=-40 \qquad F_{N35x}=-20$$

利用比例关系，得

$$F_{N34y}=\frac{1}{2}\times(-40)=-20\text{ kN}$$

$$F_{N34}=\frac{\sqrt{5}}{2}\times(-40)=-44.7\text{ kN(压力)}$$

$$F_{N35y}=\frac{1}{2}\times(-20)=-10\text{ kN}$$

$$F_{N35}=\frac{\sqrt{5}}{2}\times(-20)=-22.4\text{ kN(压力)}$$

③ 校核：从计算结果看出，$F_{N34}$ 与 $F_{N46}$ 完全相同，满足对称结构在对称荷载作用下，轴力对称的特性，说明计算无误。

最后，将计算出的各杆轴力值标在计算简图对应的各杆旁。如图 6-44（a）所示，称为结桁架的轴力图。

桁架中内力为零的杆称为零杆。计算中若先判断出零杆（或直接可求出轴力的杆），可使计算得到简化，此类情况有以下几种：

① 不共线的两杆结点上无荷载作用时（图 6-45（a）），则该两杆均为零杆。

② 不共线的两杆结点上有荷载作用，且荷载沿某一杆轴线方向时（图 6-45（b）），则另一杆必为零杆。

③ 三杆结点上无荷载作用时（图 6-45（c）），若其中两杆在同一直线上，则另一杆必为零杆。

④ 四杆结点上无荷载作用时（图 6-45（d）），若其杆轴线在两条相交直线，则共线的二杆内力相等。

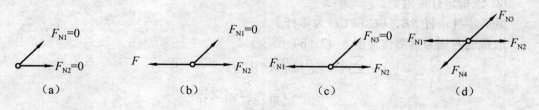

图 6-45

上述结论都不难由结点平衡条件得到证实。在分析桁架时，可先利用上述原则找出零杆，这样可使计算工作简化。

应用上述结论不难判断图 6-46（a）、（b）桁架中虚线所示的杆均为零杆。

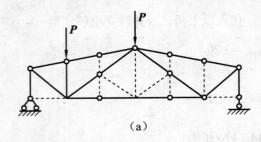 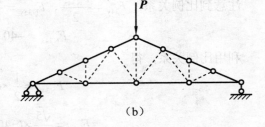

(a)　　　　　　　　　　　　　　　(b)

图 6-46

（2）截面法。

截面法是用一个假想的截面将桁架分成两部分，然后取其中一部分作为隔离体（注意：隔离体应包含两个或两个以上的结点），按平面一般力系建立三个平衡方程，求出未知的杆件内力。与结点法一样，为避免求解联立方程组，所选截面切开的未知力杆数一般不多于三根。

截面法适用于计算简单桁架和联合桁架指定杆件的轴力。现举例说明如下。

**例 6-11** 求图 6-47（a）所示桁架指定杆件的轴力，其中 $FD$ 的长度为 $4a$。

**解：** 此桁架是从基本三角形 $BCD$ 开始逐次增加二元体而形成的简单桁架。

① 求支座反力。

$$\sum F_x = 0, \quad F_{Fx} = 0$$

$$\sum M_F = 0, \quad F_P \times a + F_P \times 2a - F_{Dy} \times 4a = 0$$

$$F_{Dy} = \frac{3}{4} F_P \quad (\uparrow)$$

$$\sum F_y = 0, \quad F_{Fy} - F_P - F_P + F_{Dy} = 0$$

$$F_{Fy} = \frac{5}{4} F_P \quad (\uparrow)$$

② 求指定杆件内力。

判断零杆：杆 $BE$、$BC$ 和 $CD$ 为零杆。

取截面右侧为隔离体（图 6-47（b）所示）。

$$\sum M_A = 0, \quad F_{N1} \times a - F_{Dy} \times 2a = 0$$

$$F_{N1} = \frac{3}{2} F_P \text{（受拉）}$$

$$\sum F_x = 0, \quad F_{N3} = -F_{N1} = -\frac{3}{2} F_P \text{（受压）}$$

$$\sum F_y = 0, \quad F_{Fy} - F_P - F_P + F_{N2} + F_{NBE} = 0$$

$$F_{N2} = \frac{3}{4} F_P \text{（受拉）}$$

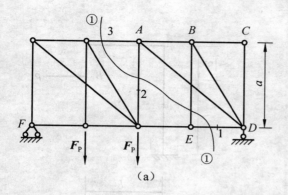
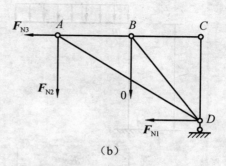

图 6-47

## 思考题

6.2-1　如何区分多跨静定梁的基本部分和附属部分？当荷载作用在基本部分上时，附属部分会不会产生内力？若荷载作用在附属部分时，是否所有基本部分都会引起内力？

6.2-2　静定多跨梁的内力图在铰结点处（无外集中力和力偶作用）时有何特点？

6.2-3　什么是刚架？绘制刚架内力图时有什么规定？

6.2-4　在荷载作用下，刚架的弯矩图在刚结点处有何特点？

6.2-5　试比较拱与梁的受力特点。

6.2-6　三铰拱的弯矩为什么比对应简支梁的弯矩小？

6.2-7　什么是合理拱轴线？三铰拱只有一条合理拱轴线吗？

6.2-8　实际桁架与理想桁架有何差别？误差如何？

6.2-9　桁架的计算有哪两种基本方法？两种方法的主要不同之处是什么？

6.2-10　怎样判断桁架中的零杆？

## 练习题

6.2-1　试作图 6-48 所示多跨静定梁的 $M$、$F_Q$ 图。

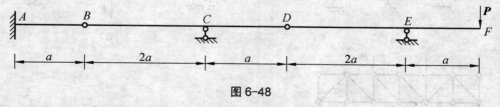

图 6-48

6.2-2　试作图 6-49 所示刚架的 $M$、$F_Q$ 图。

6.2-3　试求图 6-50 所示三铰拱的支座反力，并求 $K$ 截面的内力。

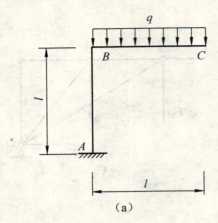

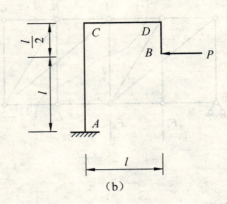

图 6-49

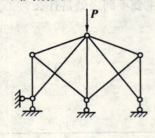

图 6-50

6.2-4 试判别图 6-51 所示各桁架中的零杆。

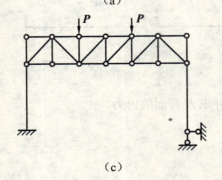

（a）

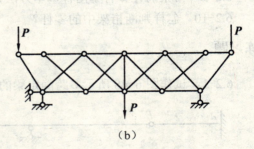

（b）

（c）

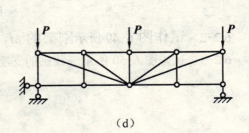

（d）

图 6-51

6.2-5 试用结点法计算图 6-52 所示桁架中各杆的内力。其中图（a）$l = 2$ m，$F_p = 2$ N；图（b）$l = 2$ m，$F_p = 2$ N。

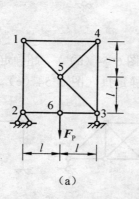

（a）

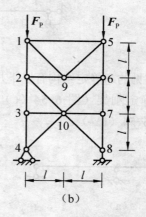

（b）

图 6-52

# 6.3 工程中常见超静定结构简介

## 6.3.1 概述

在前面几节中，已经详细地讨论了静定结构的受力分析问题。而在实际工程中应用更为广泛的是超静定结构，本节我们将讨论超静定结构的计算问题。

前面已经介绍，一个结构，如果它的支座反力和各截面的内力都可以由静力平衡条件唯一确定，就称为静定结构。一个结构，如果它的支座反力和各截面的内力不能完全由静力平衡条件唯一确定，就称为超静定结构。静定结构和超静定结构都是几何不变体系。但超静定结构除了具有保持体系几何不变所需的必要约束外，还有多余约束。在不违背几何不变体系组成规则的前提下，去掉多余约束，体系仍能保持其几何不变性。多余约束对应的未知力称为多余未知力。

如图 6-53 所示的超静定连续梁，在竖向荷载作用下，由平衡条件 $\sum F_x = 0$，可知支座 $A$ 处的水平反力为零，但是三个支座处的竖向反力却无法由 $\sum F_y = 0$ 和 $\sum M = 0$ 这两个独立的平衡条件唯一确定。这是由于结构中存在一个竖向的多余约束，满足两个方程的三个竖向反力值可以有无穷多组。而在实际情况下，当荷载给定时，连续梁的支座反力必定是唯一的，因此必须引入其他条件，才能确定结构的全部支座反力并进而确定结构的内力。

总之，与静定结构相比，超静定结构具有如下主要性质：

（1）超静定结构仅由静力平衡条件不能确定其全部反力和内力，还必须同时考虑变形协调条件。

（2）超静定结构的受力情况还与材料的物理性质和截面的几何性质有关。

（3）超静定结构不仅在荷载作用下会产生内力，在支座移动、温度改变和制造误差等非荷载因素作用下也会产生内力。

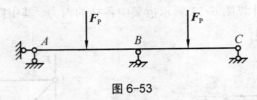

图 6-53

工程中常见的超静定结构有以下几类：超静定梁（图 6-54（a））、超静定桁架（图 6-54（b））、超静定刚架（图 6-54（c）、（d））、超静定拱（图 6-54（e））、超静定组合结构（图 6-54（f））。

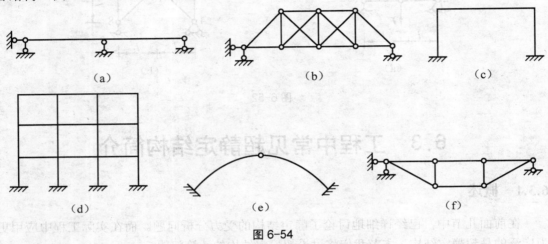

| （a） | （b） | （c） |

| （d） | （e） | （f） |

图 6-54

## 6.3.2 超静定梁

### 1. 简单超静定梁弯矩图的绘制

计算超静定结构的基本思路是将超静定结构的问题转化为静定结构的问题，并利用静定结构内力的计算方法来分析解决超静定结构的问题。

图 6-55（a）中的超静定梁，有一个多余约束。若将支座 $B$ 视为多余约束，并用其支座反力 $F_{By}$ 代替支座的作用。那么，超静定梁 $AB$ 就变成一根静定的悬臂梁。此时在该悬臂梁上作用有已知的集中力 $P$ 和未知的反力 $F_{By}$（图 6-55（b））。如果能设法将多余未知力 $F_{By}$ 求解出来，超静定问题就迎刃而解。因此，需要考虑梁的变形条件，建立补充方程求解 $F_{By}$。

现在假想把图 6-55（b）的结构体系分为两部分，其中一部分为集中力 $P$ 单独作用在结构上（图 6-55（c）），另一部分为支座反力 $F_{By}$ 单独作用在结构上（图 6-55（d））。在集中力 $P$ 作用下，梁的 $B$ 端（自由端）将产生向下的挠度 $y_{B1}$（图 6-55（e））；在多余未知力 $F_{By}$ 的作用下，梁的 $B$ 端将产生向上的挠度 $y_{B2}$（图 6-55（f））。由于 $B$ 端为滚轴支座，所以 $B$ 端不会产生向上或向下的位移。即

$$y_B = y_{B1} + y_{B2} = 0 \qquad (6-5)$$

在集中力 $P$ 及未知力 $F_{By}$ 作用下，悬臂梁自由端的挠度可由表 6-1 查得

$$y_{B1} = -\frac{5Pl^3}{48EI}, \qquad y_{B2} = \frac{F_{By}l^3}{3EI}$$

将它们代入式（6-5）得

$$y_B = -\frac{5Pl^3}{48EI} + \frac{F_{By}l^3}{3EI} = 0 \tag{6-6}$$

由式（6-6）解得

$$F_{By} = \frac{5P}{16}$$

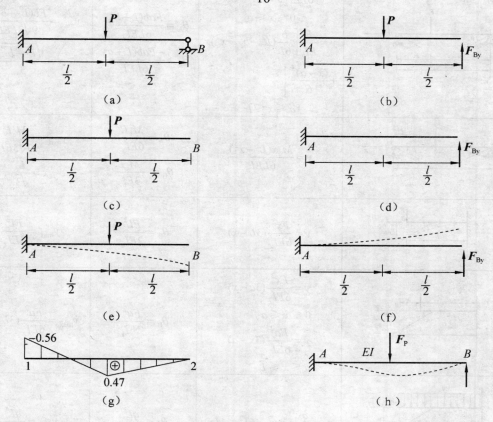

（a）

（b）

（c）

（d）

（e）

（f）

（g）

（h）

图 6-55

表 6-1　简单梁在单独荷载作用下的转角和挠度

| 支座与荷载种类 | 挠曲线方程 | 梁端转角 | 最大挠度 |
|---|---|---|---|
|  | $y = \dfrac{FL^3}{48EI_z}(3L^2 - 4x^2)$ <br> $0 \leqslant x \leqslant \dfrac{L}{2}$ | $\theta_A = -\theta_B = \dfrac{FL^2}{16EI_z}$ | $y_{max} = \dfrac{FL^3}{48EI_z}$ |

| 支座与荷载种类 | 挠曲线方程 | 梁端转角 | 最大挠度 |
|---|---|---|---|
| 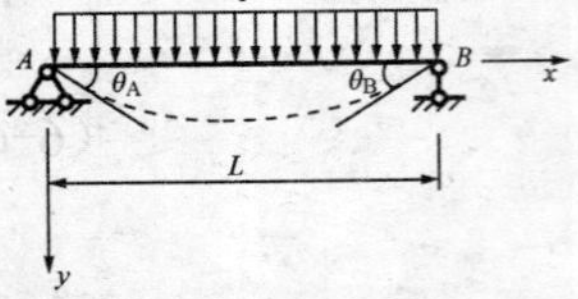 | $y = \dfrac{qx}{24EI_z}(L^2 - 2Lx^2 + x^3)$ | $\theta_A = -\theta_B = \dfrac{qL^3}{24EI_z}$ | $y_{max} = \dfrac{5qL^4}{384EI_z}$ |
| 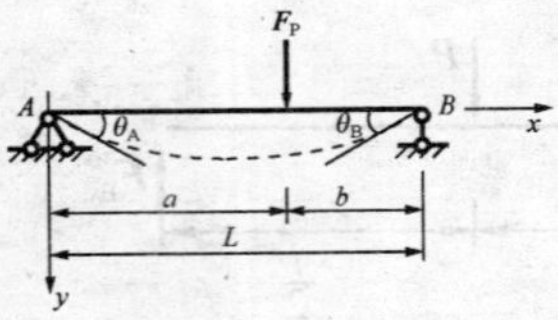 | $y = \dfrac{Fbx}{6LEI_z}(L^2 - b^2 - x^2)x$ <br> $0 \leqslant x \leqslant a$ <br> $y = \dfrac{F}{EI_z}\left[\dfrac{b}{6L}(L^2 - b^2 - x^2)x \right.$ <br> $\left. + \dfrac{(x-a)^3}{6}\right]$ <br> $a \leqslant x \leqslant L$ | $\theta_A = \dfrac{Fab(L+b)}{6LEI_z}$ <br><br> $\theta_B = \dfrac{-Fab(L+a)}{6LEI_z}$ | $y_{max} = \dfrac{Fb(L^2 - b^2)^{\frac{3}{2}}}{9\sqrt{3}LEI_z}$ <br><br> $x = \dfrac{\sqrt{L^2 - b^2}}{3}$ |
| 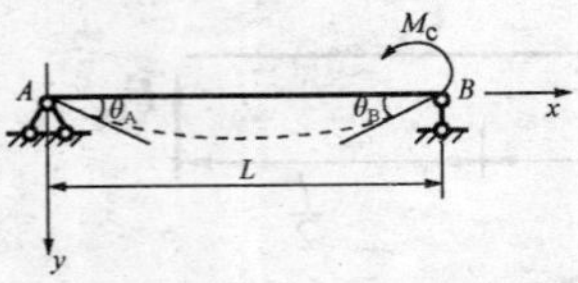 | $y = \dfrac{M_c x(L^2 - x^2)}{6LEI_z}$ | $\theta_A = \dfrac{M_c L}{6EI_z}$ <br><br> $\theta_B = -\dfrac{M_c L}{3EI_z}$ | $y_{max} = \dfrac{M_c L^2}{9\sqrt{3}EI_z}$ <br><br> $x = \dfrac{L}{\sqrt{3}}$ |
| 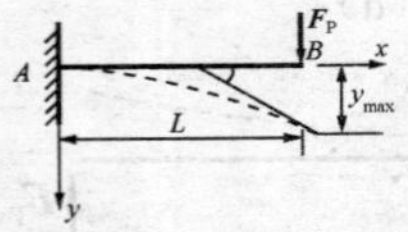 | $y = \dfrac{Fx^2}{6EI_z}(3L - x)$ | $\theta_B = \dfrac{FL^2}{2EI_z}$ | $y_{max} = \dfrac{FL^3}{3EI_z}$ |
| 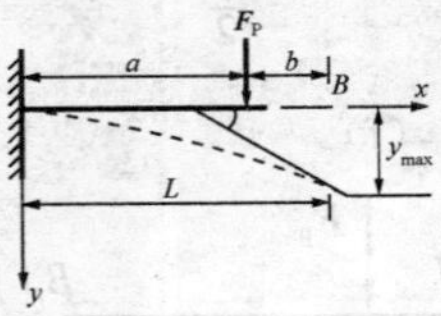 | $y = \dfrac{Fx^2}{6EI_z}(3a - x)$ <br> $0 \leqslant x \leqslant a$ <br> $y = \dfrac{Fa^2}{6EI_z}(3x - a)$ <br> $a \leqslant x \leqslant L$ | $\theta_B = \dfrac{Fa^2}{2EI_z}$ | $y_{max} = \dfrac{Fa^2}{6EI_z}(3L - a)$ |
| 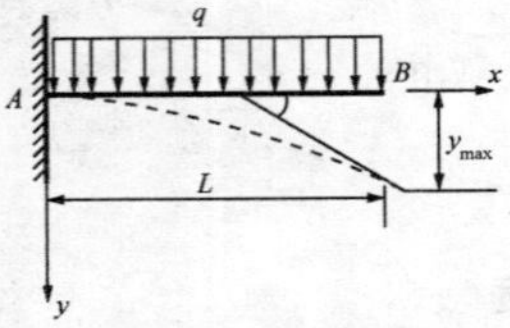 | $y = \dfrac{qx^2}{24EI_z}(x^2 - 6L^2 - 4Lx)$ | $\theta_B = \dfrac{qL^3}{6EI_z}$ | $y_{max} = \dfrac{qL^4}{8EI_z}$ |
| 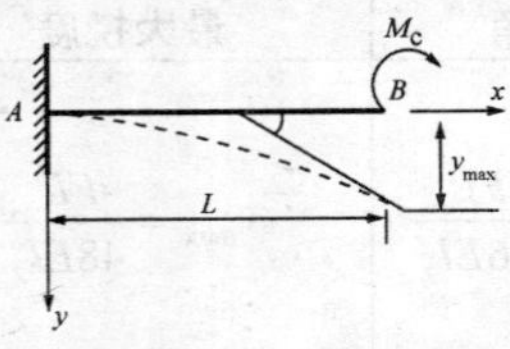 | $y = \dfrac{M_c x^2}{2EI_z}$ | $\theta_B = \dfrac{M_c L}{EI_z}$ | $y_{max} = \dfrac{M_c x^2}{2EI_z}$ |

　　解出 $F_{By}$ 后，超静定结构就转化为静定结构，用前面讲述的方法即可求出此梁各截面的内力，从而可绘出弯矩图，如图 6-55（g）所示。

　　从图 6-55（g）可以看出，这根超静定梁的弯矩图和它的变形曲线（图 6-55（h））有相似之处，在固定端不允许梁截面转动。因此，在竖向荷载作用下，该截面一定是上部受拉的负弯矩；梁的中部下垂，所以跨中部分的弯矩使梁下部受拉；支座 $B$ 是铰支，弯矩一定为零（无外集中力偶时）。看来，把超静定结构的变形情况与杆件弯矩图的规律结合起来，就可大体上判断出超静定结构的弯矩图。

超静定结构的内力是可解的。解超静定结构的方法很多，这里不一一讨论。但是，应对超静定结构弯矩图的形状有些了解，以便大体上判断结构危险截面的位置。学会定性判断，对今后工作将大有裨益。

### 6.3.3　超静定刚架

1. 简单超静定刚架弯矩图的绘制

计算超静定刚架的原理和步骤与计算超静定梁相同，即将超静定结构的问题转化为静定结构的问题，并利用静定结构内力的计算方法来分析解决超静定结构的问题。

图 6-56（a）中的超静定刚架，有一个多余约束。若将支座 $C$ 视为多余约束，并用其支座反力 $F_{Cy}$ 代替支座的作用，那么，超静定刚架就变成了静定刚架。此时作用在刚架上有已知的均布力集度 $q$ 和未知的反力 $F_{Cy}$（图 6-56（b））。如果能设法将多余未知力 $F_{Cy}$ 求解出来，超静定问题就迎刃而解。因此，需要考虑梁的变形条件，建立补充方程求解 $F_{Cy}$。

现在假想把图 6-56（b）的结构体系分为两部分，其中一部分为均布力集度 $q$ 单独作用在结构上（图 6-56（c）），由表 6-1 和计算可得 $C$ 端的挠度为

$$y_{C1} = \frac{13ql^4}{24} \quad (\downarrow)$$

另一部分为支座反力 $F_{Cy}$ 单独作用在结构上（图 6-56（d））。由表 6-1 和计算可得 $C$ 端的挠度为

$$y_{C2} = \frac{4F_{Cy}l^3}{3} \quad (\uparrow)$$

由于 $C$ 端为滚轴支座，所以 $C$ 端不会产生向上或向下的位移。即

$$y_B = y_{B1} + y_{B2} = 0$$

可解得

$$F_{Cy} = \frac{13ql}{32} \quad (\uparrow)$$

解出 $F_{Cy}$ 后，超静定结构就转化为静定结构，用前面讲述的方法即可求出此梁各截面的内力，从而可绘出弯矩图，如图 6-56（e）所示。

从图 6-56（e）可以看出，超静定刚架的弯矩图和它的变形曲线（图 6-56（f））有相似之处。刚结点处，横杆与竖杆的弯矩值大小相等，且受拉边在同一侧。竖杆未受外力作用，且为直线。

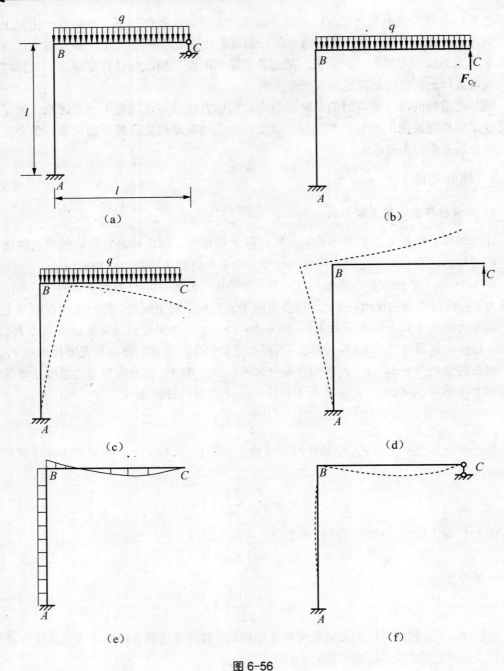

图 6-56

### 6.3.4 静定结构与超静定结构的比较

**1. 多余约束的存在对超静定结构的影响**

（1）由于多余约束的存在，超静定结构具有较强的承载能力。在静定结构中，一旦有一个约束被破坏，静定结构失去平衡，成为几何可变体系（图 6-57（a））。在超静定结构中，当多余约束被破坏时，结构仍是几何不变体系（图 6-57（b）），可以继续承载。因此在抗震防灾、国防建设等方面，超静定结构具有较强的防御能力。

图 6-57

（2）由于多余约束的存在，超静定结构具有较强的刚度和稳定性。比如简支梁在竖向均布荷载作用下的最大挠度为

$$f^0 = \frac{0.013ql^4}{EI}$$

如果梁的两端改为固定端，在相同荷载作用下，其最大挠度为

$$f = \frac{0.002\,6ql^4}{EI} = \frac{1}{5}f^0$$

仅为简支梁挠度的 $\frac{1}{5}$ （图 6-58）。

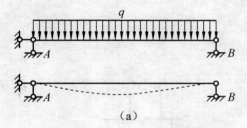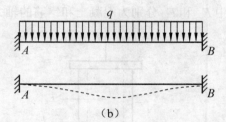

图 6-58

由此可见：由于多余约束的存在，超静定结构的刚度及稳定性均优于静定结构。

（3）由于多余约束的存在，在局部荷载作用下，超静定结构的内力影响范围一般比静定结构的影响范围大，但内力峰值比静定结构小。如图 6-59 所示，集中荷载作用在静定结构上，弯矩最大值为 $0.25PL$，影响范围只有一跨；集中荷载作用在超静定结构上，弯矩最大值为 $0.175PL$，影响范围涉及三跨。并且前者的弯矩是后者的 1.43 倍。由此可见，局部荷载在超静定结构中的影响范围一般比在静定结构中大。这是因为超静定结构的内力分布范围较广，内力分布比较均匀，内力峰值也较小。

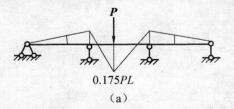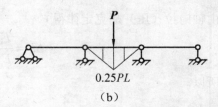

图 6-59

（4）由于多余约束的存在，超静定结构在温度改变、支座移动、制作误差、材料收缩等因素的影响下一般会产生内力；而静定结构除在荷载作用下会产生内力外，在其他因素影响下不会产生内力。所以，没有荷载就没有支座反力和内力，这种情况下只适用于静定结构，不适用于超静定结构。

2. 超静定结构的各杆件刚度对其内力分布的影响

在静定结构中，改变各杆件的刚度比值，结构的内力分布没有任何改变，这是因为静定结构只用静力平衡方程就可完全确定支座反力和截面内力。在超静定结构中，各杆件刚度比值有任何改变，都会使结构的内力重新分布。这是因为超静定结构只用静力平衡方程不能完全确定支座反力和截面内力，需建立变形协调方程才能求解。这里所指的刚度，对轴向拉（压）杆件而言是抗拉（压）刚度 $EA$；对受弯杆件而言是抗弯刚度 $EI$。刚度包含了反映材料性质的弹性模量 $E$ 和反映截面尺寸和形状的面积 $A$ 或惯性矩 $I$。材料改变或截面变化都意味着刚度变化。

现在介绍现实生活中的一个常见例子。一根钢筋混凝土短柱，受轴向压力作用（图 6-60 (a)），这时柱内的两种材料共同承受着压力 $P$。那么钢筋和混凝土各承受多大的压力？它们的正应力是否相等？若钢筋的截面面积为 $A$、弹性模量为 $E_s$；混凝土的截面面积为 $A_n$、弹性模量为 $E_n$，用截面法截取下部柱为研究对象（图 6-60 (b)），由平衡条件得

$$\sum F_y = 0，\quad F_{yn} + F_{ys} = P \tag{6-7}$$

式中 $F_{yn}$ 和 $F_{ys}$ 分别为混凝土和钢筋的轴力。

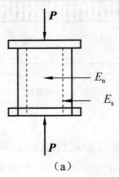

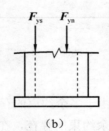

(a)            (b)

**图 6-60**

这里只有一个静力平衡方程，在此方程中包含着 $F_{yn}$ 和 $F_{ys}$ 两个未知量。显然是一个超静定问题，需要考虑变形协调条件，建立一个补充方程。这里的变形条件是钢筋的纵向变形 $\Delta l_s$ 和混凝土的纵向变形 $\Delta l_n$ 相等。即

$$\Delta l_s = \Delta l_n$$

由轴向拉（压）胡克定律得

$$\Delta l_s = \frac{F_{ys} l_s}{E_s A_s}，\quad \Delta l_n = \frac{F_{yn} l_n}{E_n A_n}$$

所以

$$\frac{F_{ys} l_s}{E_s A_s} = \frac{F_{yn} l_n}{E_n A_n} \tag{6-8}$$

式（6-8）就是用变形条件建立的补充方程。在式（6-8）中不仅包含了未知力 $F_{yn}$ 和 $F_{ys}$，也引入了两种材料的拉、压刚度 $EA$。将式（6-7）、式（6-8）联立求解得

$$F_{ys} = \frac{E_s A_s}{E_s A_s + E_n A_n} P$$

$$F_{yn} = \frac{E_n A_n}{E_s A_s + E_n A_n} P \tag{6-9}$$

从以上结果中可以看到，两种材料的轴力并不相等，各自的轴力和自身刚度与总刚度的比值有关。而两种材料轴力的比值可由式（6-9）求得

$$\frac{F_{ys}}{F_{yn}} = \frac{E_s A_s}{E_n A_n} \tag{6-10}$$

可见，柱内两种材料轴力的比值等于它们的抗拉（压）刚度之比。

将式（6-10）变形，可得两种材料正应力的关系是

$$\frac{\sigma_s}{\sigma_n} = \frac{E_s}{E_n} \tag{6-11}$$

即钢筋与混凝土正应力之比，等于钢筋与混凝土弹性模量之比。显而易见，钢筋的正应力比混凝土的大，因为钢筋的弹性模量大于混凝土的弹性模量。

超静定刚架的内力分布同样与各杆的刚度比值有关。图 6-61 是门式刚架的横梁与立柱惯性矩 $I$ 值变化时（材料相同，即弹性模量 $E$ 不变）的弯矩图。从图中看出，随着横梁与立柱刚度比增大，横梁的跨中弯矩也随之增大，立柱的弯矩则不断减少。

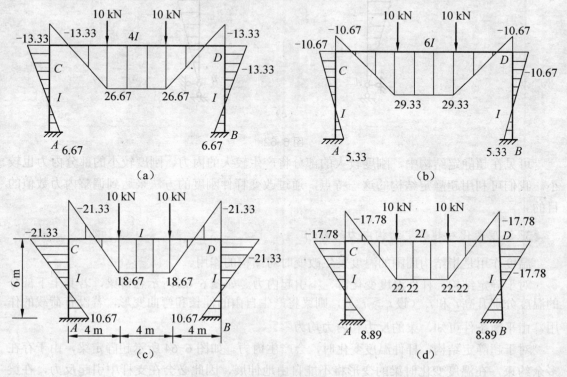

图 6-61

图 6-62 是门式刚架在均布荷载作用下，横梁与立柱刚度变化时的弯矩图。当 $I_1 = 2I_2$ 时，横梁的最大弯矩 $M_1$ 是刚结点弯矩 $M_2$ 的两倍（图 6-62（a））。当加大横梁尺寸，减少立柱截面尺寸，使 $I_1 \gg I_2$ 时，则刚结点的弯矩接近于零（图 6-62（b）），横梁的弯矩很大，这种内力是很不利的。反之，若加大立柱截面，减少横梁截面，使 $I_1 \ll I_2$ 时，则有 $M_1 = 0.5M_2$，立柱的弯矩太大（图 6-62（c）），这种内力状态也是不利的。

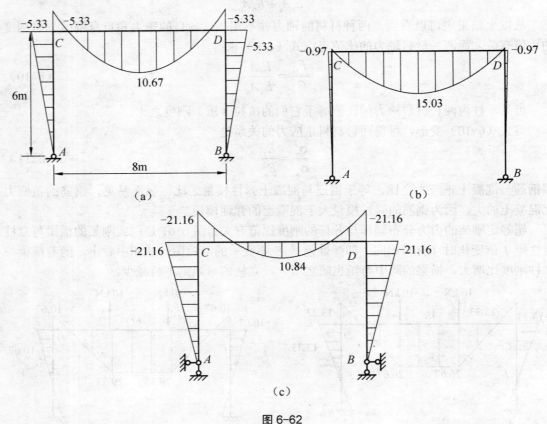

图 6-62

可见在超静定结构中，刚度较大的部分将产生较大的内力，刚度较小的部分内力也较小。我们可利用超静定结构的这一特点，通过改变杆件刚度的方法来达到调整内力数值的目的。

**3. 温度变化对超静定结构内力的影响**

温度作用是指结构周围的温度发生改变时对结构的作用。

对于静定结构，杆件温度变化时，不引起内力。如图 6-63 所示悬臂梁，若其上下部分的温度分别升高 $t_1$ 和 $t_2$（设 $t_1 > t_2$），则梁将产生自由的伸长和弯曲变形，若没有荷载的作用，由平衡条件可知，梁的反力和内力均为零。

对于超静定结构，杆件温度变化时，会产生内力。如图 6-64 所示超静定梁，由于存在多余约束，在温度变化时梁的变形将不能自由地伸展，因此必会在支杆中引起反力，在梁中引起内力。

图 6-63                    图 6-64

例如图 6-65（a）中的刚架，浇注混凝土时温度为 15℃，冬季时的混凝土外皮温度为 −35℃，内皮温度为 15℃。这时，由于温度变化在刚架中引起内力。当杆件截面尺寸 $b \times h =$ 400 mm×600 mm、混凝土的弹性模量 $E = 0.2 \times 10^5$ MPa、温度线膨胀系数为 $\alpha = 0.000\,01$ 时，可算出刚架的内力并画出弯矩图与轴力图（图 6-65（b）、（c）），且有

$$M_{CD} = 92.4 \cdot \alpha \cdot EI = 136 \text{ kN} \cdot \text{m}$$
$$M_{CD} = -15.72 \cdot \alpha \cdot EI = -22.6 \text{ kN} \cdot \text{m}$$

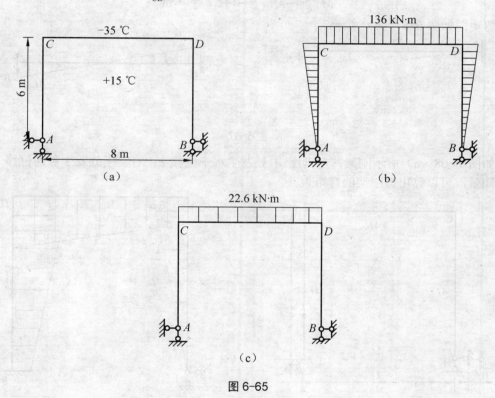

图 6-65

计算结果表明，温度变化引起的内力与杆件的刚度 $EI$ 成正比。在给定的温度条件下，截面尺寸愈大内力也愈大。要提高结构对温度变化的抵抗能力，增大截面尺寸并不合理。在建筑物中，常设置伸缩缝以减少温度变化引起的内力。

4. 支座沉降对超静定结构内力的影响

对于静定结构，如图 6-66（a）所示，支座 B 有位移 $\Delta_B$，沉降到 $B_1$。此时，梁只发生刚性位移，AB 轴线保持直线，没有变形，也不产生内力。

图 6-66（b）所示是一次超静定梁，支座 B 发生微小沉降 $\Delta_B$，因有多余约束存在，AB 杆不能发生自由转动，梁的轴线产生弯曲变形，因此支座移动在超静定结构中将产生内力。

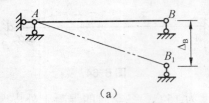

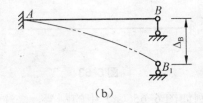

（a） （b）

图 6-66

例如图 6-67（a）所示两端为固定端的超静定梁，在一端支座下沉时将发生而产生内力，若梁的跨度 $l=3$ m，截面尺寸为 $b \times h = 200$ mm×400 mm，混凝土弹性模量 $E = 0.2 \times 10^5$ MPa，支座 $A$、$B$ 的相对沉降量为 $\Delta = 10$ mm 时，可以算出该梁的弯矩为

$$M_{AB} = -M_{BA} = -142.2 \text{ kN} \cdot \text{m}$$

弯矩图如图 6-67（b）所示。

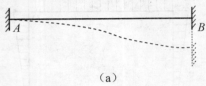

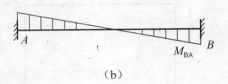

（a） （b）

图 6-67

如图 6-68（a）所示刚架，左支座 $A$ 处发生水平位移 $c$，右支座处发生竖向位移 $c$，$c$ 是已知量，可以算出该刚架的弯矩为

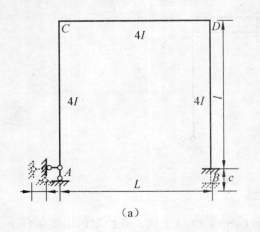

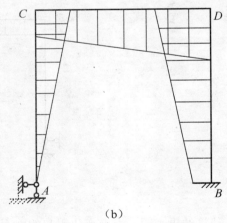

（a） （b）

图 6-68

$$M_{CA} = 1.382 \frac{EI}{l^2} c \quad \text{（右侧受拉）}$$

$$M_{CD} = 1.382 \frac{EI}{l^2} c \quad \text{（下侧受拉）}$$

$$M_{DC} = 1.508 \frac{EI}{l^2} c \quad \text{（下侧受拉）}$$

$$M_{DB} = 1.508 \frac{EI}{l^2} c \quad \text{（左侧受拉）}$$

$$M_{BD} = 0.126 \frac{EI}{l^2} c \quad (\text{左侧受拉})$$

弯矩图如图 6-68（b）所示。

从以上计算结果可以看到，超静定结构对支座移动（或沉陷）是十分敏感明显的。不大的支座移动可引起相当数量的内力。结构的刚度愈大，由支座移动引起的内力也愈大。加大截面尺寸，并不是抵抗支座移动引起内力的合理措施。由于结构的均匀沉降不会产生内力（图 6-69（a）），而结构的不均匀沉降才使超静定结构产生内力（图 6-69（b））。为了防止不均匀沉降产生内力而引起结构破坏，工程中常设置沉降缝，将建筑物中沉降差异较大的部分（例如地基土质差异较大的部分、建筑物层数或荷载相差悬殊的部分等），用"缝"从基础至顶部将建筑物全部分开，这种缝就叫做沉降缝。沉降缝可使建筑物沉降差较大的两部分各自沉降而互不相干（图 6-69（c））。

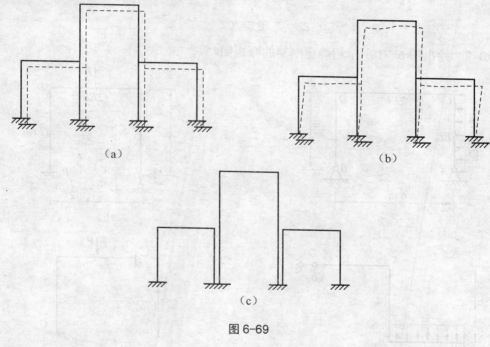

图 6-69

## 思考题

6.3-1  什么是超静定结构？它与静定结构的区别是什么？

6.3-2  多余约束使超静定结构具有哪些特性？

6.3-3  对比静定结构和超静定结构的异同，说明超静定结构有哪些特征？

6.3-4  没有荷载就没有内力，这个结论在什么情况下才成立？

6.3-5  为什么超静定结构在温度变化和支座移动的情况下会产生内力？

6.3-6  超静定结构在支座移动作用下，其内力与各杆件的刚度有什么关系？

## 练习题

6.3-1  绘出图 6-70 所示超静定梁的弯矩图。

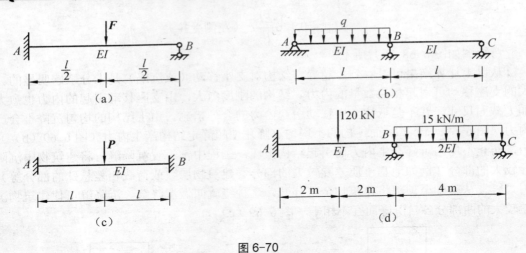

图 6-70

6.3-2 绘出图 6-71 所示超静定刚架的弯矩图。

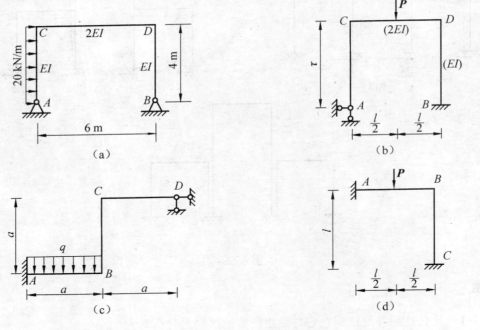

图 6-71

# 小 结

本章讨论了结构的几何组成分析、静定结构的内力计算及超静定结构的特性等问题。

1. 对结构进行几何组成分析的主要目的是判别体系是否为几何不变体系，只有几何不变体系才可作为结构使用。从几何组成角度可将结构体系分类如下：

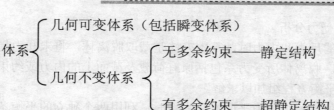

组成几何不变体系最基本的规则是铰接三角形规则。这一规则可表达为二元体规则、两刚片规则、三刚片规则。

2. 静定结构的基本特征。

（1）从静力特征方面来说，静定结构的全部反力和内力均可由静力平衡条件求得，且其解是唯一的确定值，从几何组成方面来说，静定结构是没有多余约束的几何不变体系。

（2）静定结构的反力和内力只需由静力平衡条件就可确定，而不需考虑结构的变形条件。因此，静定结构的反力和内力只与荷载以及结构的几何形状和尺寸有关，而与构件所用的材料以及截面的形状、尺寸无关。

（3）由于静定结构没有多余约束。因此，它在支座移动、温度改变、制造误差等因素影响下，不产生反力和内力。如图6-72（a）所示三铰刚架，当支座 $B$ 下沉时，整个刚架随之而发生虚线所示的刚性转动，不产生反力和内力。又如图6-72（b）所示柱子，当两侧的温度变化不一样时，柱子可自由地伸长和弯曲，发生如图中虚线所示的变形，但不产生反力和内力。

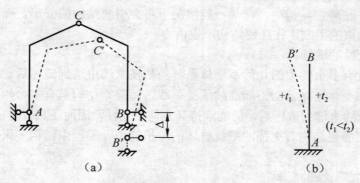

图 6-72

（4）静定结构受平衡力系作用时，其影响的范围只限于受该力系作用的最小几何不变部分，此范围之外不受影响。如图6-73所示，受平衡力系作用的桁架，只在粗线所示的杆件中产生内力，而反力和其他杆件的内力都等于零。粗线所示部分就是受平衡力系作用的最小几何不变部分。

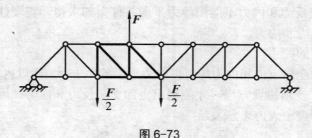

图 6-73

3. 静定结构的受力分析。

求解静定结构的反力和内力时，基本方法是截取脱离体，将未知力暴露出来，使之成为脱离体上的外力。脱离体所受力系包括原有荷载及截面上的内力或约束力。根据脱离体的平衡条件，列出平衡方程组加以求解。

当作用在脱离体上的力系为平面汇交力系时，利用两个独立的平衡条件，可求解两个未知力；若为平面一般力系，则有三个独立的平衡条件，可求解三个未知力。

4. 常用静定结构的内力特点。

实际工程中常用的静定结构为梁、刚架、三铰拱和桁架。

（1）梁。梁是受弯为主的构件，由于截面上的应力分布不均匀，故材料得不到充分利用。

（2）刚架。刚架是受弯杆系结构，且具有较大的空间，可作为厂房等大型建筑承重结构。

（3）三铰拱。三铰拱中的内力主要是轴向压力。由于有水平推力，所以拱中的弯矩比相应于简支梁的要小，拱下空间比简支梁的大。

（4）桁架。在理想的情况下，桁架中各杆只产生轴力，截面上应力分布均匀且能同时达到极限值，故材料能得到充分利用。与梁相比桁架能跨越较大的空间。

5. 超静定结构的特性。

（1）引起内力的因素。

在静定结构中，荷载的作用既会引起结构的内力，也会引起结构的变形。除荷载之外的其他因素，如温度改变、支座移动、制造误差等荷载，只能引起结构的位移，而不会引起结构的内力。在超静定结构中，荷载一般情况下将会引起结构的变形，而这种变形由于受到结构的多余约束的限制，往往使结构产生内力。

（2）几何不变性的维持。

静定结构是没有多余约束的几何不变体系，当其任意约束遭到破坏后，即丧失几何不变性，成为几何可变体系，从而不能继续承受荷载。超静定结构是有多余约束的几何不变体系，所以当多余约束遭到破坏后，仍能维持其几何不变性，因而还具有一定的承载能力。因此超静定结构比静定结构有更强的抵抗破坏的防护能力。工程中结构多采用超静定结构的形式。

（3）荷载及局部荷载的影响。

一般而言，荷载及局部荷载对静定结构的影响范围较小，但所引起的内力及变形较大，刚度和稳定性较差。而荷载及局部荷载对超静定结构的影响范围较大，但所引起的内力及变形较小，且内力分布较均匀，刚度和稳定性较好。

（4）全部内力的确定。

静定结构的全部反力和内力均可由静力平衡条件求得，且其解答是唯一的确定值。超静定结构的全部支座反力和内力不能由静力平衡条件全部求得，需要建立变形协调方程，才能求出全部支座反力和内力。

（5）内力与刚度的关系。

由于静定结构的全部反力和内力均可由静力平衡条件求得，所以内力与刚度大小无关。超静定结构需要建立变形协调方程，才能求出全部支座反力和内力。因此，内力与结构各部分的刚度有关，刚度愈大内力愈大。

# 附 录

## 附录 1　型钢规格表

**附录 1.1**　热轧等边角钢的尺寸规格（摘自 GB/T 9787—1988）

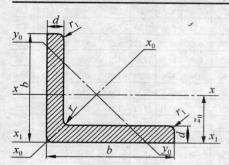

$b$——边宽；

$d$——边厚；

$r$——内圆弧半径；

$r_1$——边端内弧半径；$\left(r_1 = \dfrac{1}{3}d\right)$；

$I$——惯性矩；

$i$——惯性半径；

$W$——截面系数；

$z_0$——重心距离

| 型号 | 尺寸 (mm) | | | 截面面积 (cm²) | 理论质量 (kg·m⁻¹) | 外表面积 (m²·m⁻¹) | 参考数值 | | | | | | | | | | z₀ (cm) |
|---|---|---|---|---|---|---|---|---|---|---|---|---|---|---|---|---|---|
| | | | | | | | x—x | | | x₀—x₀ | | | y₀—y₀ | | | x₁—x₁ | |
| | $b$ | $d$ | $r$ | | | | $I_x$ (cm⁴) | $i_x$ (cm) | $W_x$ (cm³) | $I_{x0}$ (cm⁴) | $i_x$ (cm) | $W_{x0}$ (cm³) | $I_{y0}$ (cm⁴) | $i_{y0}$ (cm) | $W_{y0}$ (cm³) | $I_{x1}$ (cm⁴) | |
| 2 | 20 | 3 | 3.5 | 1.132 | 0.889 | 0.078 | 0.40 | 0.59 | 0.29 | 0.63 | 0.75 | 0.45 | 0.17 | 0.39 | 0.20 | 0.81 | 0.60 |
| | | 4 | 3.5 | 1.459 | 1.145 | 0.077 | 0.50 | 0.58 | 0.36 | 0.78 | 0.73 | 0.55 | 0.22 | 0.38 | 0.24 | 1.09 | 0.64 |
| 2.5 | 25 | 3 | 3.5 | 1.432 | 1.124 | 0.098 | 0.82 | 0.76 | 0.46 | 1.29 | 0.95 | 0.73 | 0.34 | 0.49 | 0.33 | 1.57 | 0.73 |
| | | 4 | 3.5 | 1.859 | 1.459 | 0.097 | 1.03 | 0.74 | 0.59 | 1.62 | 0.93 | 0.92 | 0.43 | 0.48 | 0.40 | 2.11 | 0.76 |
| 3.0 | 30 | 3 | 4.5 | 1.749 | 1.373 | 0.117 | 1.46 | 0.91 | 0.68 | 2.31 | 1.15 | 1.09 | 0.61 | 0.59 | 0.51 | 2.71 | 0.85 |
| | | 4 | 4.5 | 2.276 | 1.786 | 0.117 | 1.84 | 0.90 | 0.87 | 2.92 | 1.13 | 1.37 | 0.77 | 0.58 | 0.62 | 2.63 | 0.89 |
| 3.6 | 36 | 3 | 4.5 | 2.109 | 1.656 | 0.141 | 2.58 | 1.11 | 0.99 | 4.09 | 1.39 | 1.61 | 1.07 | 0.71 | 0.76 | 4.68 | 1.00 |
| | | 4 | 4.5 | 2.756 | 2.163 | 0.141 | 3.29 | 1.09 | 1.28 | 5.22 | 1.38 | 2.05 | 1.37 | 0.70 | 0.93 | 6.25 | 1.04 |
| | | 5 | 4.5 | 3.382 | 2.654 | 0.141 | 3.95 | 1.08 | 1.56 | 6.24 | 1.36 | 2.45 | 1.65 | 0.70 | 1.09 | 7.84 | 1.07 |
| 4 | 40 | 3 | 5 | 2.359 | 1.852 | 0.157 | 3.59 | 1.23 | 1.23 | 5.69 | 1.55 | 2.01 | 1.49 | 0.79 | 0.96 | 6.41 | 1.09 |
| | | 4 | 5 | 3.086 | 2.422 | 0.157 | 4.60 | 1.22 | 1.60 | 7.29 | 1.54 | 2.58 | 1.91 | 0.79 | 1.19 | 8.56 | 1.13 |
| | | 5 | 5 | 3.791 | 2.976 | 0.156 | 5.53 | 1.21 | 1.96 | 8.76 | 1.52 | 3.10 | 2.30 | 0.78 | 1.39 | 10.74 | 1.17 |
| 4.5 | 45 | 3 | 5 | 2.659 | 2.088 | 0.177 | 5.17 | 1.40 | 1.58 | 8.20 | 1.76 | 2.58 | 2.14 | 0.90 | 1.24 | 9.12 | 1.22 |
| | | 4 | 5 | 3.486 | 2.736 | 0.177 | 6.65 | 1.38 | 2.05 | 10.56 | 1.74 | 3.32 | 2.75 | 0.89 | 1.54 | 12.18 | 1.26 |
| | | 5 | 5 | 4.292 | 3.369 | 0.176 | 8.04 | 1.37 | 2.51 | 12.74 | 1.72 | 4.00 | 3.33 | 0.88 | 1.81 | 15.25 | 1.30 |
| | | 6 | 5 | 5.076 | 3.985 | 0.176 | 9.33 | 1.36 | 2.95 | 14.76 | 1.70 | 4.64 | 3.89 | 0.88 | 2.06 | 18.36 | 1.33 |
| 5 | 50 | 3 | 5.5 | 2.971 | 2.332 | 0.197 | 7.18 | 1.55 | 1.96 | 11.37 | 1.96 | 3.22 | 2.98 | 1.00 | 1.57 | 12.50 | 1.34 |
| | | 4 | 5.5 | 3.897 | 3.059 | 0.197 | 9.26 | 1.54 | 2.56 | 14.70 | 1.94 | 4.16 | 3.82 | 0.99 | 1.96 | 16.69 | 1.38 |
| | | 5 | 5.5 | 4.803 | 3.770 | 0.196 | 11.21 | 1.53 | 3.13 | 17.79 | 1.92 | 5.03 | 4.64 | 0.98 | 2.31 | 20.90 | 1.42 |
| | | 6 | 5.5 | 5.688 | 4.465 | 0.196 | 13.05 | 1.52 | 3.68 | 20.68 | 1.91 | 5.85 | 5.42 | 0.93 | 2.63 | 25.14 | 1.46 |

| 型号 | 尺寸 (mm) | | | 截面面积 (cm²) | 理论质量 (kg·m⁻¹) | 外表面积 (m²·m⁻¹) | 参考数值 | | | | | | | | | | | z₀ (cm) |
|------|---|---|---|------|------|------|------|------|------|------|------|------|------|------|------|------|------|------|
| | | | | | | | $x-x$ | | | $x_0-x_0$ | | | $y_0-y_0$ | | | $x_1-x_1$ | |
| | $b$ | $d$ | $r$ | | | | $I_x$ (cm⁴) | $i_x$ (cm) | $W_x$ (cm³) | $I_{x0}$ (cm⁴) | $i_x$ (cm) | $W_{x0}$ (cm³) | $I_{y0}$ (cm⁴) | $i_{y0}$ (cm) | $W_{y0}$ (cm³) | $I_{x1}$ (cm⁴) | |
| 5.6 | 56 | 3 | 6 | 3.343 | 2.624 | 0.221 | 10.19 | 1.75 | 2.48 | 16.14 | 2.20 | 4.08 | 4.24 | 1.13 | 2.02 | 17.56 | 1.48 |
| | | 4 | 6 | 4.390 | 3.446 | 0.220 | 13.18 | 1.73 | 3.24 | 20.92 | 2.18 | 5.28 | 5.46 | 1.11 | 2.52 | 23.43 | 1.53 |
| | | 5 | 6 | 5.415 | 4.251 | 0.220 | 16.02 | 1.72 | 3.97 | 25.42 | 2.17 | 6.42 | 6.61 | 1.10 | 2.98 | 29.33 | 1.57 |
| | | 8 | 6 | 8.367 | 6.568 | 0.219 | 23.63 | 1.68 | 6.03 | 37.37 | 2.11 | 9.44 | 9.89 | 1.09 | 4.16 | 47.24 | 1.68 |
| 6.3 | 63 | 4 | 7 | 4.978 | 3.907 | 0.248 | 19.03 | 1.96 | 4.13 | 30.17 | 2.46 | 6.78 | 7.89 | 1.26 | 3.29 | 33.35 | 1.70 |
| | | 5 | 7 | 6.143 | 4.822 | 0.248 | 23.17 | 1.94 | 5.08 | 36.77 | 2.45 | 8.25 | 9.57 | 1.25 | 3.90 | 41.73 | 1.74 |
| | | 6 | 7 | 7.288 | 5.721 | 0.247 | 27.12 | 1.93 | 6.00 | 43.03 | 2.43 | 9.66 | 11.20 | 1.24 | 4.46 | 50.14 | 1.78 |
| | | 8 | 7 | 9.515 | 7.469 | 0.247 | 34.46 | 1.90 | 7.75 | 54.56 | 2.40 | 12.25 | 14.33 | 1.23 | 5.47 | 67.11 | 1.85 |
| | | 10 | 7 | 11.657 | 9.151 | 0.246 | 41.09 | 1.88 | 9.39 | 64.85 | 2.36 | 14.56 | 17.33 | 1.22 | 6.36 | 84.31 | 1.93 |
| 7 | 70 | 4 | 8 | 5.570 | 4.372 | 0.275 | 26.39 | 2.18 | 5.14 | 41.80 | 2.76 | 8.44 | 10.99 | 1.40 | 4.17 | 45.74 | 1.86 |
| | | 5 | 8 | 6.875 | 5.397 | 0.275 | 32.21 | 2.16 | 6.32 | 51.08 | 2.73 | 10.32 | 13.34 | 1.39 | 4.95 | 57.21 | 1.91 |
| | | 6 | 8 | 8.160 | 6.406 | 0.275 | 37.77 | 2.15 | 7.48 | 59.93 | 2.71 | 12.11 | 15.61 | 1.38 | 5.67 | 68.73 | 1.95 |
| | | 7 | 8 | 9.424 | 7.398 | 0.275 | 43.09 | 2.14 | 8.59 | 68.35 | 2.69 | 13.81 | 17.82 | 1.38 | 6.34 | 80.29 | 1.99 |
| | | 8 | 8 | 10.667 | 8.373 | 0.274 | 48.17 | 2.12 | 9.68 | 76.37 | 2.68 | 15.43 | 19.98 | 1.37 | 6.98 | 91.92 | 2.03 |
| 7.5 | 75 | 5 | 9 | 7.412 | 5.818 | 0.295 | 39.97 | 2.33 | 7.32 | 63.30 | 2.92 | 11.94 | 16.63 | 1.50 | 5.77 | 70.56 | 2.04 |
| | | 6 | 9 | 8.797 | 6.905 | 0.294 | 46.95 | 2.31 | 8.64 | 74.38 | 2.90 | 14.02 | 19.51 | 1.49 | 6.67 | 84.55 | 2.07 |
| | | 7 | 9 | 10.160 | 7.976 | 0.294 | 53.57 | 2.30 | 9.93 | 84.96 | 2.89 | 16.02 | 22.18 | 1.48 | 7.44 | 98.71 | 2.11 |
| | | 8 | 9 | 11.503 | 9.030 | 0.294 | 59.96 | 2.28 | 11.20 | 95.07 | 2.88 | 17.93 | 24.86 | 1.47 | 8.19 | 112.97 | 2.15 |
| | | 10 | 9 | 14.126 | 11.089 | 0.293 | 71.98 | 2.26 | 13.64 | 113.92 | 2.84 | 21.48 | 30.05 | 1.46 | 9.56 | 141.71 | 2.22 |
| 8 | 80 | 5 | 9 | 7.912 | 6.211 | 0.315 | 48.79 | 2.48 | 8.34 | 77.33 | 3.13 | 13.67 | 20.25 | 1.60 | 6.66 | 85.36 | 2.15 |
| | | 6 | 9 | 9.397 | 7.376 | 0.314 | 57.35 | 2.47 | 9.87 | 90.98 | 3.11 | 16.08 | 23.72 | 1.59 | 7.65 | 102.50 | 2.19 |
| | | 7 | 9 | 10.860 | 8.525 | 0.314 | 65.58 | 2.46 | 11.37 | 104.07 | 3.10 | 18.40 | 27.09 | 1.58 | 8.58 | 119.70 | 2.23 |
| | | 8 | 9 | 12.303 | 9.658 | 0.314 | 73.49 | 2.44 | 12.83 | 116.60 | 3.08 | 20.61 | 30.39 | 1.57 | 9.46 | 136.97 | 2.27 |
| | | 10 | 9 | 15.126 | 11.874 | 0.313 | 88.43 | 2.42 | 15.64 | 140.09 | 3.04 | 24.76 | 36.77 | 1.56 | 11.08 | 171.74 | 2.35 |
| 9 | 90 | 6 | 10 | 10.637 | 8.350 | 0.354 | 88.77 | 2.79 | 12.61 | 131.26 | 3.51 | 20.63 | 34.28 | 1.80 | 9.95 | 145.87 | 2.44 |
| | | 7 | 10 | 12.301 | 9.656 | 0.354 | 94.83 | 2.78 | 14.54 | 150.47 | 3.50 | 23.64 | 39.18 | 1.78 | 11.19 | 170.30 | 2.48 |
| | | 8 | 10 | 13.944 | 10.946 | 0.353 | 106.47 | 2.76 | 16.42 | 168.97 | 3.48 | 26.55 | 43.97 | 1.78 | 12.35 | 194.80 | 2.52 |
| | | 10 | 10 | 17.167 | 13.476 | 0.353 | 128.58 | 2.74 | 20.07 | 203.90 | 3.45 | 32.04 | 53.26 | 1.76 | 14.52 | 244.07 | 2.59 |
| | | 12 | 10 | 20.306 | 15.940 | 0.352 | 149.22 | 2.71 | 23.57 | 236.21 | 3.41 | 37.12 | 62.22 | 1.75 | 16.49 | 293.76 | 2.67 |
| 10 | 100 | 6 | 12 | 11.932 | 9.366 | 0.393 | 114.95 | 3.10 | 15.68 | 181.98 | 3.90 | 25.74 | 47.92 | 2.00 | 12.69 | 200.07 | 2.67 |
| | | 7 | 12 | 13.796 | 10.830 | 0.393 | 131.86 | 3.09 | 18.10 | 208.97 | 3.89 | 29.55 | 54.74 | 1.99 | 14.26 | 233.07 | 2.71 |
| | | 8 | 12 | 15.638 | 12.276 | 0.393 | 148.24 | 3.08 | 20.47 | 235.07 | 3.88 | 33.24 | 61.41 | 1.98 | 15.75 | 267.09 | 2.76 |
| | | 10 | 12 | 19.261 | 15.120 | 0.392 | 179.51 | 3.05 | 25.06 | 284.68 | 3.84 | 40.26 | 74.35 | 1.96 | 18.54 | 334.48 | 2.84 |
| | | 12 | 12 | 22.800 | 17.120 | 0.391 | 208.90 | 3.03 | 29.48 | 330.95 | 3.81 | 46.80 | 86.84 | 1.95 | 21.08 | 402.34 | 2.91 |
| | | 14 | 12 | 26.256 | 20.611 | 0.391 | 236.53 | 3.00 | 33.73 | 374.06 | 3.77 | 52.90 | 99.00 | 1.94 | 23.44 | 470.75 | 2.99 |
| | | 16 | 12 | 29.627 | 23.257 | 0.390 | 262.53 | 2.98 | 37.82 | 414.16 | 3.74 | 58.57 | 110.89 | 1.94 | 25.63 | 539.80 | 3.06 |

续表

| 型号 | 尺寸 (mm) | | | 截面面积 (cm²) | 理论质量 (kg·m⁻¹) | 外表面积 (m²·m⁻¹) | 参考数值 | | | | | | | | | | | |
|---|---|---|---|---|---|---|---|---|---|---|---|---|---|---|---|---|---|
| | | | | | | | x—x | | | $x_0$—$x_0$ | | | $y_0$—$y_0$ | | | $x_1$—$x_1$ | $z_0$ |
| | $b$ | $d$ | $r$ | | | | $I_x$ (cm⁴) | $i_x$ (cm) | $W_x$ (cm³) | $I_{x0}$ (cm⁴) | $i_{x0}$ (cm) | $W_{x0}$ (cm³) | $I_{y0}$ (cm⁴) | $i_{y0}$ (cm) | $W_{y0}$ (cm³) | $I_{x1}$ (cm⁴) | (cm) |
| 11 | 110 | 7 | 12 | 15.196 | 11.928 | 0.433 | 177.16 | 3.41 | 22.05 | 280.94 | 4.30 | 36.12 | 73.38 | 2.20 | 17.51 | 310.64 | 2.96 |
| | | 8 | 12 | 17.238 | 13.532 | 0.433 | 199.46 | 3.40 | 24.95 | 316.49 | 4.28 | 40.69 | 82.42 | 2.19 | 19.39 | 355.20 | 3.01 |
| | | 10 | 12 | 21.261 | 16.690 | 0.432 | 242.19 | 3.38 | 30.60 | 384.30 | 4.25 | 49.42 | 99.98 | 2.17 | 22.91 | 444.65 | 3.09 |
| | | 12 | 12 | 25.200 | 19.782 | 0.431 | 282.55 | 3.35 | 36.05 | 448.17 | 4.22 | 57.62 | 116.93 | 2.15 | 26.15 | 534.60 | 3.16 |
| | | 14 | 12 | 29.056 | 22.809 | 0.431 | 320.71 | 3.32 | 41.31 | 508.01 | 4.18 | 65.31 | 133.40 | 2.14 | 29.14 | 625.16 | 3.24 |
| 12.5 | 125 | 8 | 14 | 19.750 | 15.504 | 0.492 | 297.03 | 3.88 | 32.52 | 470.89 | 4.88 | 53.28 | 123.16 | 2.50 | 25.86 | 521.01 | 3.37 |
| | | 10 | 14 | 24.373 | 19.133 | 0.491 | 361.67 | 3.85 | 39.97 | 573.89 | 4.85 | 64.93 | 149.46 | 2.48 | 30.62 | 651.93 | 3.45 |
| | | 12 | 14 | 28.912 | 22.696 | 0.491 | 423.16 | 3.83 | 41.17 | 671.44 | 4.82 | 75.96 | 174.88 | 2.46 | 35.03 | 7 83.42 | 3.53 |
| | | 14 | 14 | 33.367 | 26.193 | 0.490 | 481.65 | 3.80 | 54.16 | 763.73 | 4.78 | 86.41 | 199.57 | 2.45 | 39.13 | 915.61 | 3.61 |
| 14 | 140 | 10 | 14 | 27.373 | 21.488 | 0.551 | 514.65 | 4.34 | 50.58 | 817.27 | 5.46 | 82.56 | 212.04 | 2.78 | 39.20 | 915.11 | 3.82 |
| | | 12 | 14 | 32.512 | 25.522 | 0.551 | 603.68 | 4.31 | 59.80 | 958.79 | 5.43 | 96.85 | 248.57 | 2.76 | 45.02 | 1 099.28 | 3.90 |
| | | 14 | 14 | 37.567 | 29.490 | 0.550 | 688.81 | 4.28 | 68.75 | 1 093.56 | 5.40 | 110.47 | 284.06 | 2.75 | 50.45 | 1 284.22 | 3.98 |
| | | 16 | 14 | 42.539 | 33.390 | 0.549 | 770.24 | 4.26 | 77.46 | 1 221.81 | 5.36 | 123.42 | 318.67 | 2.74 | 55.55 | 1 470.07 | 4.06 |
| 16 | 160 | 10 | 16 | 31.502 | 24.729 | 0.630 | 779.53 | 4.98 | 66.70 | 1 237.30 | 6.27 | 109.36 | 321.76 | 3.20 | 52.76 | 1 365.33 | 4.31 |
| | | 12 | 16 | 37.441 | 29.391 | 0.630 | 916.58 | 4.95 | 78.98 | 1 455.68 | 6.24 | 128.67 | 377.49 | 3.18 | 60.74 | 1 639.57 | 4.39 |
| | | 14 | 16 | 43.296 | 33.987 | 0.629 | 1 048.36 | 4.92 | 90.95 | 1 665.02 | 6.20 | 147.17 | 431.70 | 3.16 | 68.24 | 1 914.68 | 4.47 |
| | | 16 | 16 | 49.067 | 38.518 | 0.629 | 1 175.08 | 4.89 | 102.63 | 1 865.57 | 6.17 | 164.89 | 484.59 | 3.14 | 75.31 | 2 190.82 | 4.55 |
| 18 | 180 | 12 | 16 | 42.241 | 33.159 | 0.710 | 1 321.35 | 5.59 | 100.82 | 2 100.10 | 7.05 | 165.00 | 542.61 | 3.58 | 78.41 | 2 332.80 | 4.89 |
| | | 14 | 16 | 48.896 | 38.383 | 0.709 | 1 514.48 | 5.56 | 116.25 | 2 407.42 | 7.02 | 189.14 | 621.53 | 3.58 | 88.38 | 2 723.48 | 4.97 |
| | | 16 | 16 | 55.467 | 43.542 | 0.709 | 1 700.99 | 5.54 | 131.13 | 2 703.37 | 6.98 | 212.40 | 698.60 | 3.55 | 97.83 | 3 115.29 | 5.05 |
| | | 18 | 16 | 61.955 | 48.634 | 0.708 | 1 875.12 | 5.50 | 145.64 | 2 988.24 | 6.94 | 234.78 | 762.01 | 3.51 | 105.14 | 3 502.43 | 5.13 |
| 20 | 200 | 14 | 18 | 54.642 | 42.894 | 0.788 | 2 103.55 | 6.20 | 144.70 | 3 343.26 | 7.82 | 236.40 | 863.83 | 3.98 | 111.82 | 3 734.10 | 5.46 |
| | | 16 | 18 | 62.013 | 48.680 | 0.788 | 2 366.15 | 6.10 | 163.65 | 3 760.89 | 7.79 | 265.93 | 971.41 | 3.96 | 123.96 | 4 270.39 | 5.54 |
| | | 18 | 18 | 69.301 | 54.401 | 0.787 | 2 620.64 | 6.15 | 182.22 | 4 164.54 | 7.75 | 294.48 | 1076.74 | 3.94 | 135.52 | 4 808.13 | 5.62 |
| | | 20 | 18 | 76.505 | 60.056 | 0.787 | 2 867.30 | 6.12 | 200.42 | 4 554.55 | 7.72 | 322.06 | 1180.04 | 3.93 | 146.55 | 5 347.51 | 5.69 |
| | | 24 | 18 | 90.661 | 71.168 | 0.785 | 3 338.25 | 6.07 | 236.17 | 5 294.97 | 7.64 | 374.41 | 1381.53 | 3.90 | 166.55 | 6 457.16 | 5.87 |

## 附录 1.2　热轧不等边角钢的尺寸规格（摘自 GB/T 9788—1988）

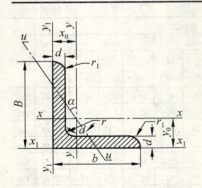

$B$——长边宽度；

$b$——短边宽度；

$d$——边厚度；

$r$——内圆弧半径；

$r_1$——边端内弧半径（$r_1 = \dfrac{1}{3}d$）；

$I$——惯性矩；

$i$——惯性半径；

$W$——截面系数；

$x_0$——重心距离；

$y_0$—重心距离

| 型号 | 尺寸（mm） | | | | 截面面积（cm²） | 理论质量（kg·m⁻¹） | 外表面积（m²·m⁻¹） | 参考数值 | | | | | | | | | | | |
|---|---|---|---|---|---|---|---|---|---|---|---|---|---|---|---|---|---|---|---|
| | | | | | | | | x—x | | | y—y | | | x₁—x₁ | | y₁—y₁ | | u—u | | |
| | $B$ | $b$ | $d$ | $r$ | | | | $I_x$ (cm⁴) | $i_x$ (cm) | $W_x$ (cm³) | $I_y$ (cm⁴) | $i_y$ (cm) | $W_y$ (cm³) | $I_{x_1}$ (cm⁴) | $y_0$ (cm) | $I_{x_1}$ (cm⁴) | $x_0$ (cm) | $I_u$ (cm⁴) | $i_u$ (cm) | $W_u$ (cm³) | tanα |
| 2.5/1.6 | 25 | 16 | 3 | 3.5 | 1.162 | 0.912 | 0.080 | 0.70 | 0.78 | 0.43 | 0.22 | 0.44 | 0.19 | 1.56 | 0.86 | 0.43 | 0.42 | 0.14 | 0.34 | 0.16 | 0.392 |
| | | | 4 | 3.5 | 1.499 | 1.176 | 0.079 | 0.88 | 0.77 | 0.55 | 0.27 | 0.43 | 0.24 | 2.09 | 0.90 | 0.59 | 0.46 | 0.17 | 0.34 | 0.20 | 0.381 |
| 3.2/2 | 32 | 20 | 3 | 3.5 | 1.492 | 1.171 | 0.102 | 1.53 | 1.01 | 0.72 | 0.46 | 0.55 | 0.30 | 3.27 | 1.08 | 0.82 | 0.49 | 0.28 | 0.43 | 0.25 | 0.382 |
| | | | 4 | 3.5 | 1.939 | 1.522 | 0.101 | 1.93 | 1.00 | 0.93 | 0.57 | 0.54 | 0.39 | 4.37 | 1.12 | 1.12 | 0.53 | 0.35 | 0.42 | 0.32 | 0.374 |
| 4/2.5 | 40 | 25 | 3 | 4 | 1.890 | 1.484 | 0.127 | 3.08 | 1.28 | 1.15 | 0.93 | 0.70 | 0.49 | 6.39 | 1.32 | 1.59 | 0.59 | 0.56 | 0.54 | 0.40 | 0.386 |
| | | | 4 | 4 | 2.467 | 1.936 | 0.127 | 3.93 | 1.26 | 1.49 | 1.18 | 0.69 | 0.63 | 8.53 | 1.37 | 2.14 | 0.63 | 0.71 | 0.54 | 0.52 | 0.381 |
| 4.5/2.8 | 45 | 28 | 3 | 5 | 2.149 | 1.687 | 0.143 | 4.45 | 1.44 | 1.47 | 1.34 | 0.79 | 0.62 | 9.10 | 1.47 | 2.23 | 0.64 | 0.80 | 0.61 | 0.51 | 0.383 |
| | | | 4 | 5 | 2.806 | 2.203 | 0.143 | 5.69 | 1.42 | 1.91 | 1.70 | 0.78 | 0.80 | 12.13 | 1.51 | 3.00 | 0.68 | 1.02 | 0.60 | 0.66 | 0.380 |
| 5/3.2 | 50 | 32 | 3 | 5.5 | 2.431 | 1.908 | 0.161 | 6.24 | 1.60 | 1.84 | 2.02 | 0.91 | 0.82 | 12.49 | 1.60 | 3.31 | 0.73 | 1.20 | 0.70 | 0.68 | 0.404 |
| | | | 4 | 5.5 | 3.177 | 2.494 | 0.160 | 8.02 | 1.59 | 2.39 | 2.58 | 0.90 | 1.06 | 16.65 | 1.65 | 4.45 | 0.77 | 1.53 | 0.69 | 0.87 | 0.402 |
| 5.6/3.6 | 56 | 36 | 3 | 6 | 2.743 | 2.153 | 0.181 | 8.88 | 1.80 | 2.32 | 2.92 | 1.03 | 1.05 | 17.54 | 1.78 | 4.70 | 0.80 | 1.73 | 0.79 | 0.87 | 0.408 |
| | | | 4 | 6 | 3.590 | 2.818 | 0.180 | 11.45 | 1.79 | 3.03 | 3.76 | 1.02 | 1.37 | 23.39 | 1.82 | 6.33 | 0.85 | 2.23 | 0.79 | 1.13 | 0.408 |
| | | | 5 | 6 | 4.415 | 3.466 | 0.180 | 13.86 | 1.77 | 3.71 | 4.49 | 1.01 | 1.65 | 29.25 | 1.87 | 7.94 | 0.88 | 2.67 | 0.78 | 1.36 | 0.404 |
| 6.3/4 | 63 | 40 | 4 | 7 | 4.058 | 3.185 | 0.202 | 16.49 | 2.02 | 3.87 | 5.23 | 1.14 | 1.70 | 33.30 | 2.04 | 8.63 | 0.92 | 3.12 | 0.88 | 1.40 | 0.398 |
| | | | 5 | 7 | 4.993 | 3.920 | 0.202 | 20.02 | 2.00 | 4.74 | 6.31 | 1.12 | 2.71 | 41.63 | 2.08 | 10.86 | 0.95 | 2.76 | 0.87 | 1.71 | 0.396 |
| | | | 6 | 7 | 5.908 | 4.638 | 0.201 | 23.36 | 1.96 | 5.59 | 7.29 | 1.11 | 2.43 | 49.98 | 2.12 | 13.12 | 0.99 | 4.34 | 0.86 | 1.99 | 0.393 |
| | | | 7 | 7 | 6.802 | 5.339 | 0.201 | 26.53 | 1.98 | 6.40 | 8.24 | 1.10 | 2.788 | 58.07 | 2.15 | 15.47 | 1.03 | 4.97 | 0.86 | 2.29 | 0.389 |
| 7/4.5 | 70 | 45 | 4 | 7.5 | 4.547 | 3.570 | 0.226 | 23.17 | 2.26 | 4.86 | 7.55 | 1.29 | 2.17 | 45.92 | 2.24 | 12.26 | 1.02 | 4.40 | 0.98 | 1.77 | 0.410 |
| | | | 5 | 7.5 | 5.609 | 4.403 | 0.225 | 27.95 | 2.23 | 5.92 | 9.13 | 1.28 | 2.65 | 57.10 | 2.28 | 15.39 | 1.06 | 5.40 | 0.98 | 2.19 | 0.407 |
| | | | 6 | 7.5 | 6.647 | 5.218 | 0.225 | 32.54 | 2.21 | 6.95 | 10.62 | 1.26 | 3.12 | 68.35 | 2.32 | 18.58 | 1.09 | 6.35 | 0.98 | 2.59 | 0.404 |
| | | | 7 | 7.5 | 7.657 | 6.011 | 0.225 | 37.22 | 2.20 | 8.03 | 12.01 | 1.25 | 3.57 | 79.99 | 2.36 | 21.84 | 1.13 | 7.16 | 0.97 | 2.94 | 0.402 |
| 7.5/5 | 75 | 50 | 5 | 8 | 6.125 | 4.808 | 0.245 | 34.86 | 2.39 | 6.83 | 12.61 | 1.44 | 3.30 | 70.00 | 2.40 | 21.04 | 1.17 | 7.41 | 1.10 | 2.74 | 0.435 |
| | | | 6 | 8 | 7.260 | 5.699 | 0.245 | 41.12 | 2.38 | 8.12 | 14.70 | 1.42 | 3.88 | 84.30 | 2.44 | 25.37 | 1.21 | 8.54 | 1.08 | 3.19 | 0.435 |
| | | | 8 | 8 | 9.467 | 7.431 | 0.244 | 52.39 | 2.35 | 10.52 | 18.53 | 1.40 | 4.99 | 112.50 | 2.52 | 34.23 | 1.29 | 10.87 | 1.07 | 4.10 | 0.429 |
| | | | 10 | 8 | 11.590 | 9.098 | 0.244 | 62.71 | 2.33 | 12.79 | 21.96 | 1.38 | 6.04 | 140.80 | 2.60 | 43.43 | 1.36 | 13.10 | 1.06 | 4.99 | 0.423 |
| 8/5 | 80 | 50 | 5 | 8.5 | 6.375 | 5.005 | 0.255 | 41.96 | 2.56 | 7.78 | 12.82 | 1.42 | 3.32 | 85.21 | 2.60 | 21.06 | 1.14 | 7.66 | 1.10 | 2.74 | 0.388 |
| | | | 6 | 8.5 | 7.560 | 5.935 | 0.255 | 49.49 | 2.56 | 9.25 | 14.95 | 1.41 | 3.91 | 102.53 | 2.65 | 25.41 | 1.18 | 8.85 | 1.08 | 3.20 | 0.387 |
| | | | 7 | 8.5 | 8.724 | 6.848 | 0.255 | 56.16 | 2.54 | 10.58 | 16.96 | 1.39 | 4.48 | 119.33 | 2.69 | 29.82 | 1.21 | 10.18 | 1.08 | 3.70 | 0.384 |
| | | | 8 | 8.5 | 9.867 | 7.745 | 0.254 | 62.83 | 2.52 | 11.92 | 18.85 | 1.38 | 5.03 | 136.41 | 2.73 | 34.32 | 1.25 | 11.38 | 1.07 | 4.16 | 0.381 |

| 型号 | 尺寸 (mm) | | | | 截面面积 (cm²) | 理论质量 (kg·m⁻¹) | 外表面积 (m²·m⁻¹) | 参考数值 | | | | | | | | | | | | | |
|---|---|---|---|---|---|---|---|---|---|---|---|---|---|---|---|---|---|---|---|---|---|
| | | | | | | | | $x-x$ | | | $y-y$ | | | $x_1-x_1$ | | $y_1-y_1$ | | $u-u$ | | | |
| | $B$ | $b$ | $d$ | $r$ | | | | $I_x$ (cm⁴) | $i_x$ (cm) | $W_x$ (cm³) | $I_y$ (cm⁴) | $i_y$ (cm) | $W_y$ (cm³) | $I_{x_1}$ (cm⁴) | $y_0$ (cm) | $I_{x_1}$ (cm⁴) | $x_0$ (cm) | $I_u$ (cm⁴) | $i_u$ (cm) | $W_u$ (cm³) | $\tan\alpha$ |
| 9/5.6 | 90 | 56 | 5 | 9 | 7.212 | 5.661 | 0.287 | 60.45 | 2.90 | 9.92 | 18.32 | 1.59 | 4.21 | 121.32 | 2.91 | 29.53 | 1.25 | 10.93 | 1.23 | 3.49 | 0.385 |
| | | | 6 | 9 | 8.557 | 6.717 | 0.286 | 71.03 | 2.88 | 11.74 | 21.42 | 1.58 | 4.96 | 145.59 | 2.95 | 35.58 | 1.29 | 12.90 | 1.23 | 4.13 | 0.384 |
| | | | 7 | 9 | 9.880 | 7.756 | 0.286 | 81.01 | 2.86 | 13.49 | 24.36 | 1.57 | 5.70 | 169.66 | 3.00 | 41.71 | 1.33 | 14.67 | 1.22 | 4.72 | 0.382 |
| | | | 8 | 9 | 11.183 | 8.779 | 0.286 | 91.03 | 2.85 | 15.27 | 27.15 | 1.56 | 6.41 | 194.17 | 3.04 | 47.93 | 1.36 | 16.34 | 1.21 | 5.29 | 0.380 |
| 10/6.3 | 100 | 63 | 6 | 10 | 9.617 | 7.550 | 0.320 | 99.06 | 3.21 | 14.64 | 30.94 | 1.79 | 6.35 | 199.71 | 3.24 | 50.50 | 1.43 | 18.42 | 1.38 | 5.25 | 0.394 |
| | | | 7 | 10 | 11.111 | 8.722 | 0.320 | 113.45 | 3.20 | 19.88 | 35.26 | 1.78 | 7.29 | 233.00 | 3.28 | 59.14 | 1.47 | 21.00 | 1.38 | 6.02 | 0.393 |
| | | | 8 | 10 | 12.584 | 9.878 | 0.319 | 127.37 | 3.18 | 19.08 | 39.39 | 1.77 | 8.21 | 266.32 | 3.32 | 67.88 | 1.50 | 23.50 | 1.37 | 6.78 | 0.391 |
| | | | 10 | 10 | 15.467 | 12.142 | 0.319 | 153.81 | 3.15 | 23.32 | 47.12 | 1.74 | 9.98 | 333.06 | 3.40 | 85.73 | 1.58 | 28.33 | 1.35 | 8.24 | 0.387 |
| 10/8 | 100 | 80 | 6 | 10 | 10.637 | 8.350 | 0.354 | 107.04 | 3.17 | 15.19 | 61.24 | 2.40 | 10.16 | 199.83 | 2.95 | 102.68 | 1.97 | 31.65 | 1.72 | 8.37 | 0.627 |
| | | | 7 | 10 | 12.301 | 9.656 | 0.354 | 122.73 | 3.16 | 17.52 | 70.08 | 2.39 | 11.71 | 233.20 | 3.00 | 119.98 | 2.01 | 36.17 | 1.72 | 9.60 | 0.626 |
| | | | 8 | 10 | 13.944 | 10.946 | 0.353 | 137.92 | 3.14 | 19.81 | 78.58 | 2.37 | 13.21 | 266.61 | 3.04 | 137.37 | 2.05 | 40.58 | 1.71 | 10.80 | 0.625 |
| | | | 10 | 10 | 17.167 | 13.476 | 0.353 | 166.87 | 3.12 | 24.24 | 94.65 | 2.35 | 16.21 | 333.63 | 3.12 | 172.48 | 2.13 | 49.10 | 1.69 | 13.12 | 0.622 |
| 11/7 | 110 | 70 | 6 | 10 | 10.637 | 8.350 | 0.354 | 133.37 | 3.54 | 17.85 | 42.92 | 2.01 | 7.90 | 265.78 | 3.53 | 69.08 | 1.57 | 25.36 | 1.54 | 6.53 | 0.403 |
| | | | 7 | 10 | 12.301 | 9.656 | 0.354 | 153.00 | 3.53 | 20.60 | 49.01 | 2.00 | 9.09 | 310.07 | 3.57 | 80.32 | 1.61 | 28.95 | 1.53 | 7.50 | 0.402 |
| | | | 8 | 10 | 13.944 | 10.946 | 0.353 | 172.04 | 3.51 | 23.30 | 54.87 | 1.98 | 10.25 | 254.39 | 3.62 | 92.70 | 1.65 | 32.45 | 1.53 | 8.45 | 0.401 |
| | | | 10 | 10 | 17.167 | 13.476 | 0.353 | 208.39 | 3.48 | 28.54 | 65.88 | 1.96 | 12.48 | 443.13 | 3.70 | 116.83 | 1.72 | 39.20 | 1.51 | 10.29 | 0.397 |
| 12.5/8 | 125 | 80 | 7 | 11 | 14.096 | 11.066 | 0.403 | 227.98 | 4.02 | 26.86 | 74.42 | 2.30 | 12.01 | 454.99 | 4.01 | 120.32 | 1.80 | 43.81 | 1.76 | 9.92 | 0.408 |
| | | | 8 | 11 | 15.989 | 12.551 | 0.403 | 256.77 | 4.01 | 30.41 | 83.49 | 2.28 | 13.56 | 519.99 | 4.06 | 137.85 | 1.84 | 49.15 | 1.75 | 11.18 | 0.407 |
| | | | 10 | 11 | 19.712 | 15.474 | 0.402 | 312.04 | 3.98 | 37.33 | 100.67 | 2.26 | 16.56 | 950.09 | 4.14 | 173.40 | 1.92 | 59.45 | 1.74 | 13.64 | 0.404 |
| | | | 12 | 11 | 23.351 | 18.330 | 0.402 | 364.41 | 3.95 | 44.01 | 116.67 | 2.24 | 19.43 | 780.39 | 4.22 | 209.67 | 2.00 | 69.35 | 1.72 | 16.01 | 0.400 |
| 14/9 | 40 | 0 | 8 | 12 | 18.038 | 14.160 | 0.453 | 365.64 | 4.50 | 38.48 | 120.69 | 2.59 | 17.34 | 730.53 | 4.50 | 195.79 | 2.04 | 70.83 | 1.98 | 14.31 | 0.411 |
| | | | 10 | 12 | 22.261 | 17.475 | 0.452 | 445.50 | 4.17 | 47.31 | 146.03 | 2.56 | 21.22 | 913.20 | 4.58 | 245.92 | 2.12 | 85.82 | 1.96 | 17.48 | 0.409 |
| | | | 12 | 12 | 26.400 | 20.724 | 0.451 | 521.59 | 4.44 | 55.87 | 169.79 | 2.54 | 24.95 | 1 096.09 | 4.66 | 296.89 | 2.19 | 100.21 | 1.95 | 20.54 | 0.406 |
| | | | 14 | 12 | 30.456 | 23.908 | 0.451 | 594.10 | 4.42 | 64.18 | 192.10 | 2.51 | 28.54 | 1 279.26 | 4.74 | 348.82 | 2.27 | 114.13 | 1.94 | 23.52 | 0.403 |
| 16/10 | 160 | 100 | 10 | 13 | 25.315 | 19.872 | 0.512 | 668.69 | 5.14 | 62.13 | 205.03 | 2.85 | 26.56 | 1 362.89 | 5.24 | 336.59 | 2.28 | 121.74 | 2.19 | 21.92 | 0.390 |
| | | | 12 | 13 | 30.054 | 23.592 | 0.511 | 784.91 | 5.11 | 73.49 | 239.06 | 2.82 | 31.28 | 1 635.56 | 5.32 | 405.94 | 2.36 | 142.33 | 2.17 | 25.79 | 0.388 |
| | | | 14 | 13 | 34.709 | 27.247 | 0.510 | 896.30 | 5.08 | 84.56 | 271.20 | 2.80 | 35.83 | 1 908.50 | 5.40 | 476.42 | 2.43 | 162.23 | 2.16 | 29.56 | 0.385 |
| | | | 16 | 13 | 39.281 | 30.835 | 0.510 | 1 003.04 | 5.05 | 95.33 | 301.60 | 2.77 | 40.24 | 2 181.79 | 5.48 | 548.22 | 2.51 | 182.57 | 2.16 | 33.44 | 0.382 |
| 18/11 | 180 | 110 | 10 | 14 | 28.373 | 22.273 | 0.571 | 956.25 | 5.80 | 78.96 | 278.11 | 3.13 | 32.49 | 1 940.40 | 5.89 | 447.22 | 2.44 | 166.50 | 2.42 | 26.88 | 0.376 |
| | | | 12 | 14 | 33.712 | 26.464 | 0.571 | 1 124.72 | 5.78 | 93.53 | 325.03 | 3.10 | 38.32 | 2 328.38 | 5.98 | 538.94 | 2.52 | 194.87 | 2.40 | 31.66 | 0.374 |
| | | | 14 | 14 | 38.967 | 30.589 | 0.570 | 1 286.91 | 5.75 | 107.76 | 369.55 | 3.08 | 43.97 | 2 716.60 | 6.06 | 631.95 | 2.59 | 222.30 | 2.39 | 36.32 | 0.372 |
| | | | 16 | 14 | 44.139 | 34.649 | 0.569 | 1 443.06 | 5.72 | 121.64 | 411.85 | 3.06 | 49.44 | 3 105.15 | 6.14 | 726.46 | 2.67 | 248.94 | 2.38 | 40.87 | 0.369 |
| 20/12.5 | 200 | 125 | 12 | 14 | 37.912 | 29.761 | 0.641 | 1 570.90 | 6.44 | 116.73 | 483.16 | 3.57 | 49.99 | 3 193.85 | 6.54 | 787.74 | 2.83 | 285.79 | 2.74 | 41.23 | 0.392 |
| | | | 14 | 14 | 43.867 | 34.436 | 0.640 | 1 800.97 | 6.41 | 134.65 | 550.83 | 3.54 | 57.44 | 3 726.17 | 6.62 | 922.47 | 2.91 | 326.58 | 2.73 | 47.34 | 0.390 |
| | | | 16 | 14 | 49.739 | 39.045 | 0.639 | 2 023.35 | 6.38 | 152.18 | 615.44 | 3.52 | 64.69 | 4 258.86 | 6.70 | 1 058.86 | 2.99 | 366.21 | 2.71 | 53.32 | 0.388 |
| | | | 18 | 14 | 55.526 | 43.588 | 0.639 | 2 238.30 | 6.35 | 169.33 | 677.19 | 3.49 | 71.74 | 4 792.00 | 6.78 | 1 197.13 | | | | | |

### 附录 1.3  热轧普通工字钢尺寸规格（摘自 GB/T 706—1988）

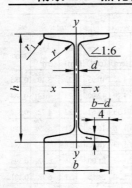

$h$——高度；

$b$——腿宽度；

$d$——腰宽度；

$t$——平均腿宽度；

$r$——内圆弧半径；

$r_1$——腰端圆弧半径；

$I$——惯性矩；

$W$——截面系数；

$i$——惯性半径；

$S$——半截面的静力矩

| 型号 | 尺寸（mm） | | | | | | 截面面积（cm²） | 理论质量（kg·m⁻¹） | 参考数值 | | | | | | |
|---|---|---|---|---|---|---|---|---|---|---|---|---|---|---|---|
| | | | | | | | | | x—x | | | | y—y | | |
| | $h$ | $b$ | $d$ | $t$ | $r$ | $r_1$ | | | $I_x$ (cm⁴) | $W_x$ (cm³) | $i_x$ (cm) | $I_x : S_x$ | $I_y$ (cm⁴) | $W_y$ (cm³) | $i_y$ (cm) |
| 10 | 100 | 68 | 4.5 | 7.6 | 6.5 | 3.3 | 14.345 | 11.261 | 245 | 49 | 4.14 | 8.59 | 33.0 | 9.72 | 1.52 |
| 12.6 | 126 | 74 | 5 | 8.4 | 7.0 | 3.5 | 18.118 | 14.223 | 488 | 77.5 | 5.20 | 10.848 | 46.9 | 12.7 | 1.61 |
| 14 | 140 | 80 | 5.5 | 9.1 | 7.5 | 3.8 | 21.516 | 16.890 | 712 | 102 | 5.76 | 12.0 | 64.4 | 16.1 | 1.73 |
| 16 | 160 | 88 | 6.0 | 9.9 | 8.0 | 4.0 | 26.131 | 20.513 | 1 130 | 141 | 6.58 | 13.8 | 93.1 | 21.2 | 1.89 |
| 18 | 180 | 94 | 6.5 | 10.7 | 8.5 | 4.3 | 30.756 | 24.143 | 1 660 | 185 | 7.36 | 15.4 | 122 | 26.0 | 2.00 |
| 20a | 200 | 100 | 7.0 | 11.4 | 9.0 | 4.5 | 35.578 | 27.929 | 2 370 | 287 | 8.15 | 17.2 | 158 | 31.5 | 2.12 |
| 20b | 200 | 102 | 9.0 | 114. | 9.0 | 4.5 | 39.578 | 31.069 | 2 500 | 250 | 7.96 | 16.9 | 169 | 33.1 | 2.06 |
| 22a | 220 | 110 | 7.5 | 12.3 | 9.5 | 4.8 | 42.128 | 33.070 | 3 400 | 309 | 8.99 | 18.9 | 225 | 40.9 | 2.31 |
| 22b | 220 | 112 | 9.5 | 12.3 | 9.5 | 4.8 | 46.528 | 36.524 | 3 570 | 325 | 8.78 | 18.7 | 239 | 42.7 | 2.27 |
| 25a | 250 | 116 | 8 | 13 | 10.0 | 5.0 | 48.541 | 38.105 | 5 020 | 402 | 10.20 | 21.6 | 280 | 48.3 | 2.4 |
| 25b | 250 | 118 | 10 | 13 | 10.0 | 5.0 | 53.541 | 42.030 | 5 280 | 423 | 9.94 | 21.3 | 309 | 52.4 | 2.4 |
| 28a | 280 | 122 | 8.5 | 13.7 | 10.5 | 5.3 | 55.404 | 43.492 | 7 110 | 508 | 11.3 | 24.6 | 345 | 56.6 | 2.50 |
| 28b | 280 | 124 | 10.5 | 13.7 | 10.5 | 5.3 | 61.004 | 47.888 | 7 480 | 534 | 11.1 | 24.2 | 379 | 61.2 | 2.49 |
| 32a | 320 | 130 | 9.5 | 15 | 11.5 | 5.8 | 67.156 | 52.777 | 11 100 | 692 | 12.8 | 27.5 | 460 | 70.8 | 2.62 |
| 32b | 320 | 132 | 11.5 | 15 | 11.5 | 5.8 | 73.556 | 57.741 | 11 600 | 726 | 12.6 | 27.1 | 502 | 76 | 2.61 |
| 32c | 320 | 134 | 13.5 | 15 | 11.5 | 5.8 | 79.956 | 62.765 | 12 200 | 760 | 12.3 | 26.8 | 544 | 81.2 | 2.61 |
| 36a | 360 | 136 | 10.0 | 15.8 | 12.0 | 6.0 | 76.480 | 60.037 | 15 800 | 875 | 14.4 | 30.7 | 552 | 81.2 | 2.69 |
| 36b | 360 | 138 | 12.0 | 15.8 | 12.0 | 6.0 | 83.680 | 65.689 | 16 500 | 919 | 14.1 | 30.3 | 582 | 84.3 | 2.64 |
| 36c | 360 | 140 | 14.0 | 15.8 | 12.0 | 6.0 | 90.880 | 71.341 | 17 300 | 962 | 13.8 | 29.9 | 612 | 87.4 | 2.60 |
| 40a | 400 | 142 | 10.5 | 16.5 | 12.5 | 6.3 | 86.112 | 67.598 | 21 700 | 1 090 | 15.9 | 34.1 | 660 | 93.2 | 2.77 |
| 40b | 400 | 144 | 12.5 | 16.5 | 12.5 | 6.3 | 94.112 | 73.878 | 22 800 | 1 140 | 15.6 | 33.6 | 692 | 96.2 | 2.71 |
| 40c | 400 | 146 | 14.5 | 16.5 | 12.5 | 6.3 | 102.112 | 80.158 | 23 900 | 1 190 | 15.2 | 33.2 | 727 | 99.6 | 2.65 |
| 45a | 450 | 150 | 11.5 | 18.0 | 13.5 | 6.8 | 102.446 | 80.420 | 32 200 | 1 430 | 17.7 | 38.6 | 855 | 114 | 2.89 |
| 45b | 450 | 152 | 13.5 | 18.0 | 13.5 | 6.8 | 111.446 | 87.485 | 33 800 | 1 500 | 17.4 | 38.0 | 894 | 118 | 2.84 |
| 45c | 450 | 154 | 15.5 | 18.0 | 13.5 | 6.8 | 120.446 | 94.550 | 35 300 | 1 570 | 17.1 | 37.6 | 938 | 122 | 2.79 |
| 50a | 500 | 158 | 12.0 | 20.0 | 14.0 | 7.0 | 119.304 | 93.654 | 46 500 | 1 860 | 19.7 | 42.8 | 1120 | 142 | 3.07 |

| 型号 | 尺寸（mm） | | | | | | 截面面积（cm²） | 理论质量（kg·m⁻¹） | 参考数值 | | | | | | |
|---|---|---|---|---|---|---|---|---|---|---|---|---|---|---|---|
| | | | | | | | | | x—x | | | | y—y | | |
| | $h$ | $b$ | $d$ | $t$ | $r$ | $r_1$ | | | $I_x$ (cm⁴) | $W_x$ (cm³) | $i_x$ (cm) | $I_x:S_x$ | $I_y$ (cm⁴) | $W_y$ (cm³) | $i_y$ (cm) |
| 50b | 500 | 160 | 14.0 | 20.0 | 14.0 | 7.0 | 129.304 | 101.504 | 48 600 | 1 940 | 19.4 | 42.4 | 1 170 | 146 | 3.01 |
| 50c | 500 | 162 | 16.0 | 20.0 | 14.0 | 7.0 | 139.304 | 109.354 | 50 600 | 2 080 | 19 | 41.8 | 1 220 | 151 | 2.96 |
| 56a | 560 | 166 | 12.5 | 21 | 14.5 | 7.3 | 135.435 | 106.316 | 65 600 | 2 340 | 22.0 | 47.7 | 1 370 | 165 | 3.18 |
| 56b | 560 | 168 | 14.5 | 21 | 14.5 | 7.3 | 146.435 | 115.108 | 68 500 | 2 450 | 21.6 | 47.2 | 1 490 | 174 | 3.16 |
| 56c | 560 | 170 | 16.5 | 21 | 14.5 | 7.3 | 157.835 | 123.9 | 71 400 | 2 550 | 21.3 | 46.7 | 1 560 | 183 | 3.16 |
| 63a | 630 | 176 | 13.0 | 22 | 15 | 7.5 | 154.658 | 121.407 | 93 900 | 2 980 | 24.6 | 54.2 | 1 700 | 193 | 3.31 |
| 63b | 630 | 178 | 15.0 | 22 | 15 | 7.5 | 167.258 | 131.298 | 98 100 | 3 160 | 24.2 | 53.5 | 1 810 | 204 | 3.29 |
| 63c | 630 | 180 | 17.0 | 22 | 15 | 7.5 | 180.858 | 141.189 | 102 000 | 3 300 | 23.8 | 52.9 | 1 920 | 214 | 3.27 |
| 12 | 120 | 74 | 5.0 | 8.4 | 7.0 | 3.5 | 17.818 | 13.987 | 436 | 72.7 | 4.95 | 10.3 | 46.9 | 12.7 | 1.62 |
| 24a | 240 | 116 | 8.0 | 13.0 | 10.0 | 5.0 | 47.741 | 37.477 | 4 570 | 381 | 9.77 | 20.7 | 280 | 48.4 | 2.42 |
| 24b | 240 | 118 | 10.0 | 13.0 | 10.0 | 5.0 | 52.541 | 41.245 | 4 800 | 400 | 9.57 | 20.4 | 297 | 50.4 | 2.38 |
| 27a | 270 | 122 | 8.5 | 13.7 | 10.5 | 5.3 | 54.554 | 42.825 | 6 550 | 485 | 10.9 | 23.8 | 345 | 56.6 | 2.51 |
| 27b | 270 | 124 | 10.5 | 13.7 | 10.5 | 5.3 | 59.954 | 47.064 | 6 870 | 509 | 10.7 | 22.9 | 366 | 58.9 | 2.47 |
| 30a | 300 | 126 | 9.0 | 14.4 | 11.0 | 5.5 | 61.254 | 48.084 | 8 950 | 597 | 12.1 | 25.7 | 400 | 63.5 | 2.55 |
| 30b | 300 | 128 | 11.0 | 14.4 | 11.0 | 5.5 | 67.254 | 52.794 | 9 400 | 627 | 11.8 | 25.4 | 422 | 65.9 | 2.50 |
| 30c | 300 | 130 | 13.0 | 14.4 | 11.0 | 5.5 | 73.254 | 57.504 | 9 850 | 657 | 11.6 | 26.0 | 445 | 68.5 | 2.46 |
| 55a | 550 | 168 | 12.5 | 21.0 | 14.5 | 7.3 | 134.185 | 105.335 | 62 900 | 2 290 | 21.6 | 46.9 | 1 370 | 164 | 3.19 |
| 55b | 550 | 168 | 14.5 | 21.0 | 14.5 | 7.3 | 145.185 | 113.970 | 65 600 | 2 390 | 21.2 | 46.4 | 1 420 | 170 | 3.14 |
| 55c | 550 | 170 | 16.5 | 21.0 | 14.5 | 7.3 | 156.185 | 122.605 | 68 400 | 2 490 | 20.9 | 45.8 | 1 480 | 175 | 3.08 |

## 附录 1.4 热轧普通槽钢尺寸规格（摘自 GB/T 707—1988）

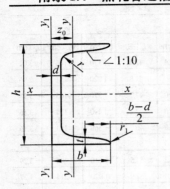

$h$——高度；

$r_1$——腿端圆弧半径；

$b$——腿宽度；

$I$——惯性矩；

$d$——腰厚度；

$W$——截面系数；

$t$——平均腿厚度；

$i$——惯性半径；

$r$——内圆弧半径；

$z_0$——$y$—$y$轴与$y_1$—$y_1$轴间距离

| 型号 | 尺寸（mm） | | | | | | 截面面积 ($cm^2$) | 理论质量 ($kg \cdot m^{-1}$) | 参考数值 | | | | | | | $z_0$ (cm) |
|---|---|---|---|---|---|---|---|---|---|---|---|---|---|---|---|---|
| | | | | | | | | | $x$—$x$ | | | $y$—$y$ | | | $y_1$—$y_1$ | |
| | $h$ | $b$ | $d$ | $t$ | $r$ | $r_1$ | | | $W_x$ ($cm^3$) | $I_x$ ($cm^4$) | $i_x$ (cm) | $W_y$ ($cm^3$) | $I_y$ ($cm^4$) | $i_y$ (cm) | $I_y$ ($cm^4$) | |
| 5 | 50 | 37 | 4.5 | 7.0 | 7.0 | 3.50 | 6.928 | 5.438 | 10.4 | 26.0 | 1.94 | 3.55 | 8.3 | 1.10 | 20.9 | 1.35 |
| 6.3 | 63 | 40 | 4.8 | 7.5 | 7.5 | 3.75 | 8.451 | 6.634 | 16.1 | 50.8 | 2.453 | 4.50 | 11.92 | 1.19 | 28.4 | 1.36 |
| 8 | 80 | 43 | 5.0 | 8.0 | 8.0 | 4.0 | 10.248 | 8.045 | 25.3 | 101 | 3.15 | 5.79 | 16.6 | 1.27 | 37.4 | 1.43 |
| 10 | 100 | 48 | 5.3 | 8.5 | 8.5 | 4.25 | 12.748 | 10.007 | 39.7 | 198 | 3.95 | 7.80 | 25.6 | 1.41 | 54.9 | 1.52 |
| 12.6 | 126 | 53 | 5.5 | 9.0 | 9.0 | 4.5 | 15.692 | 12.318 | 62.1 | 391 | 4.953 | 10.2 | 38 | 1.57 | 77.1 | 1.59 |
| 14a | 140 | 58 | 6.0 | 9.5 | 9.5 | 4.75 | 18.516 | 14.535 | 80.5 | 564 | 5.52 | 13.0 | 53.2 | 1.70 | 107 | 1.71 |
| 14b | 140 | 60 | 8.0 | 9.5 | 9.5 | 4.75 | 21.316 | 16.733 | 87.1 | 609 | 5.35 | 14.1 | 61.1 | 1.69 | 121 | 1.67 |
| 16a | 160 | 63 | 6.5 | 10.0 | 10.0 | 5.0 | 21.962 | 17.240 | 108 | 866 | 6.28 | 16.30 | 73.3 | 1.83 | 144 | 1.80 |
| 16 | 160 | 65 | 8.5 | 10.0 | 10.0 | 5.0 | 25.162 | 19.752 | 117 | 935 | 6.10 | 17 | 83.4 | 1.82 | 161 | 1.75 |
| 18a | 180 | 68 | 7.0 | 10.5 | 10.5 | 5.25 | 25.699 | 20.174 | 141 | 1 270 | 7.04 | 20.0 | 98.6 | 1.96 | 190 | 1.88 |
| 18 | 180 | 70 | 9.0 | 10.5 | 10.5 | 5.25 | 29.299 | 23.000 | 152 | 1 370 | 6.84 | 21.5 | 111 | 1.95 | 210 | 1.84 |
| 20a | 200 | 73 | 7.0 | 11.0 | 11.0 | 5.5 | 28.837 | 22.637 | 178 | 1 780 | 7.86 | 24.2 | 128 | 2.11 | 244 | 2.01 |
| 20 | 200 | 75 | 9.0 | 11.0 | 11.0 | 5.5 | 32.831 | 25.777 | 191 | 1 910 | 7.64 | 25.9 | 144 | 2.09 | 268 | 1.95 |
| 22a | 220 | 77 | 7.0 | 11.5 | 11.5 | 5.75 | 31.846 | 24.999 | 218 | 2 390 | 8.67 | 28.2 | 158 | 2.23 | 298 | 2.10 |
| 22 | 220 | 79 | 9.0 | 11.5 | 11.5 | 5.75 | 36.246 | 28.453 | 234 | 2 570 | 8.42 | 30.1 | 176 | 2.21 | 326 | 2.03 |
| 25a | 250 | 78 | 7.0 | 12 | 12 | 6 | 34.917 | 27.410 | 270 | 3 370 | 9.82 | 30.6 | 176 | 2.24 | 322 | 2.07 |
| 25b | 250 | 80 | 9.0 | 12 | 12 | 6 | 39.917 | 31.335 | 282 | 3 530 | 9.41 | 32.7 | 196 | 2.22 | 353 | 1.98 |
| 25c | 250 | 82 | 11.0 | 12 | 12 | 6 | 44.917 | 35.260 | 295 | 3 690 | 9.07 | 35.9 | 218 | 2.21 | 384 | 1.92 |
| 28a | 280 | 82 | 7.5 | 12.5 | 12.5 | 6.25 | 40.034 | 31.427 | 340 | 4 760 | 10.9 | 35.7 | 218 | 2.33 | 388 | 2.10 |
| 28b | 280 | 84 | 9.5 | 12.5 | 12.5 | 6.25 | 45.634 | 35.823 | 366 | 5 130 | 10.6 | 37.9 | 242 | 2.30 | 428 | 2.02 |
| 28c | 280 | 86 | 11.5 | 12.5 | 12.5 | 6.25 | 51.234 | 40.219 | 393 | 5 500 | 10.4 | 40.3 | 268 | 2.29 | 463 | 1.95 |
| 32a | 320 | 88 | 8.0 | 14 | 14 | 7 | 48.513 | 38.083 | 475 | 7 600 | 12.5 | 46.5 | 305 | 2.50 | 552 | 2.24 |
| 32b | 320 | 90 | 10.0 | 14 | 14 | 7 | 54.913 | 43.107 | 509 | 8 140 | 12.2 | 49.2 | 336 | 2.47 | 593 | 2.16 |
| 32c | 320 | 92 | 12.0 | 14 | 14 | 7 | 61.313 | 48.131 | 543 | 8 690 | 11.9 | 52.6 | 374 | 2.47 | 643 | 2.09 |
| 36a | 360 | 96 | 9.0 | 16 | 16 | 8 | 60.910 | 41.814 | 660 | 11 900 | 14.0 | 63.5 | 455 | 2.73 | 818 | 2.44 |
| 36b | 360 | 98 | 11.0 | 16 | 16 | 8 | 68.110 | 53.466 | 703 | 12 700 | 13.6 | 66.9 | 497 | 2.70 | 880 | 2.37 |

| 型号 | 尺寸 (mm) | | | | | | 截面面积 (cm²) | 理论质量 (kg·m⁻¹) | 参考数值 | | | | | | | $z_0$ (cm) |
| | | | | | | | | | $x$—$x$ | | | $y$—$y$ | | | $y_1$—$y_1$ | |
| | $h$ | $b$ | $d$ | $W_x$ (cm³) | $l_x$ (cm⁴) | $i_x$ (cm) | | | $i_x$ (cm) | $W_x$ (cm³) | $i_x$ (cm) | $W_y$ (cm³) | $l_y$ (cm⁴) | $i_y$ (cm) | $l_y$ (cm⁴) | |
| 36c | 360 | 100 | 13.0 | 16 | 16 | 8 | 75.310 | 59.928 | 746 | 13 400 | 13.4 | 70.0 | 536 | 2.67 | 948 | 2.34 |
| 40a | 400 | 100 | 10.5 | 18 | 18 | 9 | 75.068 | 58.928 | 879 | 17 600 | 15.3 | 78.8 | 592 | 2.81 | 1 070 | 2.49 |
| 40b | 400 | 102 | 12.5 | 18 | 18 | 9 | 83.068 | 65.208 | 932 | 18 600 | 15.0 | 82.5 | 640 | 2.78 | 1 140 | 2.44 |
| 40c | 400 | 104 | 14.5 | 18 | 18 | 9 | 91.068 | 71.488 | 986 | 19 700 | 14.7 | 86.1 | 688 | 2.75 | 1 220 | 2.42 |
| 6.5 | 65 | 40 | 4.3 | 7.5 | 7.5 | 3.75 | 8.547 | 6.709 | 17.0 | 55.2 | 2.54 | 4.59 | 12.0 | 1.19 | 28.3 | 1.38 |
| 12 | 120 | 53 | 5.5 | 9.0 | 9.0 | 4.5 | 15.362 | 12.059 | 57.7 | 346 | 4.75 | 10.2 | 37.4 | 1.56 | 77.7 | 1.62 |
| 24a | 240 | 78 | 7.0 | 12.0 | 12.0 | 6.0 | 34.217 | 26.86 | 254 | 3 050 | 9.45 | 30.5 | 174 | 2.25 | 325 | 2.10 |
| 24b | 240 | 80 | 9.0 | 12.0 | 12.0 | 6.0 | 39.017 | 30.628 | 274 | 3 280 | 9.17 | 32.5 | 194 | 2.23 | 355 | 2.03 |
| 24c | 240 | 82 | 11.0 | 12.0 | 12.0 | 6.0 | 43.817 | 34.396 | 293 | 3 570 | 8.96 | 34.4 | 213 | 2.21 | 388 | 2.00 |
| 27a | 270 | 82 | 7.5 | 12.5 | 12.5 | 6.25 | 39.284 | 30.838 | 323 | 4 360 | 10.5 | 35.5 | 216 | 2.34 | 393 | 2.13 |
| 27b | 270 | 84 | 9.5 | 12.5 | 12.5 | 6.25 | 44.684 | 35.077 | 347 | 4 690.1 | 10.3 | 37.7 | 239 | 2.31 | 428 | 2.06 |
| 27c | 270 | 86 | 11.5 | 12.5 | 12.5 | 6.25 | 50.084 | 39.316 | 372 | 5 018.1 | 10.1 | 39.8 | 261 | 2.28 | 467 | 2.03 |
| 30a | 300 | 85 | 7.5 | 13.5 | 13.5 | 6.75 | 43.902 | 34.463 | 403 | 6 047.9 | 11.7 | 41.1 | 260 | 2.43 | 467 | 2.17 |
| 30b | 300 | 87 | 9.5 | 13.5 | 13.5 | 6.75 | 49.902 | 39.173 | 433 | 6 447.9 | 11.4 | 44.0 | 289 | 2.41 | 515 | 2.13 |
| 30c | 300 | 89 | 11.5 | 13.5 | 13.5 | 6.75 | 55.902 | 43.833 | 463 | 6 947.9 | 11.2 | 46.4 | 316 | 2.38 | 560 | 2.09 |

# 附录2　各章节练习题答案

## 第一章

略

## 第二章

2.1　$F_{x1}=86.6\,\mathrm{N}$，$F_{y1}=50\,\mathrm{N}$；$F_{x2}=30\,\mathrm{N}$，$F_{y2}=-40\,\mathrm{N}$；

　　　$F_{x3}=0$，$F_{y3}=60\,\mathrm{N}$；$F_{x4}=-56.6\,\mathrm{N}$，$F_{y4}=56.6\,\mathrm{N}$

2.2-1　（1）$F_1=73.44\,\mathrm{kN}$，$F_2=2.232\,\mathrm{kN}$；

　　　　（2）$\beta=70^\circ$，$F_2=1.71\mathrm{kN}$

2.2-2　（a）$N_{AB}=\dfrac{1}{2}W$，受拉；　（b）$N_{AB}=\dfrac{\sqrt{3}}{3}W$，受拉

2.3　　（a）0，（b）$F\sin\beta l$，（c）$Fl\sin\theta$，（d）$-Fa$，（e）$F(l+r)$，（f）$F\sin\alpha\sqrt{a^2+b^2}$

2.4-1　（a）$F_{Ay}=\dfrac{P}{3}(\downarrow)$，$F_{By}=\dfrac{P}{3}(\uparrow)$；

　　　　（b）$F_A=\dfrac{\sqrt{2}}{3}P$，$F_B=\dfrac{\sqrt{2}}{3}P$

$F_A$、$F_B$的方向如下所示：

2.4-2　150N

2.4-3　$F_A=F_C=M$

2.4-4　1∶2

2.4-5　（a）$F_A=F_B=\dfrac{M}{2l}$；　（b）$F_A=F_B=\dfrac{M}{l}$

2.4-6　$F=5\,\mathrm{N}$，$M_2=3\,\mathrm{kN\cdot m}$

2.4-7　（a）$F_A=F_B=P$；　（b）$F_A=F_B=\dfrac{P}{\cos\alpha}$

2.4-8　$T_2=100\,\mathrm{N}$

2.4-9　$M=400\,\mathrm{N\cdot m}$

2.5-1　主矢 $R'=67.9\,\mathrm{kN}$，$\alpha=59.8^\circ$

2.5-2　$F_{Ax}=15\,\mathrm{kN}(\leftarrow)$，$F_{Ay}=23.59\,\mathrm{kN}(\uparrow)$，$F_{By}=22.39\,\mathrm{kN}(\uparrow)$

2.5-3　$F_{Ax}=0$，$F_{Ay}=48.33\,\mathrm{kN}(\downarrow)$，$F_{By}=100\,\mathrm{kN}(\uparrow)$，$F_{Dy}=8.33\,\mathrm{kN}(\uparrow)$

2.5-4　T=4.39 kN，$F_{Ax}=8.5\,\mathrm{kN}$，$F_{Ay}=13.22\,\mathrm{kN}$

2.5-5　$F_1=62.5\,\mathrm{kN}(\uparrow)$，$F_2=57.34\,\mathrm{kN}$（指向右上方），$F_3=57.34\,\mathrm{kN}$（指向左上方），

$$F_4 = 12.41\,\text{kN}(\downarrow)$$

2.5-6　　$x = \dfrac{Q \cdot a}{W}$

2.5-7　　$G_{\min} = \dfrac{2Q(R-r)}{R}$

# 第三章

3.2-1　　（a）$F_{\text{NAB}} = -20\,\text{kN}$，$F_{\text{NBC}} = 10\,\text{kN}$，$F_{\text{NDC}} = 50\,\text{kN}$；

　　　　（b）$F_{\text{NAB}} = 40\,\text{kN}$，$F_{\text{NBC}} = 10\,\text{kN}$，$F_{\text{NCD}} = -10\,\text{kN}$

3.2-2　　（a）$F_{\text{N1-1}} = -10\,\text{kN}$，$F_{\text{N2-2}} = -40\,\text{kN}$

　　　　（b）$F_{\text{N1-1}} = F_{\text{N2-2}} = -55\,\text{kN}$

3.3-1　　$\sigma_{1-1} = -13.82\,\text{MPa}$，$\sigma_{2-2} = 0$，$\sigma_{3-3} = 14.15\,\text{MPa}$

3.3-2　　（a）$\sigma_{\max} = 950\,\text{MPa}$；　（b）$\sigma_{\max} = 400\,\text{MPa}$

3.4-1　　$\sigma_{\max} = 79.58\,\text{MPa} < [\sigma]$

3.4-2　　$2\llcorner 20 \times 20 \times 3$

3.4-3　　$[F_{\text{P}}] = 90\,\text{kN}$

3.5-1　　$\Delta l = 2\,\text{mm}$

3.5-2　　5.5 mm，11 mm

3.5-3　　$\Delta l = 7.5\,\text{mm}$

3.6　　　393.3 MPa

# 第四章

4.2　　　（a）$F_{\text{Q}_{1-1}} = 0$，$F_{\text{Q}_{2-2}} = -10\,\text{kN}$，$F_{\text{Q}_{3-3}} = -10\,\text{kN}$，

　　　　　　$M_{1-1} = 20\,\text{kN} \cdot \text{m}$，$M_{2-2} = 5\,\text{kN} \cdot \text{m}$，$M_{3-3} = -15\,\text{kN} \cdot \text{m}$；

　　　　（b）$F_{\text{Q}_{1-1}} = 10\,\text{kN}$，$F_{\text{Q}_{2-2}} = -10\,\text{kN}$，$F_{\text{Q}_{3-3}} = -10\,\text{kN}$，

　　　　　　$M_{1-1} = 20\,\text{kN} \cdot \text{m}$，$M_{2-2} = 20\,\text{kN} \cdot \text{m}$，$M_{3-3} = 20\,\text{kN} \cdot \text{m}$；

　　　　（c）$F_{\text{Q}_{1-1}} = 40\,\text{kN}$，$F_{\text{Q}_{2-2}} = 40\,\text{kN}$，$F_{\text{Q}_{3-3}} = -20\,\text{kN}$，

　　　　　　$M_{1-1} = 0$，$M_{2-2} = 80\,\text{kN} \cdot \text{m}$，$M_{3-3} = 100\,\text{kN} \cdot \text{m}$；

　　　　（d）$F_{\text{Q}_{1-1}} = -1\,\text{kN}$，$F_{\text{Q}_{2-2}} = -1\,\text{kN}$，$F_{\text{Q}_{3-3}} = -1\,\text{kN}$，

　　　　　　$M_{1-1} = 3\,\text{kN} \cdot \text{m}$，$M_{2-2} = 80\,\text{kN} \cdot \text{m}$，$M_{3-3} = 100\,\text{kN} \cdot \text{m}$

4.3-1　　（a）$F_{\text{QA}} = -P$，$M_{\text{A}} = 3Pa$；

　　　　（b）$F_{\text{QA}} = -P$，$M_{\text{A}} = 3Pa$；

　　　　（c）$F_{\text{QA}} = qa$，$M_{\text{A}} = 1.5Pa^2$；

　　　　（d）$F_{\text{QC}} = 0$，$M_{\text{C}} = 1.5qa^2$

4.3-2　　（a）$F_{\text{QC左}} = 3\,\text{kN}$，$F_{\text{QC右}} = -12\,\text{kN}$，

　　　　　　$M_{\text{D左}} = -6\,\text{kN} \cdot \text{m}$，$M_{\text{D右}} = 24\,\text{kN} \cdot \text{m}$；

　　　　（b）$F_{\text{QB左}} = -4\,\text{kN}$，$F_{\text{QB右}} = 18\,\text{kN}$，

$$M_{C左} = -2 \text{ kN} \cdot \text{m}, \quad M_{C右} = -14 \text{ kN} \cdot \text{m}$$

4.3-3　（a）$F_{QC左} = -2.7 \text{ kN}$，$M_C = 5.4 \text{ kN} \cdot \text{m}$；

　　　　（b）$F_{QC左} = 5.6 \text{ kN}$，$F_{QC右} = -1.4 \text{ kN}$，$M_C = 5.6 \text{ kN} \cdot \text{m}$；

4.4-1　（a）$y_c = 90 \text{ mm}$，$I_y = 8.11 \times 10^6 \text{ mm}^4$，$I_z = 5.67 \times 10^7 \text{ mm}^4$；

　　　　（b）$y_c = 181.8 \text{ mm}$，$I_y = 6.74 \times 10^6 \text{ mm}^4$，$I_z = 1.54 \times 10^8 \text{ mm}^4$

4.4-2　$\sigma_A = 12.5 \text{ MPa}$，$\sigma_B = 25 \text{ MPa}$

4.4-3　（a）$\sigma_{max} = 8.75 \text{ MPa}$；　（b）$\sigma_{max} = 9.17 \text{ MPa}$

4.4-4　$P_{max} = 5 \text{ kN}$

4.4-5　$[P] = 25.27 \text{ kN}$

4.4-6　（1）$\sigma_{max} = 106.5 \text{ MPa}$；　（2）$\tau_{max} = 24.95 \text{ MPa}$；　（3）$\tau_E = 20.54 \text{ MPa}$

4.4-7　$\sigma_{max} = 15.1 \text{ MPa}$，$\sigma_{min} = 9.62 \text{ MPa}$

4.5-1　$y_C = \dfrac{7Fa^3}{2EI}(\downarrow)$，$\theta_C = \dfrac{5Fa^2}{2EI}(\curvearrowleft)$

4.5-2　$\dfrac{f_c}{l} = \dfrac{1}{266.7} > \left[\dfrac{f}{l}\right] = \dfrac{1}{400}$，不满足刚度条件

4.6　（1）$F_d = 6 \text{ kN}$；　（2）$\sigma_{max} = 15 \text{ MPa}$，$\Delta_{dmax} = 20 \text{ mm}$

## 第五章

5.1　　略

5.2-1　231 kN

5.2-2　312 kN

5.2-3　（d）

5.2-4　许用应力

5.2-5　B

5.2-6　B

5.2-7　C

5.3-1　$F_1 = 0.8 \text{ kN}$，$F_2 = 3.2 \text{ kN}$，$F = 12.8 \text{ kN}$

5.3-2　临界力 1.46 kN，临界应力 73MPa

## 第六章

6.1-1　图 6-16 无多余约束的几何不变体系；

　　　　图 6-17 无多余约束的几何不变体系；

　　　　图 6-18 无多余约束的几何不变体系；

　　　　图 6-19 有一个多余约束的几何常变体系；

　　　　图 6-20 无多余约束的几何不变体系；

　　　　图 6-21 无多余约束的几何不变体系；

　　　　图 6-22 有一个多余约束的几何瞬变体系；

　　　　图 6-23 有一个多余约束的几何瞬变体系

6.1-2　（a）可水平移动任意一个可动铰支座；

　　　　（b）该体系是有一个多条约束的几何不变体系，可去掉任意一根连杆

6.2-1　$M_A = \dfrac{Pa}{4}$（上侧受拉），　$M_C = \dfrac{Pa}{2}$（下侧受拉），　$M_E = Pa$（上侧受拉）

6.2-2　（a）$M_{BC} = \dfrac{ql^2}{2}$（上侧受拉），　$M_{BA} = \dfrac{ql^2}{2}$（上侧受拉），　$M_{AB} = \dfrac{ql^2}{2}$（左侧受拉）；

　　　　（b）$M_{DB} = \dfrac{Pl}{2}$（右侧受拉），　$M_{DC} = \dfrac{Pl}{2}$（上侧受拉），　$M_{CA} = \dfrac{Pl}{2}$（左侧受拉），

　　　　　　$M_{AC} = Pl$（右侧受拉）

6.2-3　$F_{yA} = F_{yB} = 100\,\text{kN}$（指向支座），　$F_{xA} = F_{xB} = 50\,\text{kN}$（指向支座），

　　　　$M_K = 29\,\text{kN·m}$（上侧受拉），　$F_{KQ} = 18.3\,\text{kN}$（方向向下），　$F_{KN} = 43.3\,\text{kN}$（压力）

6.2-4　（a）8 根零杆，　（b）4 根零杆，　（c）6 根零杆，　（d）8 根零杆

6.2-5　（a）$F_{N12} = F_{N14} = F_{N34} = -1.0\,\text{N}$（压力），　$F_{N15} = F_{N45} = 1.41\,\text{N}$（拉力）

　　　　$F_{N56} = 2.0\,\text{N}$（拉力），　其余杆为零杆；

　　　　（b）$F_{N12} = F_{N23} = F_{N34} = F_{N36} = F_{N67} = F_{N78} = -2.0$（压力），　其余杆为零杆

6.3-1　（a）$M_{AB} = \dfrac{3}{16}Fl$（上侧受拉）；

　　　　（b）$M_B = \dfrac{ql^2}{12}$（上侧受拉）；

　　　　（c）$M_{AB} = \dfrac{1}{8}pl$（上侧受拉）；

　　　　（d）$M_{AB} = 66\,\text{kN·m}$（上侧受拉）

6.3-2　（a）$M_{CD} = 70.6$（下侧受拉），　$M_{DB} = 89.4$（右侧受拉）；

　　　　（b）$M_{CA} = \dfrac{19}{232}pl$（左侧受拉），　$M_{DC} = \dfrac{13}{232}pl$（上侧受拉）；

　　　　（c）$M_{BA} = \dfrac{3}{32}qa^2$（下侧受拉），　$M_{CB} = \dfrac{1}{16}qa^2$（右侧受拉）；

　　　　（d）$M_{AB} = \dfrac{5}{32}pl$（上侧受拉），　$M_{BC} = \dfrac{1}{16}pl$（右侧受拉）

# 参 考 文 献

[1] 王渊辉. 建筑力学[M]. 大连：大连理工大学出版社，2009.

[2] 蒋丽珍，王爱兰. 工程力学[M]. 郑州：黄河水利出版社，2007.

[3] 哈尔滨工业大学理论力学教研室. 理论力学（上、下册）（第6版）[M]. 北京：高等教育出版社，2002.

[4] 孙训芳，方孝淑，关来泰. 材料力学（第4版）[M]. 北京：高等教育出版社，2001.

[5] 龙驭球，包世华. 结构力学[M]. 北京：高等教育出版社，2006.

[6] 李连混. 结构力学[M]. 北京：高等教育出版社，1997.

[7] 武建华. 材料力学[M]. 重庆：重庆大学出版社，2002.

[8] 张流芳. 材料力学[M]. 武汉：武汉工业大学出版社，1999.

[9] 干光瑜，秦惠民. 建筑力学[M]. 北京：高等教育出版社，1999.

[10] 张美元. 工程力学简明教程（土建类）[M]. 北京：机械工业出版社，2005.

[11] 梁圣复. 建筑力学[M]. 北京：机械工业出版社，2007.

[12] 林贤根. 土木工程力学（第2版）[M]. 北京：机械工业出版社，2006.

[13] 李永光. 建筑力学与结构[M]. 北京：机械工业出版社，2007.

[14] 宋小壮. 工程力学（土木类）[M]. 北京：机械工业出版社，2007.

[15] 沈伦序. 建筑力学（上册）（静力学、材料力学）[M]. 北京：高等教育出版社，1990.

[16] 杨力彬. 建筑力学[M]. 北京：机械工业出版社，2007.

[17] 李舒瑶，赵云翔. 工程力学[M]. 郑州：黄河水利出版社，2002.

[18] 王长连. 建筑力学[M]. 北京：中国建筑工业出版社，1987.

[19] 葛若东. 建筑力学[M]. 北京：中国建筑工业出版社，2004.

[20] 吴大炜. 结构力学[M]. 北京：化学工业出版社，2005.